中国科协学科发展研究系列报告
中国科学技术协会 / 主编

2022—2023
作物学
学科发展报告

中国作物学会　编著

中国科学技术出版社
·北 京·

图书在版编目（CIP）数据

2022—2023作物学学科发展报告/中国科学技术协会主编；中国作物学会编著.--北京：中国科学技术出版社，2024.6

（中国科协学科发展研究系列报告）

ISBN 978-7-5236-0698-8

Ⅰ.①2… Ⅱ.①中…②中… Ⅲ.①作物-学科发展-研究报告-中国-2022-2023 Ⅳ.① S31-12

中国国家版本馆 CIP 数据核字（2024）第 090121 号

策　　划	刘兴平　秦德继
责任编辑	杨　丽
封面设计	北京潜龙
正文设计	中文天地
责任校对	邓雪梅
责任印制	徐　飞

出　　版	中国科学技术出版社
发　　行	中国科学技术出版社有限公司
地　　址	北京市海淀区中关村南大街 16 号
邮　　编	100081
发行电话	010-62173865
传　　真	010-62173081
网　　址	http://www.cspbooks.com.cn
开　　本	787mm×1092mm　1/16
字　　数	355 千字
印　　张	16.25
版　　次	2024 年 6 月第 1 版
印　　次	2024 年 6 月第 1 次印刷
印　　刷	河北鑫兆源印刷有限公司
书　　号	ISBN 978-7-5236-0698-8 / S・794
定　　价	98.00 元

（凡购买本社图书，如有缺页、倒页、脱页者，本社销售中心负责调换）

2022—2023
作物学学科发展报告

首席科学家 万建民

专家组组长 刘录祥

专家组成员 （按姓氏笔画排序）

刁现民	马 霓	马代夫	马有志	马峙英
王 立	王 凯	王 欣	王文生	王州飞
王丽侠	王茂军	王林海	王宝宝	王建华
王建康	王素华	王晓波	王海洋	王媛媛
王新发	韦还和	毛 龙	毛树春	石 玉
石 瑛	占小登	卢 峰	卢艳丽	田 静
田志喜	付雪丽	白 晨	冯佰利	兰 海
吕金庆	吕黄珍	朱 艳	朱振东	朱爱国
任玉龙	任贵兴	刘 成	刘 兵	刘立江
刘庆昌	刘希伟	刘金栋	刘建刚	刘录祥
刘晨旭	刘景辉	关亚静	关荣霞	汤继华
孙士涛	纪志远	杜雪梅	杜雄明	杨 平
杨万能	杨天育	杨修仕	杨晓明	李 龙

李 坤	李 岩	李 莉	李 强	李少昆
李少雅	李从锋	李文林	李文学	李亚兵
李先容	李建生	李顺国	李雪源	李新海
李慧慧	肖永贵	吴存祥	邱丽娟	何 萍
谷晓峰	沈 群	宋伟彬	张 伟	张 京
张 艳	张小虎	张木清	张立明	张立超
张永春	张红生	张良晓	张旺锋	张国平
张凯旋	张宗文	张建国	张春庆	张洪程
张祖新	张跃彬	张献龙	张锦鹏	张蕙杰
张耀文	陈 旭	陈 新	陈玉宁	陈巧敏
陈庆山	陈红霖	陈继康	武 晶	明 博
罗怀勇	罗其友	金双侠	金黎平	周治国
周美亮	周素梅	庞乾林	郑 军	赵 宇
赵光武	胡 伟	胡 晋	胡建广	胡培松
秦 璐	秦培友	袁星星	贾冠清	夏 婧
夏先飞	原向阳	顾日良	顿小玲	晏立英
徐 莉	徐明良	徐建飞	高 辉	高三基
郭 勇	郭子锋	郭龙彪	唐启源	黄长玲
黄凤洪	曹 强	曹立勇	曹清河	章秀福
阎 哲	董合忠	蒋枞璁	韩成贵	程 涛
程须珍	程维红	谢 源	谢永盾	谢传晓
雷 永	路 明	鲍印广	鲍永美	褚 光
蔡光勤	熊和平	黎 亮	黎 裕	戴其根

学术秘书组 程维红　徐 莉　徐 琴

序

习近平总书记强调，科技创新能够催生新产业、新模式、新动能，是发展新质生产力的核心要素。要求广大科技工作者进一步增强科教兴国强国的抱负，担当起科技创新的重任，加强基础研究和应用基础研究，打好关键核心技术攻坚战，培育发展新质生产力的新动能。当前，新一轮科技革命和产业变革深入发展，全球进入一个创新密集时代。加强基础研究，推动学科发展，从源头和底层解决技术问题，率先在关键性、颠覆性技术方面取得突破，对于掌握未来发展新优势，赢得全球新一轮发展的战略主动权具有重大意义。

中国科协充分发挥全国学会的学术权威性和组织优势，于2006年创设学科发展研究项目，瞄准世界科技前沿和共同关切，汇聚高质量学术资源和高水平学科领域专家，深入开展学科研究，总结学科发展规律，明晰学科发展方向。截至2022年，累计出版学科发展报告296卷，有近千位中国科学院和中国工程院院士、2万多名专家学者参与学科发展研讨，万余位专家执笔撰写学科发展报告。这些报告从重大成果、学术影响、国际合作、人才建设、发展趋势与存在问题等多方面，对学科发展进行总结分析，内容丰富、信息权威，受到国内外科技界的广泛关注，构建了具有重要学术价值、史料价值的成果资料库，为科研管理、教学科研和企业研发提供了重要参考，也得到政府决策部门的高度重视，为推进科技创新做出了积极贡献。

2022年，中国科协组织中国电子学会、中国材料研究学会、中国城市科学研究会、中国航空学会、中国化学会、中国环境科学学会、中国生物工程学会、中国物理学会、中国粮油学会、中国农学会、中国作物学会、中国女医师协会、中国数学会、中国通信学会、中国宇航学会、中国植物保护学会、中国兵工学会、中国抗癌协会、中国有色金属学会、中国制冷学会等全国学会，围绕相关领域编纂了20卷学科发展报告和1卷综合报告。这些报告密切结合国家经济发展需求，聚焦基础学科、新兴学科以及交叉学科，紧盯原创性基础研究，系统、权威、前瞻地总结了相关学科的最新进展、重要成果、创新方法和技术发展。同时，深入分析了学科的发展现状和动态趋势，进行了国际比较，并对学科未来的发展前景进行了展望。

报告付梓之际，衷心感谢参与学科发展研究项目的全国学会以及有关科研、教学单位，感谢所有参与项目研究与编写出版的专家学者。真诚地希望有更多的科技工作者关注学科发展研究，为不断提升研究质量、推动成果充分利用建言献策。

前 言

党的二十大报告强调要"全方位夯实粮食安全根基"。作物学学科是农业科学的核心学科之一，在保障国家粮食安全和农产品有效供给、提高农业效益、发展现代农业、实现农业增效和农民增收方面发挥着重要的作用。2020年以来，种业振兴行动扎实推进，水稻、小麦等优势作物在保持高产的前提下，品质改良取得很大进步；杂交育种技术为全球水稻优质高产、保障全球粮食安全贡献了中国智慧；国产转基因抗虫棉研发和产业化，走出了我国转基因棉花自主创新的道路；智慧农业、无人农业解放了农村劳动力并提升了劳动效率，为乡村振兴树立了未来作物耕作的模板。总结作物学科的重要进展、梳理相关交叉学科发展现状、比较国内外作物学科发展状况，预测未来五年学科发展趋势，提出我国在作物学科的发展策略建议，意义重大、影响深远。

中国作物学会作为我国重要的作物学领域学术团体，在促进学术交流、推动作物科学创新、凝聚科技工作者方面发挥着重要作用，自2007年以来多次承担中国科协组织的学科发展报告撰写工作。2023年1月，在中国科协的组织和支持下，中国作物学会正式启动《2022—2023作物学学科发展报告》的编制工作。本报告由中国作物学会组织了百余位专家学者参与撰写，在编写过程中，各位专家投入了大量精力，项目组多次召开专题研讨，听取编写组外专家意见和建议，反复修改报告内容，在中国科协规定的时间内完成了编写任务。

本报告延续以往作物学学科发展研究框架体系，共设置17个专题。针对作物学学科的三个主要研究领域，设作物遗传育种、作物栽培、作物种子专题；针对主要粮食作物和经济作物，设水稻、小麦、玉米、油料作物、大豆、棉花、马铃薯、谷子/高粱/糜子、大麦/燕麦/荞麦/藜麦、麻类作物、食用豆、甘薯、糖料作物13个专题；为适应现代农业的发展，特设智慧农业专题。本报告总结分析了近年来作物学领域的新见解、新观点、新技术、新理论、新成果与发展前沿，提出本学科在我国未来的发展趋势、研究方向和重点任务，相信能为社会各界准确了解作物学学科发展态势提供重要窗口，为优化布局中国特色学科专业体系、合理配置创新资源、实现农业产业链自主可控提供科学决策依据。

在编写过程中，项目组得到了中国科协的大力支持和指导，得到了中国作物学会各分支机构、中国农业科学院作物科学研究所及相关研究所、中国农业大学及相关农业院校等单位的大力支持。本报告也是课题组专家、审稿专家、工作人员的共同努力的成果。在此，向所有参与、支持及帮助报告编写的人员表示真诚的感谢。

本报告难免存在不足和纰漏之处，为使之更臻完善，敬请读者不吝赐教。

中国作物学会

2023 年 10 月于北京

序

前言

综合报告

作物学发展研究 / 003
 一、引言 / 003
 二、本学科近年的最新研究进展 / 004
 三、本学科国内外研究进展比较 / 023
 四、本学科发展趋势及展望 / 030
 参考文献 / 038

专题报告

作物遗传育种学发展报告 / 047

作物栽培学发展报告 / 059

作物种子科技发展报告 / 070

水稻科技发展报告 / 080

小麦科技发展报告 / 092

玉米科技发展报告 / 100

油料作物科技发展报告 / 112

大豆科技发展报告 / 127

棉花科技发展报告 / 139

马铃薯科技发展报告 / 148

谷子、高粱、糜子科技发展报告 / 160

大麦、燕麦、荞麦、藜麦科技发展
 报告 / 169

麻类作物科技发展报告 / 180

食用豆科技发展报告 / 189

甘薯科技发展报告 / 199

糖料作物科技发展报告 / 209

智慧农业科技发展报告 / 217

ABSTRACTS

Comprehensive Report

Advances in Crop Science / 229

Report on Special Topics

Advances in Crop Genetics and Breeding / 232

Advances in Crop Cultivation Research / 233

Advances in Seed Science and Technology / 234

Advances in Rice Science and Technology / 235

Advances in Wheat Science and Technology / 236

Advances in Maize Science and Technology / 237

Advances in Oil Crops Science and Technology / 238

Advances in Soybean Science and Technology / 239

Advances in Cotton Science and Technology / 240

Advances in Potato Science and Technology / 240

Advances in Millets and Sorghum Science and Technology / 241

Advances in Barley, Oats, Buckwheat and Quinoa Science and Technology / 242

Advances in Bast and Leaf Fiber Crops Science and Technology / 243

Advances in Food Legumes Science and Technology / 244

Advances in Sweetpotato Science and Technology / 245

Advances in Sugar Crops Science and Technology / 246

Advances in Smart Agriculture Science and Technology / 246

索引 / 248

综合报告

作物学发展研究

一、引言

粮食安全事关国计民生，是国家安全的重要基础。2021年，中央一号文件首次提出国家粮食安全是一项伟大的战略工程。《"十四五"推进农业农村现代化规划》提出，2025年粮食综合生产能力稳步提升，产量保持在1.3万亿斤以上，确保谷物基本自给、口粮绝对安全；要坚持农业科技自立自强，推进关键核心技术攻关，健全农业防灾减灾体系，促进农业提质增效。党的二十大报告强调，要"全方位夯实粮食安全根基"。2023年中央一号文件首次提出"农业强国"，把抓紧抓好粮食和重要农产品稳产保供、坚决守牢粮食安全底线作为首要任务，凸显了粮食安全"国之大者"的重要性。作物学学科是农业科学的核心学科之一，在保障国家粮食安全和农产品有效供给、提高农业效益、发展现代农业、实现农业增效和农民增收方面发挥着重要作用。

作物学的根本任务是研究作物生长发育与重要农艺性状的遗传变异规律，揭示作物生长发育和产量、品质形成及其与环境的关系，培育优良品种，实现良种化；采取农艺措施将良种的生产潜力转化为现实生产力，实现高产、优质、高效、生态、安全的生产目标，为保障国家粮食安全和农产品有效供给提供技术支撑。

随着全球气候变化、人口持续增加和生态环境问题的凸显，现代作物生产已经从单一的以高产为目标向"高产、高效、优质、生态、安全"的综合目标转变，建设更营养、更高效、更有韧性和更可持续的农业高质量发展体系。农田种养、智慧农业、无人农业、低碳农业、生物育种等创新成果，为作物学科发展赋予了新内涵和新使命。目前，我国已实现谷物基本自给、口粮绝对安全，正向质量保障、营养及多元化需求方向迈进。

2020年以来，我国种业振兴行动扎实推进，作物学研究取得了重要进展，涌现出一批重要成果。作物种业基础研究和前沿技术创新能力明显提升[1]，挖掘出一批高产、优质、耐逆、高效等重要新基因，水稻功能基因组学研究及杂种优势利用国际领先，自主开发出两个基因编辑底盘工具 Cas12i 和 Cas12j，单倍体育种技术国际领先。我国已建成较完善的作物种质资源保护、研究与创新利用体系[2]，截至 2022 年我国收集保存资源总量突破 54 万份，保护了一大批珍稀濒危资源。水稻、小麦等作物品种在保持高产的前提下，品质改良取得进步。水稻绿色丰产"无人化"作业技术取得新突破，推动水稻生产由机械化向"无人化"跨越。小麦生产攻克了节水品种不优质、不增产的技术难题，实现了小麦"节水、省肥、简化、高产"四统一。玉米籽粒机收新品种及配套技术集成应用，正在带动玉米生产从穗收到粒收的重大变革。油菜生产全程机械化取得新进展，攻克了从播种移栽、田间管理到收获的机械化技术难点。国产转基因抗虫棉、抗虫耐除草剂玉米和大豆研发及有序产业化，走出了我国转基因作物自主创新发展路径。此外，物联网技术、遥感－传感技术、大数据技术、系统模拟决策技术和作业机器人等在农业领域的广泛应用为智慧栽培的发展提供了重要的基础保障[3]。

未来作物科学研究，既要促进作物增产和农民增收，还要寻求与健康营养、生物多样性、资源环境可持续等多赢[4]。如何持续提高作物产量、降低环境风险、提高资源利用效率、改善产品营养品质是国际作物科学界普遍关注的热点。作物种质资源保护和利用、生物育种、高产高效优质栽培、环境友好与作物安全生产、农艺农机融合与智慧农业等，已成为本学科的重点研究方向和学术前沿。

本报告总结分析了近年来作物学领域的新见解、新观点、新技术、新理论、新成果与发展前沿。立足于我国现代农业发展和保障国家粮食安全的重大需求，提出本学科未来 5 年的发展目标、研究方向和重点任务，为优化布局本学科研究体系、合理配置创新资源、实现农业产业链发展提供科学决策依据。报告共设置 17 个专题，其中针对作物学学科的 3 个主要研究领域，设作物遗传育种、作物栽培、作物种子 3 个专题；针对主要粮食作物和经济作物，设水稻、小麦、玉米、油料作物、大豆、棉花、马铃薯、谷子/高粱/糜子、大麦/燕麦/荞麦/藜麦、麻类作物、食用豆、甘薯、糖料作物 13 个专题；为满足现代农业发展的新需求，设智慧农业专题。

二、本学科近年的最新研究进展

（一）2020－2023 年我国作物学学科成果回顾

1. 作物遗传育种领域进展

（1）作物种质资源研究

作物种质资源保护取得新进展。基础设施逐步完善，位于中国农业科学院北京中关村院区的国家作物种质库新库于 2021 年 9 月试运行，种质新库是世界上单体最大的国家作物种质库，建筑面积 20938 平方米，总容量达 150 万份，低温种质库扩容到 110 万份，新增试管苗库（容量10万份）、超低温库（容量20万份）和DNA库（容量10万份），实现在单一设施内"体系化"保存各类种质资源，可满足未来50年作物种质资源保护与共享利用需求[5]。国家野生稻种质资源圃在海南三亚建成，保存能力达4万份，目前已汇集全国约1.3万份野生稻种质资源。截至2022年底，建成种质资源长期库1座、复份库1座、中期库15座、种质圃55个、原生境保护点214个以及1个种质资源信息网等布局合理、分工明确、职能清晰的国家作物种质资源保护体系。作物种质长期库保存资源总量达46.5万份，种质圃保存7.5万份，试管苗库和超低温库保存1471份，资源总量突破54万份，位居世界第二位。

种质资源精准鉴定评价成效显著。"十四五"期间，科技部启动水稻、小麦、玉米和大豆四大作物"优异种质资源精准鉴定"国家重点研发计划项目，对1.2万份种质资源开展产量、耐盐、抗旱性、耐高温等性状的高通量表型精准鉴定和基因型鉴定，挖掘目标性状突出的优异种质，发掘重要性状的优异等位基因，建立表型、基因型和环境数据库，实现育种的高效利用。此外，对经济作物等其他种质资源启动了精准鉴定项目。2021年，农业农村部以查清国家库（圃）保存资源的遗传多样性及可利用性为目标，启动了农作物种质资源精准鉴定工作，当年开展了33种农作物4万份库存种质资源的精准鉴定。2022年新启动了15种农作物的精准鉴定，重点发掘直播水稻、抗赤霉病小麦、高产抗旱籽粒机收玉米、高产广适耐荫大豆、优质油料作物、耐盐碱和抗旱作物等优异资源。截至2023年9月，完成了7.6万份资源的基因型和表型鉴定，挖掘出一批优异种质和基因并应用于育种材料创新。

种质资源形成与演化机制解析取得新突破。中国农业大学获得第一个高质量的西藏半野生小麦参考基因组，揭示了西藏半野生小麦基因组结构变异、起源与演化规律和高原适应性机制，通过关联分析鉴定到重要的脱驯化位点[6]。中国科学院从玉米野生近缘种"大刍草"中找回玉米人工驯化过程中丢失的一个控制高蛋白含量的优良基因 *THP9-T*，将 *THP9-T* 导入现代玉米中，可以提高根、茎、叶以及籽粒中氨基酸和蛋白质的含量，同时也可以显著提高玉米株系的氮肥利用效率[7]。中国农业大学发现了玉米产量性状关键基因 *KRN2*，该基因在玉米和水稻中受到趋同选择[8]。中国农业科学院通过对过去100年中重要的287份小麦品种解析外显子重测序，鉴定出一批与重要性状相关的选择清除区段[9]；对1604份不同育种时期玉米自交系开展父母本杂种优势群演化研究，系统分析21个农艺性状表型和基因型大数据，发现父本群和母本群在农艺性状和基因组水平上均存在趋同选择和趋异选择现象[10]。

种质资源多样性与演化规律研究进展迅速。四川农业大学通过组装33份水稻种质资源的高质量基因组，并结合两个现有的水稻基因组，解析了水稻演化过程中存在的广泛结构变异[11]。中国农业科学院组装了高质量的水稻基因组，截至2022年构建了植物中群体规模最大、基因组充分注释、稻属超级泛基因组，极大地促进水稻功能基因挖掘和种质资源利用[12]；完成了12份玉米核心自交系和一批抗逆、抗病、优质等具有代表性的玉米种质的完整基因组组装和泛基因组构建，明确了不同杂种优势群种质多样性及其基因组学基础[13]。绘制了中国豌豆基因组高质量精细物理图谱，构建了栽培和野生豌豆泛基因组，解析了豌豆基因组进化特征、群体遗传结构，为揭示豌豆起源驯化，以及基因挖掘、种质创新、育种改良提供了资源及数据支撑[14]；完成了饭豆高质量基因组组装和解析，揭示了其进化地位，解析了群体遗传多样性和遗传结构，鉴定出多个重要性状位点和候选基因，发掘出一批优异潜在育种亲本材料，对未来饭豆育种改良提供重要参考，同时也为豇豆属其他作物的育种研究提供优异基因资源[15]；对110份来自全球的谷子材料进行了泛基因组构建，鉴定出大量结构变异，发现大多数结构变异与农艺性状有关[16]。

种质资源学与基因组学相结合，为基因资源挖掘提供了新途径。我国科学家提出了建立核心种质、浓缩遗传变异的研究方法，核心种质因浓缩了大量的自然和人工变异，逐步成为通过全基因组关联分析（GWAS）方法发现重要基因的材料平台[17]。基于核心种质，我国科学家构建了基于双列杂交且包含育种选择的多亲本高世代自交系群体（CUBIC）等，以发掘潜在的功能基因，并评价其效应[18-19]。以模式品种参考基因组为基础，通过核心种质重测序和高密度SNP芯片分析，规模化发掘了控制小麦籽粒大小的基因 *DEP1*、ABA受体基因 *PYLs-1B* 等重要基因[9,20]。此外，通过建立代表性品种的泛基因组，解析了基因组结构变异与重大品种形成之间的关系[21]。

（2）作物重要性状功能基因发掘

在作物产量基因挖掘方面，中国农业科学院作物科学研究所在水稻中鉴定到高产基因转录因子 *OsDRB1C*，过表达该转录因子能够同时提高光合作用效率和氮素利用效率，可提高作物产量30%以上，同时可使水稻抽穗期提前，实现高产早熟[22]。中国农业大学发现了玉米和水稻产量性状基因 *KRN2* 和 *OsKRN2*，该基因在玉米和水稻中受到趋同选择，在全基因组层面阐明了趋同进化的遗传规律。这一对同源基因均编码WD40蛋白，并与功能未知的基因 *DUF1644* 互作，通过相似途径调控玉米和水稻的产量，产量测试表明利用CRISPR/Cas9基因编辑技术敲除 *KRN2* 或 *OsKRN2* 可分别增加粮食产量约10%和8%[8]。在大豆中发现了高产基因 *GmWRI1b* 和调控株型、提高大豆耐密植与耐旱性的基因 *GmMYB14*[23-24]。

在作物抗逆基因发掘方面，中国科学院遗传与发育生物学研究所等多家单位联合发现了耐碱基因 *AT1*，揭示了 *AT1* 通过调节细胞中的活性氧（ROS）水平来参与碱胁迫响应的分子机理，基于耐盐碱等位基因 *AT1* 改良的水稻、玉米、高粱和谷子均有效提高了20%~30%的产量和生物量，在改良盐碱地综合利用中具有重大应用前景[25]。在马铃薯中发现了耐盐基因 *StbZIP-65*、耐旱和耐盐基因 *StCDPK28*[26]。在玉米非编码RNA响应耐盐和耐旱性中也取得了一些进展，发现miR408通过靶向laccase负调控玉米的耐盐性，自然反义转录本 cis-NAT$_{ZmNAC48}$ 调控其宿主基因 *ZmNAC48* 的表达，从而影响玉米耐旱性。

在作物抗病基因发掘方面，从小麦近缘植物长穗偃麦草中克隆出抗赤霉病基因 *Fhb7*，*Fhb7* 基因编码蛋白可以打开镰刀菌属真菌产生的有毒物质脱氧雪腐镰刀菌烯醇（DON）的环氧基团，达到解毒作用，并且对于 NIV、T2、HT-2 等都具有广谱的解毒作用。研究还发现该基因在植物界没有同源基因，仅在禾本科植物内生真菌 Epichloë 基因组中存在一个与 *Fhb7* 相似性高达 97% 的基因，这意味着很有可能通过基因水平转移将 Epichloë *Fhb7* 的 DNA 整合到长穗偃麦草基因组。这一发现为解决小麦赤霉病世界性难题找到了"金钥匙"[27]。玉米中发现了粗缩病抗病基因，获得了寄主的感病因子 ZmGDIα 和剪接突变抗病因子 ZmGDIα-hel，系统揭示了玉米粗缩病隐性抗病的分子机制[28]。同时，发现了玉米抗南方锈病基因 *RppK* 和 *RppC*[29-30]，其中 *RppC* 是从热带玉米材料 CML496 中分离到的一个 NLR 类新基因，其高抗玉米南方锈病病原菌优势小种；*RppK* 是从广谱持久抗性材料 K22 中分离到的，在对 500 多份具有代表性的自交系分析中发现，仅有不到 3% 的基因组含有该基因，具有重要的育种应用价值。玉米中发现了广谱抗黑条矮缩病毒新转录因子基因 *ZmGLK36*，转录因子通过激活下游茉莉酸生物合成路径关键基因的表达，增强茉莉酸介导的防御反应来抑制病毒的复制，提高玉米对水稻黑条矮缩病毒的抗性，该研究为抗粗缩病玉米育种等作物抗病改良提供了基因资源和理论基础[31]。

在作物雄性不育研究方面，鉴定了线粒体基因 *ATP6C* 是玉米 CMS-C 重要的胞质不育基因，ATP6C 蛋白通过改变线粒体 F1Fo-ATP 合成酶复合体的组装数量与活性，进而引发雄性不育的机制，为提高玉米杂种优势利用水平提供了新依据[32]。无融合生殖是一种通过种子进行克隆繁殖的无性生殖方式，在杂交稻中引入无融合生殖体系可以实现杂交稻自留种，被认为是杂交稻育种的最高目标。在杂交稻中建立了人工无融合生殖体系，实现了杂合基因型的固定，首次获得了杂交稻的克隆种子，证明了杂交稻进行自留种的可行性[33]。

（3）作物育种关键技术研究

近些年来，转基因、分子标记、单倍体、分子设计等现代生物育种技术不断完善应用，基因编辑等逐渐成为育种技术创新热点，我国正逐步建立系统的作物自主育种技术体系。

单倍性育种技术提升了育种效率。将玉米单倍体的诱导体系拓展至双子叶植物，证明 *ZmDMP* 的同源基因在模式植物拟南芥中具有单倍体诱导功能，开发出双子叶植物拟南芥、番茄、油菜、烟草的单倍体诱导系统[34]。在单倍体鉴别方面，开发了基于油分和颜色鉴别标记的双价鉴别系统。将单倍体技术与全基因组选择相结合，在实现作物快速纯化的同时，高通量地评价加倍单倍体（DH），可极大提高育种效率[35]。

杂种优势利用技术取得新进展。完成了 12 个玉米基因组的构建，并通过泛基因组、eQTL 等手段解析了玉米的杂种优势机制，为加速玉米改良育种提供了重要基础和遗传资源[13]。采用基因编辑策略在第三代杂交技术上取得新进展，利用基因编辑技术快速创制细胞核育性基因纯合突变，同时创制细胞核不育基因的育性恢复基因，配套可分拣不同类型配子体融合产生的不育系种子与保持系种子，实现了不育系/保持系为同一个亲本自交系，自交繁殖不育系与保持系，为快速高效建立第三代杂交种生产技术提供了解决方案。鉴定到了引起籼稻和粳稻杂种不育的位点，从分子层面阐明了籼稻和粳稻杂种不育分子机理，破解了水稻生殖隔离之谜，为利用亚种间杂种优势培育高产品种提供了理论和技术支撑[36]。

在转基因技术方面，突破了长期困扰植物遗传转化的基因型依赖瓶颈问题。通过鉴定和利用小麦 *TaWOX5* 基因显著提高小麦遗传转化效率，基本解决了小麦遗传转化中基因型限制问题[37]。建立了纳米磁珠介导的不依赖基因型的玉米遗传转化方法，成功解决了玉米遗传转化过程中"依赖组培体系，严重受基因型限制"的瓶颈问题[38]。建立和完善了一套不依赖基因型的高效玉米遗传转化体系，为精准改良玉米提供了有力支持[39]。

基因编辑技术发展迅速。创新并优化了多种农作物基因编辑育种技术体系，如多基因敲除、碱基编辑、引导编辑、等位基因替换等基因组定点编辑技术。研发的新工具 Cas12i.3 和 Cas12j.19 实现基因编辑技术的原始创新突破。利用基因编辑技术快速实现了野生稻的从头驯化，为精准设计和创造全新作物提供了新的策略[40-41]。建立了基于 CRISPR/Cas13 体系的甘薯病毒病（SPVD）抗性遗传改良技术，为 SPVD 抗性育种提供了新策略[42]。

分子设计育种技术不断提高。研制出具有我国自主知识产权的小麦 15K、50K、55K、90K、660K 系列固相芯片和 14K、40K、60K 等系列液相芯片及全外显子芯片，玉米 1K、5K、10K、20K 系列液相芯片，大豆中豆芯一号和中豆芯二号芯片，突破了国外跨国公司对芯片的垄断，与传统 PCR 检测方法相比，价格降低 70%，检测周期缩短 100 倍，检测准确率和鉴定效率提高 50 倍[43]。通过敲除控制自交不亲和的 *S-RNase* 基因或引入天然自交亲和基因，攻克了二倍体马铃薯自交不亲和瓶颈。解析了马铃薯自交衰退的遗传基础，建立了杂交马铃薯基因组设计育种流程。利用这一流程，培育出优良可育的高纯合度自交系，并获得具有显著杂种优势的杂交品系"优薯 1 号"，在理论和实践上证明了杂交马铃薯育种的可行性，使马铃薯育种进入了快速迭代的过程[44]。

在全基因组选择技术方面，基于机器学习建立的全基因组选择模型 CropGBM 工具箱，同时整合了多种常用遗传分析工具，为作物基因组设计育种提供一站式解决方案[45]。DNNGP 针对具有复杂结构的海量数据进行高效数学建模，实现了育种大数据的高效整合与利用，将助力深度学习在全基因组选择中的应用，为智能设计育种及平台构建提供有效工具[46]。初步建立作物全基因组选择育种技术体系并得到初步应用。

（4）作物新品种选育

2020 年以来，我国作物品种选育取得重要进展。一是审定品种数量快速增加，满足了全国农作物用种需求。从 2020 年到 2023 年 10 月，共通过国家、省级审定的玉米、水稻、小麦、大豆、棉花新品种21414个，其中，玉米、水稻、小麦、大豆、棉花品种分别为10341个、7133个、2138个、1373个、429个。玉米和水稻新品种最多，分别占总数的48.3%和33.3%。良种对作物增产贡献率达45%以上，农作物良种覆盖率在96%以上，自主选育品种面积占比超过95%，水稻、小麦两大口粮作物品种已实现完全自给。二是作物品种类型不断丰富，结构不断优化。随着品种审定标准的修订，以品种种性安全为核心、以市场需求为导向，高产、绿色、优质、专用等多元化品种类型比率逐年提高。绿色抗病水稻品种2020—2022年持续稳定在20%以上，特别是抗性达到1级品种近三年持续增加，由2020年的4个增加到2022年的14个，占比由0.7%提高到3.4%；水稻品种选育正在向高品质方向迈进，"宁香粳9号""天隆优619""益农稻12号"等110个品种荣获全国优质稻品种食味品质金奖，对引导水稻育种创新从产量优先向质量并行方向转变发挥了积极作用。2022年，首次审定了"京麦188""京麦189""京麦12""小偃60"等耐盐碱小麦品种，其中，"京麦188"和"小偃60"作为耐盐碱特专型品种进入2023年国家农作物优良品种推广目录；"扬麦33"实现了黄淮麦区抗赤霉病品种零的突破；选育了"中麦578""济麦44"等一批兼顾高产多抗的强筋、中强筋等专用小麦品种，2022年我国优质专用小麦比例达到38.5%。以早熟、矮秆、耐密、高抗、籽粒灌浆和脱水速度快等性状为特点的宜机收玉米品种已成为育种的主导方向，"豫单9953""郑原玉432""京农科728"等籽粒机收玉米品种在生产上已经大面积应用；"裕丰303"在2022年成为我国第一大品种，打破了"郑单958"连续18年的垄断[47]。高油油菜品种"油杂65"和"金油杂9号"，含油量高达54.7%和51.0%。三是研发储备一批生物育种产品。2020—2023年，一批转基因玉米、大豆依法获得安全证书。2021年国家启动转基因玉米、大豆产业化试点工作，从试点成效看转基因玉米大豆抗虫耐除草剂性状表现突出，对草地贪夜蛾等鳞翅目害虫的防治效果在90%以上，除草效果在95%以上；转基因玉米、大豆可增产5.6%~11.6%。2023年10月，37个转基因玉米品种、14个转基因大豆品种通过初审。2023年基因编辑高油酸大豆获得全国第一个植物基因编辑安全证书，标志着我国基因编辑正式驶入产业化快车道。

2. 作物栽培与耕作领域进展

（1）作物栽培学基础研究

近年来，我国作物栽培基础研究进展明显。利用植物生理学、分子生物学、生物化学等技术，从物质代谢、激素调控、细胞功能、信号分子等角度开展了作物细胞生理、代谢生理、环境生理等基础研究，对作物产量品质形成、水肥需求规律，以及逆境胁迫机理和多样化种植增产机理等研究较为深入。

在作物源库流理论方面实现突破，阐明了蔗糖非酵解蛋白激酶SnRK1在水稻叶鞘非结构性碳水化合物（NSC）向穗部转运过程中的功能和调控机制，为提高叶鞘NSC再分配和水稻产量提供了新思路[48]。发现水稻细胞分裂素氧化/脱氢酶（CKX）参与细胞分裂素的氧化裂解，具有调控细胞分裂素稳态的作用。研究发现，*OsCKX1* 和 *OsCKX2* 双突变体表现为分蘖数减少、穗增大、结实率下降及千粒重增加，而 *OsCKX4* 和 *OsCKX9* 双突变体的分蘖数增加、根系和穗变小、结实率及千粒重降低[49]。

在作物果穗发育研究方面，通过对小麦全穗小花原基数量与形态变化及转录组的时空分析，明确了调控可育小花数形成及其潜力的关键过程与可能机制，提出在麦穗小花原基分化和两极分化前阶段，延长穗分化时间，促进小花原基形态发育，增加绿色小花形成数量是提高穗粒数潜力的主要途径[50]。阐明了玉米等作物果穗选择性败育的潜在调控机制，明确了"库"端的主动调控是决定籽粒选择性败育的主要因素，提出了授粉时间差对果穗糖分分配和籽粒选择性败育的决定途径，为提升作物穗粒数和增加产量提供了新思路[51]。

在作物矿质营养基础研究方面，发现皮层细胞中 SHR-SCR 干细胞分子模块是豆科植物形成根瘤的关键，该干细胞分子模块赋予豆科植物皮层细胞分裂能力，使豆科植物的皮层与非豆科植物不同。同时，该干细胞分子模块能够被根瘤菌的信号激活，诱导豆科植物苜蓿的皮层分裂，形成根瘤，为提高豆科植物固氮效率和非豆科植物共生固氮奠定了理论基础。首次绘制出水稻 - 丛枝菌根共生的转录调控网络，发现植物直接磷营养吸收途径（根途径）和共生磷营养吸收途径（共生途径）均是受到植物的磷信号网络统一调控，回答了菌根共生领域"自我调节"这一困扰领域的重要科学问题。发现了调控水稻根系氮响应的关键基因 *RNR10*，为提高粳稻氮肥利用效率提供了理论依据。研究认为籼/粳杂交稻较好的根系性状、地上部植株光合性状及体内较高的细胞分裂素水平是其获得较高产量和氮肥利用效率的重要原因，为协同提高水稻产量和氮肥利用效率提供了新见解[52]。

在作物光合作用基础研究方面，鉴定到定位于叶绿体类囊体膜、在植物中高度保守的新蛋白 PCD8。敲除 *PCD8* 基因导致胚胎坏死；*PCD8* RNAi 突变体在光暗转换条件下表现为叶绿体受损、叶片出现坏死斑的表型。叶绿素合成通路分析表明，*PCD8* RNAi 突变体中叶绿素合成中间产物过量积累，从而激发单线态氧，最终导致细胞死亡。进一步通过遗传和生化分析发现，PCD8 与 Clp 蛋白酶及多个叶绿素合成蛋白相互作用并促进 Clp 蛋白酶对叶绿素合成蛋白的降解。该研究揭示了 PCD8 蛋白参与调控叶绿素合成途径的功能和分子机制，为叶绿素合成调控开辟新视角[53]。

在作物抗逆调控机制方面，揭示了根系形态结构与水力导度在调控水稻抗旱能力的作用机制，提出根系机械强度和维持根 - 土界面水力导度对水稻抗旱能力的决定途径，对于水稻抗旱栽培和育种具有指导意义[54]。发现在减数分裂期高温胁迫下，土壤轻度落干主要通过促进水稻根系和幼穗中油菜素甾醇生物合成、减少油菜素甾醇分解代谢，显著提高根系和幼穗中油菜素甾醇水平，进而增强水稻根系活力、改善植株水分状况和光合生产，提高幼穗能量水平和抗氧化能力，最终大幅度减少颖花退化率[55]。研究发现充足的氮素有利于提高氮代谢和活性氧代谢关键酶活性，提高冷害胁迫中的氮代谢能力和活性氧清除能力，并影响激素平衡，从而调控玉米生长来应对冷害胁迫[56]。

在作物多样性种植的增产机制方面,系统阐述了间套作、轮作等多样性种植体系下,通过匹配物种/基因型间特定的根系性状、生理过程和土壤生物互作过程,可以最大限度地强化种间促进作用,增加作物生产力[57-58]。此外,多样化种植系统中的豆科植物残茬向后季作物进行地下氮转移,则有助于进一步促进作物增产效应,其主要途径包括:豆科作物分泌可溶性氮化合物并被非豆科植物直接吸收,由菌根真菌介导的氮直接转移,豆科作物根系和根瘤分解成矿化氮随后被相邻作物吸收[59]。上述研究揭示了多样化种植与作物生产力之间的协调机制,为提高作物生产系统可持续发展提供了技术途径。

(2)作物栽培与耕作关键技术研究

保障国家粮食安全是作物生产的首要任务,而确保作物高产与农田温室气体减排协同是我国新时期农业可持续发展面临的新目标。作物生产本身受自然环境的影响较大,表现为严格的地域性、明显的季节性、技术的多变性等特点。因此,亟需研究形成基于生物学规律、广泛适用的作物栽培方案精确设计、作物生长指标精确诊断、作物产量品质精确预测等技术,从而精细地指导不同区域复杂多变生产条件下的作物栽培与耕作管理。

在作物优质高产栽培方面,研究了优质高产水稻的生育期、适宜播期,发现稻米加工品质与播种量呈不同程度的负相关,而垩白粒率、垩白度、蛋白质含量、米粉消解值与播种量呈显著或极显著正相关,适宜降低穗肥施氮量有利于进一步改善优质食味直播水稻的外观品种和食味品质[60]。再生稻因其稻米品质优和收益高等优点在华南、长江中游稻区等推广面积不断扩大。再生稻稻米加工、外观和蒸煮食味品质均显著优于连作晚稻,且赤霉素主导的调节通路在再生稻外观品质提升上发挥重要作用;从播期、水分管理、肥料运筹等方面探讨了再生稻调优增产的栽培途径[61]。宽幅精播是北方小麦生产主推技术之一,与常规条播相比,宽幅播种通过提高花后氮素吸收量,改善了氮素吸收效率和氮素利用率,提高了籽粒氮素积累量,实现了提高产量、氮素利用效率条件下强筋小麦品质的稳定。中国农业科学院研发的"玉米密植滴灌高产技术"在新疆奇台、内蒙古开鲁县等连续突破高产纪录。高产纪录反演试验发现,我国玉米高产的突破主要原因是选用了耐密型品种及密植高产精准调控技术,使花后相对生育期延长,叶片持绿性增强,提高了群体物质生产能力,尤其是花后生物量显著提高,降低了营养器官中的物质转移,提高了收获指数。四川农业大学提出"减穴稳苗"栽培模式,优化了机插杂交稻群体冠层结构和光分布,增大了群体内部昼夜温差和湿差,提高了群体质量和光合速率,是西南弱光稻区进一步推进机插秧发展的重要技术途径。

在作物绿色优质栽培方面,揭示了氮肥运筹和种植密度协同调控软质小麦产量和品质的机制。在水稻上提出通过加强丰产减排水稻新品种选育、优化秸秆还田措施、调整土壤微生物群落结构、加强气候变化和农艺措施互作研究和水稻丰产与甲烷减排的技术集成示范等,实现稻田甲烷减排。提出了国家粮食安全与农业双碳目标的双赢策略,即固碳与减排兼顾,以农业CH_4等非CO_2温室气体减排为优先,在示范区实现了粮食增产5%~8%、温室气体减排 10%~25%、农田综合固碳量增加 15%~17% 的目标。基于自然解决方案（Nbs）的禾豆等间套作模式，不仅粮食丰产稳产，而且土壤有机质含量显著增加，农田 CH_4 和 N_2O 等温室气体排放明显下降，实现了稳粮增收和固碳减排的协同[62]。基于持续提高作物单产、提升资源利用率以及缓解气候变化等多重目标，构建了气候智慧型玉米生产模式，实现作物增产 25% 以上、碳足迹降低 40% 以上，氮肥利用效率显著提高[63]。阐明水稻机插高产栽培、稻渔共生高效种养的丰产减排效应，创建稳粮兴渔的稻渔综合种养绿色高效技术体系[64]。

在作物肥料高效利用技术方面，发展了水稻轻简氮肥管理技术，既可以节约劳动力成本，又可提高氮肥利用率[65]。在氮肥运筹上，提出了适当延迟蘖肥施用叶龄期、提前穗肥施用叶龄期、增加穗肥施用比例的施肥技术，不但可以显著提高氮素积累量，还可以提高成穗率和颖花数的分化[66]。在施肥方式上，提出了水稻机插侧深施肥技术和缓释肥侧深施肥技术，实现了高产和肥料高效利用的目的[67-68]。在小麦上制定了养分优化管理方案，解决了我国小麦生产中肥料施用量偏高[69]、使用比例不合理的问题[70]，优化后的施肥方案氮、磷、钾肥的农学效率分别提高了 41.1%、121.1% 和 84.6%；偏生产力分别提高了 42.4%、23.5% 和 25.4%[71]。为适应玉米机械化收获需求，明确了夏玉米控释尿素种肥同播的施肥深度，即一次性基施深度控制在 10~15 厘米，在提高产量的同时，降低了氮素损失[72]。

在作物水分管理技术方面，发展了稻田节水灌溉措施，主要包括干湿交替灌溉、中期排水和有氧栽培等。在小麦灌溉上提出全膜微垄沟播技术，可以聚集降水、抑制蒸发、调节低温，提高降水向土壤和作物水的转化效率[73]。微喷带灌溉技术实现了籽粒产量和水分与氮素利用效率的同步提高。"测墒补灌"达到了节水的目的[74]。在玉米上，滴灌施肥技术在半干旱区可提高玉米产量、成熟期氮磷钾积累量和水分利用效率，降低土壤氮素表观损失量[75]。浅埋滴灌下春玉米籽粒灌浆后期淀粉合成相关酶活性强，淀粉活跃积累期延长、积累能力增强，千粒重增加，籽粒产量最高，在黄土高原典型雨养农业区，地膜覆盖可显著增加玉米产量和水分利用效率[76]。

在作物逆境生理和灾害防控技术方面，提出了花前渍水锻炼的小麦栽培措施，可以提高抗氧化酶活性，增强小麦旗叶的抗氧化能力和对花后渍水胁迫的抵御能力[77]。外源 5-氨基乙酰丙酸（ALA）预处理能够缓解干旱对小麦光合生理的伤害[78]。在应对高温热害方面，提出了采取玉米调整播期、选用耐高温品种和增强田间管理的栽培措施[79]；增施氮肥、去除顶部叶、喷施生长调节剂和叶面肥等栽培措施缓解弱光胁迫对产量的影响[80]。在化学调控上，研究表明外源喷施褪黑素可以提高大豆的抗旱性[81]，花生淹水后喷施外源 6-BA 缓解了对产量的影响[82]。

在农作物间套作技术方面，四川农业大学研发的"大豆玉米带状复合种植"取得突破[83]。中国农业大学系统研究了全球农作物间套作的作物搭配、时空配置及养分投入等管理措施对增产效应的贡献，提出适合在中国（粮食作物与玉米间作）和欧洲（矮谷物与豆科混作）应用的两种不同增产模式[84]。

在作物多熟种植丰产增效技术方面，中国农业科学院提出了以强化"C_4玉米"高光效优势为核心的周年光温资源优化配置途径，创新了冬小麦 – 夏玉米"双晚"技术模式，实现了周年高产和光温资源高效利用[85]。构建了冬小麦/夏玉米 – 春玉米和冬小麦/夏大豆 – 春玉米两年三熟种植模式，集成水肥优化关键技术，改善了华北平原集约化农作制度的水分与氮肥利用效率[86-87]。构建了西北灌区春小麦 – 紫花苜蓿/玉米双重轮作种植模式，促进了干旱灌溉地区的作物可持续生产[88]。

在保护性农业技术方面，中国农业大学、中国科学院等集成秸秆还田、少免耕、作物轮作等关键技术，形成了集稳产高产、保护耕地等于一体的黑土地保护模式——梨树模式。辽宁省农业科学院开展了气候变化背景下的保护性耕作制度研究，建立了以免耕、秸秆还田、二比空种植为主的节水型耕作技术模式。甘肃农业大学构建了免耕和玉米残茬覆盖集成减量20%水氮供应保护性耕作模式，显著提高了麦田集水能力，小麦产量提高13.6%，创新了西北干旱绿洲小麦种植策略[89]。

（3）作物信息与表型组学研究

人工智能、云计算、大数据、物联网等新一代信息技术快速发展，成为驱动新一轮科技革命和产业革命的重要力量。信息技术和生物技术等高新技术在农学领域的渗透与拓展，正使现代作物栽培学产生深刻的变革。其中，数字农业与精准农业的兴起催生了作物精确栽培理论与技术，为作物生产提供了全新的技术支持和全方位的信息服务。

近20多年来，农业信息技术的快速发展使作物栽培学进入定量化和精确化的研究与应用阶段。尤其是美国、加拿大、荷兰、英国、法国、德国等发达国家，针对精准农业的发展前景，研究建立了基于农作系统模型和空间信息技术的数字化农业生产管理系统，通过推广应用获得了突出的社会、经济和生态效益。中国在作物管理专家系统、作物生长遥感监测、作物产量预测模型等方面开展了大量研究工作，取得了系列进展。但总体来看，目前国内外的研究一般基于特定生产区域或作物管理过程中的单项技术和子系统，缺少针对作物 – 土壤系统信息获取与处理的综合性研究，有待构建机理性和适用性兼备的综合性作物精确栽培技术体系。

随着植物表型获取技术和设备的不断完善，以及基因组学、蛋白组学、代谢组学和大数据计算技术的快速发展，高通量表型组学分析在种质资源鉴定、遗传图谱绘制、功能基因挖掘等方面发挥越来越大的作用。高通量表型组学研究正成为突破未来作物学研究和应用的关键领域，为作物遗传育种、栽培管理提供精准、高效的决策支持。截至2023年，我国的华中农业大学作物表型中心、南京农业大学植物表型学研究中心、中国农业科学院南繁作物表型研究设施等相继成立，加速了表型组学的应用和发展。

我国科研人员利用表型组学在作物抗病、抗逆和农艺性状上进行了大量的研究。中国科学院联合石河子大学农学院通过图像和光谱的近景感知数据构建基于机器学习的棉花黄萎病（VW）评估方法，实现了棉花冠层 VW 病害严重度的准确评估。河北农业大学使用 Canopeo 法，实现了高通量、准确地探测棉田植株长势，为高效无损评估作物生长状况提供了新思路[90]。华中农业大学基于高通量作物表型平台，整合高光谱、微型 CT、RGB 多光学成像技术对 368 份玉米群体材料在多个生长时期、正常浇水和干旱胁迫下的玉米表型进行连续无损检测，获得了与干旱胁迫响应相关的图像性状（i-traits），结合 GWAS 分析鉴定到大量与干旱胁迫相关的候选基因和数量性状基因座（QTL），构建了基因–表型关联网络，并整合代谢和转录大数据，揭示了玉米抗旱的遗传基础以及驯化和改良中丢失的潜在抗旱位点，为玉米抗旱遗传改良提供了新的基因资源和丰富的遗传"宝库"[91]。

（二）作物科学条件建设新进展

1. 学科建设

作物学作为一门系统的科学，在 19 世纪后期和 20 世纪初逐步形成。早期的作物学称为农艺学，主要包括作物生产技术和作物育种，也涵盖了土壤、病理、农业机械等。20 世纪上半叶，在传统的栽培耕作方式基础上，逐步开始探索新型作物栽培耕作方法。孟德尔遗传学说传入中国后，作物育种技术有了快速进步。新中国成立后，我国作物学发展获得了新机。随着科技发展和农业生产的需要，农业院校陆续开设作物学专业课程，作物栽培学、作物耕作学和作物遗传育种逐渐成为独立学科，到 20 世纪 70 年代末初步形成了作物学体系[92]。20 世纪 80 年代以来，作物学基础研究领域不断拓展，作物遗传育种学领域的研究方向逐渐由单一作物单一目标性状逐步向多种作物产量或品质性状形成的遗传网络解析等转变，作物栽培学领域的主要研究方向也由单纯的追求产量逐步向产量、品质协同提高且环境友好转变[93]。

当前，作物遗传育种学在种质资源保护利用与精准鉴定、关键基因挖掘、分子机理，以及转基因、基因编辑、全基因组选择、品种分子设计、数字化智能育种等现代生物育种技术等方向研究热度高、创新要素投入集聚度高；在倍性育种、组织培养、细胞工程育种等传统育种技术方向有待激发研究新动能[94]。

作物栽培学与耕作学紧扣农业生产现代化需要，持续加强高产优质高效生理与栽培基础研究，创新丰产高效栽培技术。发展绿色节本增效栽培，通过资源高效利用，显著减少物质投入、节能减排、保护环境，实现可持续的健康发展。加强农艺农机智能融合创新，构建"无人化"智慧栽培，大幅度减少劳动力投入，有效提高规模生产效益[95]。

2022 年 8 月 31 日，教育部办公厅印发《新农科人才培养引导性专业指南》，将引导涉农高校加快布局建设一批具有适应性、引领性的新农科专业，加快培养急需紧缺农林人才，面向粮食安全、生态文明、智慧农业等领域，设置 12 个新农科人才培养引导性专业。其中，作物学领域相关专业含有生物育种科学、生物育种技术、智慧农业。

2. 研究平台建设

农业科技条件平台建设是国家农业科技创新体系建设的重要组成部分，是保障和促进农业科技创新活动、培养和凝聚高层次人才的必要物质基础。作物学研究平台建设主要包括国家重大科学工程、国家种质库、国家实验室、国家工程技术研究中心、全国和部门重点实验室、国家与部门野外观测台站、国家和部门质检中心等。农作物基因资源与基因改良国家重大科学工程是我国农业领域首个国家重大科学工程，以中国农业科学院作物科学研究所和生物技术研究所为依托，是我国农业科学基础研究与应用基础研究领域能力建设的标志性工程，现已成为国内同类研究共享的技术平台。国家作物种质库新库已于2021年9月建成，可保存150万份种质资源，保存能力位居世界一流，可满足今后50年我国作物育种、基础研究、产业化发展等方面重大需求。崖州湾国家实验室围绕国家食物安全重大需求和科技前沿，在主粮、油料等农业生物育种领域，开展战略性、前瞻性、基础性重大科学问题和关键核心技术创新。最近两年，科技部在原有国家重点实验室体系的基础上，进行进一步优化完善，启动了新一轮全国重点实验室建设工作，新建和重建了作物学科相关全国重点实验室，如新建了作物基因资源和育种全国重点实验室。

3. 研究专项及经费投入

我国已形成以稳定的机构拨款与竞争性项目资助相结合的基础研究体系，对我国作物领域基础研究能力的快速发展起到了重要作用。"十四五"国家重点研发计划"农业生物种质资源挖掘与创新利用"专项主要资助方向为"珍稀种质资源保护、重要性状种质资源表型精准鉴定、全基因组和基因水平的基因型精准鉴定、基因挖掘、种质资源挖掘新技术、优质新种质精准创制"；"十四五"国家重点研发计划"农业生物重要性状形成与环境适应性基础研究"专项主要资助方向为"作物优质种质资源形成与演化机制、复杂性状形成与互作遗传机理、作物种质智能设计与合成机制等"。农业生物育种重大项目对水稻、小麦、玉米、大豆、棉花和油菜等新品种培育、重要性状基因发掘、前沿关键技术研发以及支撑平台建设进行了重点支持。国家重点研发计划"主要作物丰产增效科技创新工程"专项主要资助方向涵盖"南方水稻品质提升与丰产增效技术研发及集成示范、优质小麦–玉米周年丰产增效与产业化技术研发及集成示范、大豆等油料作物轻简化丰产技术研发及集成示范等"。

4. 人才培养与学科队伍建设

2022年2月，教育部、财政部、国家发展改革委印发《关于深入推进世界一流大学和一流学科建设的若干意见》，建设任务特别强调要瞄准世界科学前沿和关键技术领域，强化人才培养和科技创新的学科基础，培育学科增长点，建设高水平人才队伍、完善创新团队建设机制以及挖掘培育一批具有学术潜力和创新活力的青年人才，并集中力量开展高层次创新人才培养和联合科研攻关等。2022年7月，中国作物学会人才培养与教育专业委员会主办作物学一流学科建设研讨会，针对第二轮"双一流"方案中的建设目标和建设任务等方面进行了交流研讨，认为作物学学科建设要以服务国家粮食安全战略为己任，通过学科间深入交叉融合创新、课程思政与德育育人能力提升、科研平台与师资力量建设、社会服务能力与国际合作强化等途径，实现破解种业"卡脖子"难题、做强乡村振兴智库功能，助力作物学一流学科建设，为保障国家粮食安全提供人才与技术支撑。

青年科技人才是科技人才队伍的生力军，是科研事业兴旺发达的重要保证，加快青年科技人才培养已成为世界各国提高核心竞争力的战略举措[96]。近年来，我国十分注重对青年科技人才的培养，针对青年科技人才的资助渠道主要有国家自然科学基金委员会的国家杰出青年科学基金、优秀青年科学基金，还有青年拔尖人才支持计划、中国科学技术协会的"青年人才托举工程"等。近年来国家自然科学基金作物学学科项目申请与资助情况统计表明，除重点项目外，其他5类基金项目的负责人年龄结构均呈现不同程度的年轻化趋势，说明中青年人才已经逐渐成为作物学学科的研究主力[97]。

（三）近年来作物学学科重大成果介绍

1. 作物遗传育种领域重大成果

2020年以来，围绕作物种质创新、基础研究、育种技术、品种选育及推广等作物遗传育种领域，取得了一批重大成果（表1、表2），其中获国家科技奖励9项，有力提升了我国农作物育种自主创新能力和水平。

表 1　荣获国家科技奖励的作物遗传育种重大成果（2020—2023年）

序号	获奖项目名称	获奖等级及第一完成人	成果主要成就
1	水稻遗传资源的创制保护和研究利用	国家科学技术进步奖一等奖，罗利军	系统地进行了水稻遗传资源的收集保存、研究评价和创新利用，共收集水稻遗传资源20余万份，使我国水稻遗传资源保存量增加130%以上。其中的优异资源广泛应用于我国水稻品种选育和基础理论研究之中，71个水稻新品种在生产上大面积推广。该研究丰富了我国水稻遗传资源，建立了安全保护和利用体系，促进了作物科学的进步。同时，该项目还带动了农民增收，有力推动了乡村振兴和精准扶贫，为建设节约资源、环境友好型农业产业体系、调整产业结构作出了突出贡献
2	水稻高产与氮肥高效利用协同调控的分子基础	国家自然科学奖二等奖，傅向东	农业生产中广泛种植的"绿色革命"品种的产量提升过度依赖化肥投入，生产上迫切需要高产和氮肥高效利用协同改良的新品种，本项目面向国家重大需求，瞄准"植物生长与代谢协同调控"的国际前沿科学问题，从优异种质挖掘入手，系统解析了直立穗基因 *DEP1* 协同提高水稻产量和氮肥利用效率的分子机制及其遗传调控网络，为作物高产和氮肥高效利用协同改良奠定了理论基础

续表

序号	获奖项目名称	获奖等级及第一完成人	成果主要成就
3	水稻驯化的分子机理研究	国家自然科学奖二等奖，孙传清	系统地揭示了人类将匍匐生长、产量低、散穗、易落粒、籽粒上有长芒、长得像杂草一样的野生稻驯化为赖以生存的重要粮食作物水稻的分子机制，创制了野生稻基因挖掘的重要遗传材料，鉴定了一系列增强耐逆性、减少施肥量、提高产量的重要基因，研究成果提升了我国在作物驯化和水稻遗传研究领域的国际影响力
4	水稻抗褐飞虱基因的发掘与利用	国家技术发明奖二等奖，何光存	项目对水稻生产中褐飞虱危害严重的重大需求，从稻种资源中发现、克隆抗褐飞虱基因，创制出高抗褐飞虱优异新种质，创建了水稻抗褐飞虱分子育种技术体系，解决了抗褐飞虱育种关键技术难题。成果在全国得到了广泛应用，实现了我国抗褐飞虱育种的历史性突破，为我国粮食安全作出了重要贡献
5	小麦耐热基因发掘与种质创新技术及育种利用	国家技术发明奖二等奖，孙其信	发掘了小麦耐热种质资源和显著提高耐热性的基因，扭转了小麦耐热育种资源和功能基因严重匮乏的局面；创建了与耐热基因紧密连锁的分子标记，有效解决了耐热基因的准确追踪问题；创新了小麦耐热育种技术，提升了我国种业科技水平。育成的耐热高产新品种累计推广6000多万亩，取得了显著的经济和社会效益
6	玉米优异种质资源规模化发掘与创新利用	国家科学技术进步奖二等奖，王天宇	针对我国玉米种质资源多样性匮乏、育种所利用优异种质遗传基础狭窄及研用衔接不紧密等突出问题，围绕东北、黄淮海和西南三大主产区玉米育种和产业发展需求，20多年来，在拓展我国玉米种质资源基础上，以抗病、抗旱、配合力等重要育种性状为抓手，攻克规模化鉴定评价技术难题，实现抗病抗旱性状的规模化鉴定发掘，并在创新利用等方面取得突破，产生显著社会、经济和生态效益
7	高产优质、多抗广适玉米品种"京科968"的培育与应用	国家科学技术进步奖二等奖，赵久然	项目针对我国玉米育种和产业迫切需求，首创"X群×黄改群"杂优模式，育成"京科968"等玉米品种31个，实现我国玉米杂优模式新突破；创制出"京724""京92"等26个优良自交系，育成S型雄性不育系"S京724"等，为杂交种组配和三系配套制种奠定了材料基础；培育突破性品种"京科968"，连续4年种植面积超过2000万亩，居东华北春玉米区首位，累计推广超过1亿亩，连续5年被农业部遴选为农业主导品种

续表

序号	获奖项目名称	获奖等级及第一完成人	成果主要成就
8	超高产专用早籼稻品种"中嘉早17"等的选育与应用	国家科学技术进步奖二等奖，胡培松	提出了超高产专用早稻育种理论与方法，创制出超高产米粉专用稻新种质，构建了米粉专用早稻品种评价鉴定技术体系。代表性品种"中嘉早17"攻克了早稻优质高产的技术难题，解决了米粉加工专用粮原料短缺问题，实现早稻多用途化，集优质专用、高产、抗逆、广适于一体，是近30年以来南方稻区唯一年应用面积超千万亩的早稻品种
9	长江中游优质中籼稻新品种培育与应用	国家科学技术进步奖二等奖，游艾青	从水稻优质机理解析、高效育种技术研发、优异种质创制和优质品种培育等方面进行系统研究。历经18年攻关，突破了长江中游中籼稻育种技术滞后、高产不优等"卡脖子"难题，建立了高效籼稻育种技术，培育了优质中籼稻新品种并推广应用，实现了优质与高产的协同改良，为区域水稻产业高质量发展提供了科技支撑

表2 作物遗传育种领域其他重大成果（2020—2023年）

序号	成果名称	成果水平	成果主要成就
1	利用大刍草挖掘玉米密植增产基因	入选2020中国农业科学十大进展	首次从玉米野生种大刍草中克隆了控制玉米紧凑株型、密植增产的关键基因，建立了玉米紧凑株型的分子调控网络。该研究为玉米理想株型分子育种、培育耐密高产品种提供了基因资源和理论基础
2	利用基因编辑技术实现杂交稻自留种	入选2020中国农业科学十大进展	借助基因编辑技术将杂交稻中4个生殖相关基因敲除后，成功将无融合生殖特性引入杂交稻，从而实现杂合基因型的固定。该研究首次在杂交稻中实现了杂交水稻无融合生殖从0到1的突破，为解决杂交种制种繁、留种难的行业难题提供了有效途径
3	编辑感病基因培育抗白叶枯病水稻	入选2020中国农业科学十大进展	利用基因编辑技术，同步编辑水稻3个感病基因，获得了具广谱抗性的水稻新种质，能有效抵御水稻生产的头号细菌"杀手"白叶枯病害。该研究通过编辑多个感病基因，攻克了水稻传统抗病育种周期长、抗性易丧失的技术瓶颈，开辟了作物抗病育种的新途径
4	找到小麦抗赤霉病主效新基因	入选2020中国十大科技进展、2021中国农业科学十大进展	首次从长穗偃麦草克隆了由真菌水平转移的主效抗小麦赤霉病基因 $Fhb7$，且成功将其转移至小麦品种中，首次明确并验证了其在小麦抗病育种中不仅具有稳定的赤霉病抗性，而且具有广谱的解毒功能，为解决日益严重的小麦抗赤霉难题提供了宝贵的种质资源

续表

序号	成果名称	成果水平	成果主要成就
5	发现水稻产量和氮肥利用协同调控新机制	入选2021中国农业科学十大进展	该研究发现了氮高效利用关键基因 NGR5。NGR5 是赤霉素信号途径的新组分，可以整合赤霉素信号与氮信号提高水稻产量和氮肥利用效率，为高产和氮高效作物分子设计育种提供了理论和技术支撑
6	首次绘制大豆图形结构泛基因组	入选2021中国农业科学十大进展	首次构建了植物图形结构泛基因组，挖掘到大量利用传统基因组不能鉴定到的大片段结构变异，为海量重测序数据提供了一个全新的分析平台，该项工作被专家称为"基因组学的里程碑工作"
7	构建高杂合二倍体马铃薯基因组图谱	入选2021中国农业科学十大进展	首次组装了杂合二倍体马铃薯基因组，揭示了杂合基因组内丰富的遗传变异以及有害突变的分布模式，为二倍体马铃薯自交衰退等生物学研究和分子设计育种提供了基因组学基础
8	揭示豆科植物根瘤发生的分子调控机理	入选2021中国农业科学十大进展	发现皮层细胞中SHR-SCR干细胞分子模块是豆科植物形成根瘤的关键。该研究回答了"为什么豆科植物能与根瘤菌共生固氮"这一科学问题，为提高豆科植物固氮效率和非豆科植物共生固氮奠定了理论基础
9	首次实现异源四倍体野生稻的从头驯化	入选2021年中国十大科技进展、2022中国农业科学十大进展	提出异源四倍体野生稻快速从头驯化的新策略，突破了多倍体野生稻参考基因组绘制、遗传转化以及基因组编辑等技术瓶颈，建立了从头驯化技术体系；证明了异源四倍体野生稻快速从头驯化策略切实可行，对创制高产抗逆新型作物和保障粮食安全具有重要意义
10	中国空间站完成水稻全生命周期培养	国际首次	2022年7月29日，航天员们注入营养液启动了水稻从种子到种子全生命周期（空间）培养实验，完成了拟南芥和水稻种子萌发、幼苗生长、开花结籽这一"从种子到种子"全生命周期的培养实验，历经120天，11月25日结束实验
11	我国科学家发现玉米和水稻增产关键基因	入选2022年中国十大科技进展	经过三代科学家18年研究发现，玉米基因 KRN2 和水稻基因 OsKRN2 受到趋同选择，并通过相似的途径调控玉米和水稻的产量。这一成果不仅揭示了玉米与水稻的同源基因趋同进化从而增加玉米与水稻产量的机制，为育种提供了宝贵的遗传资源，而且为农艺性状关键控制基因的解析与育种应用，以及其他优异野生植物快速再驯化或从头驯化提供重要理论基础
12	解析水稻品种适应土壤肥力的遗传基础	入选2022中国农业科学十大进展	该研究鉴定到一个水稻氮高效关键基因（OsTCP19），阐明了土壤氮素水平调控水稻分蘖发育过程的分子机理，揭示了水稻对贫瘠土壤适应的遗传基础；为水稻氮高效育种提供了重大关键基因，对保障农业绿色发展具有重要意义

续表

序号	成果名称	成果水平	成果主要成就
13	首次绘制黑麦高精细物理图谱	入选 2022 中国农业科学十大进展	该研究解决了黑麦基因组组装难题，绘制了黑麦高精细物理图谱，解析了黑麦染色体演化机制，鉴定了黑麦籽粒淀粉合成、抽穗期等关键基因；为麦类作物育种源头创新提供了独特基因资源
14	实现杂交马铃薯基因组设计育种	入选 2022 中国农业科学十大进展	该研究利用基因组大数据进行育种决策，建立杂交马铃薯基因组设计育种体系，培育了第一代高纯合度自交系和概念性杂交种优薯1号，证明了马铃薯杂交种子种植的可行性，推动了马铃薯育种和繁殖方式变革
15	揭示光信号调控大豆共生结瘤机制	入选 2022 中国农业科学十大进展	该研究解析了地上光信号与地下共生信号互作调控大豆根瘤发育的机制，证实了光信号对大豆根瘤形成及共生固氮的关键作用；揭示了豆科植物地上地下协同的新机制，为优化农业系统碳-氮平衡提供新策略
16	创制种植一次免耕收获3~4年的多年生稻	入选美国《科学》杂志"2022年度十大科学突破"	多年生稻种植一次，可连续免耕收获3~4年，即自第二季起便无须买种、育秧、犁田和移栽等生产环节，仅需田间管理和收获两个生产环节，节约生产成本，减少劳动力，是一种轻简化、绿色可持续的稻作生产方式
17	杂交马铃薯基因组设计育种技术	2020 中国农业农村十大新技术	该成果通过基因组设计育种，将马铃薯育种由无性繁殖的四倍体改造成种子繁殖的二倍体，解决马铃薯遗传改良进度慢和种薯储繁成本高的难题
18	高产抗逆优质粮饲兼用玉米新品种"鲁单9088"	2020 中国农业农村十大新产品	高产高效、绿色优质的粮饲兼用型玉米品种，具有稳定的籽粒高产特征和良好的青贮效果，市场前景广阔
19	"京农科728"等系列早熟宜粒收玉米新品种	2020 中国农业农村十大新产品	具有早熟优质、耐旱节水、耐密抗倒、籽粒脱水快、宜机械粒收等综合优点，突破了黄淮海夏玉米籽粒机收技术瓶颈，为实现节本增效、绿色生产提供了强有力科技支撑
20	高油酸花生新品种"冀花16号"	2020 中国农业农村十大新产品	解决了花生品种油酸、产量、抗性同步提升的技术和产业难题，促进了高油酸花生产业快速发展
21	多抗优质广适性杂交籼稻新品种"扬籼优919"	2020 中国农业农村十大新产品	突破了长江流域中籼稻品种高温耐性差、稻瘟病抗性弱的关键技术难点，促进了水稻安全生产
22	高产高效优质绿色小麦新品种"郑麦1860"	2021 中国农业农村新产品	该成果具有高产性突出、生产高效、加工高效、优质高效等特性，实现了高产、节肥、优质、抗病、抗逆和加工特性等优良性状的结合，推动我国小麦向高产高效优质绿色生产方向发展
23	"农科糯336"等系列高叶酸甜加糯优质鲜食玉米新品种	2021 中国农业农村新产品	该品种同一果穗上含有甜、糯两种籽粒，具有口感独特、叶酸含量高、早熟性好、耐密性强、适应区域广等突出优势，已成为甜加糯新型玉米主导品种

续表

序号	成果名称	成果水平	成果主要成就
24	早熟优质多抗水稻新品种"绥粳306"	2022中国农业农村新产品	该成果突破早熟、优质、抗逆多性状聚合等关键技术,培育品种有效提升黑龙江省第三积温带稻米品质及抗病、耐冷、耐盐碱特性,具有完全自主知识产权
25	矮秆耐密宜籽粒机收玉米新品种"吉单436"	2022中国农业农村新产品	该成果培育出集高产优质、矮秆早熟、耐密抗倒、脱水快、宜粒收等特性的玉米新品种,突破我国传统玉米育种目标,促进玉米生产方式转型升级
26	抗赤霉病高产小麦品种"扬麦33"	2022中国农业农村新产品	该成果首次育成高抗赤霉病、高抗白粉病、高产小麦品种,解决抗赤霉病与高产相结合的世界性难题,具有完全自主知识产权,有益于我国控制小麦赤霉病危害
27	促棉增粮棉花优良新品种"中棉113"	2022中国农业农村新产品	该成果成功突破早熟、高产、优质难以协同改良的技术瓶颈,培育品种超越"澳棉"品质标准,推动风险棉区宜棉化、扩大北疆植棉边界,提供南疆"两年三熟"种源基础,促进南疆种植制度变革
28	优质高产广适宜轻简化种植杂交水稻新品种"玉龙优1611"	2022中国农业农村新产品	该成果突破水稻品种优质、高产、广适、宜轻简化种植难聚合的关键技术,选育出米质优、产量高、适宜轻简化种植的杂交水稻新组合,具有完全自主知识产权

2. 作物栽培学领域重大成果

2020年以来,围绕耕地、耕作制度、机械化生产技术、高效栽培技术、农业机械等作物学等领域,取得了一批重大成果(表3、表4),其中获国家科技奖励2项,有力提升了我国农作物生产技术水平。

表3 荣获国家科技奖励的作物栽培学重大成果(2020—2023年)

序号	获奖项目名称	获奖等级及第一完成人	成果主要成就
1	北方旱地农田抗旱适水种植技术及应用	国家科学技术进步奖二等奖,梅旭荣	明确揭示了北方旱地作物水分供需变化规律及适应对策,揭示土壤增碳扩容、地表覆盖抑蒸、冠层塑型提效的作用机理,攻克了旱地农田土壤-地表-冠层协同调控的世界性难题,创建了北方主要类型旱地抗旱适水种植主导技术,重点地区推广应用后农田降水利用率最高达75%,为实施国家旱地农业规划和旱作节水示范提供了重要科学依据与关键技术支撑

续表

序号	获奖项目名称	获奖等级及第一完成人	成果主要成就
2	基于北斗的农业机械自动导航作业关键技术及应用	国家科学技术进步奖二等奖，罗锡文	突破了复杂农田环境下农机自动导航作业高精度定位和姿态检测技术；创新提出全区域覆盖作业路径规划方法、路径跟踪复合控制算法、自动避障和主从导航控制技术，提高了农机导航精度、作业质量和作业效率；创制了具有自主知识产权的农机自动导航作业线控装置和农机北斗自动导航产品；为我国智慧农业提供了重要支撑

表 4　作物栽培领域其他重要成果（2020—2023 年）

序号	成果名称	成果水平	成果主要成就
1	全球农作物间套作种植模式的增产效应	入选 2021 中国农业科学十大进展	系统研究了全球农作物间套作的作物搭配、时空配置及养分投入等管理措施对增产效应的贡献，总结出分别适合在中国（高产玉米与其他作物粮食作物与玉米间作）和欧洲（矮谷物与豆科混作）广泛应用的两种不同增产模式
2	玉米籽粒低破碎机械化收获技术	农业农村部 2020 年十大引领性技术	该技术集成配套选用籽粒脱水快的品种、高产抗倒伏栽培技术和低破损收获机械三大关键技术，解决玉米生产全程机械化的制约瓶颈，从而满足生产减损、提高效率、节约用工的需求，促进玉米规模化生产、集约化经营，推动我国玉米生产方式变革，提升产业竞争力
3	北斗导航支持下的智慧麦作技术	农业农村部 2020 年十大引领性技术	该技术将北斗导航、现代农学、信息技术、农业工程等应用于小麦生产耕、种、管、收的全流程，建立以"信息感知、定量决策、智能控制、精确投入、特色服务"为特征的现代化农业生产管理方式，实现小麦生产作业从粗放到精确、从有人到无人方式的转变
4	水稻机插缓混一次施肥技术	农业农村部 2020 年十大引领性技术	该技术创新了一次施肥满足水稻一生优质高产所需的"缓混肥"。将缓混肥与水稻机插侧深施肥技术相结合，构建了养分释放规律与肥料施用技术相结合的技术模式，实现机插水稻"一次施肥、一生供肥"的效果，是一项经济、环保、高效可行的先进实用技术
5	棉花采摘及残膜回收机械化技术	农业农村部 2020 年十大引领性技术	实现棉花采摘机械化的前提是采用 76 厘米等行距种植和通过化控塑造适宜机采的棉花株型，配套适宜的采棉机开展田间采收作业；残膜回收机械化是在应用宽膜覆盖、膜下滴灌、精量播种等整套高效地膜覆盖栽培技术的基础上，在棉花机械收获后，通过抽取滴灌带、粉碎秸秆，配套先进适宜的新型回收机进行残膜回收作业，实现农田残膜污染治理

续表

序号	成果名称	成果水平	成果主要成就
6	稻麦绿色丰产"无人化"栽培技术	农业农村部2021年十大引领性技术	以稻麦栽培"无人化"作业技术为核心，配套无人机飞防高效植保技术、智能远程控制灌溉技术和智能精准无人化收获技术
7	水稻大钵体毯状苗机械化育秧插秧技术	农业农村部2021年十大引领性技术	充分发挥水稻钵体苗栽培高产优质的优势和机插秧作业高效精准的优势，系统集成大钵毯苗秧盘、精准对位精量播种、秧苗秧期综合管理、高速机械栽插等关键技术，缩短插秧后秧苗缓苗期、延长了适宜机插秧龄
8	苜蓿套种青贮玉米高效生产技术	农业农村部2021年十大引领性技术	将苜蓿和青贮玉米套种，在春季进行苜蓿干草生产，夏季在苜蓿行间套种青贮玉米，并于秋季玉米收获季一同混收青贮玉米和苜蓿，实现苜蓿和玉米优势互补，提升系统生产力和土地利用率，缓解奶业发展需要的优质苜蓿干草长期依赖进口的问题
9	玉米密植高产滴灌水肥精准调控技术	2022年中国农业农村重大新技术	该成果集成创新玉米生长全过程的精准调控关键技术和生产模式，实现增产与资源高效利用的协同提高，理论和技术体系完善，推动产量水平大幅提升
10	水稻钵苗育秧移栽机械化技术	2022年中国农业农村重大新技术	该成果集成创新全自动精量播种育秧、带钵无植伤移栽、同步侧深定量施肥、宽窄行栽植等关键技术，为我国不同稻区水稻钵苗育秧移栽提供可行方案
11	绿色氮高效玉米品种鉴定与利用技术	2022年中国农业农村重大新技术	该成果通过控制土壤供氮量，监测土壤无机氮浓度和供试品种减产幅度，精准鉴定绿色氮高效玉米品种并定量其节氮潜力，显著提高氮肥利用率
12	大豆大垄密植浅埋滴灌栽培技术	2022年中国农业农村重大新技术	该成果成功通过滴灌大豆实现适期播种，加宽垄体实现合理密植，破解东北地区春播期干旱频发、大豆出苗不全不齐等难题

三、本学科国内外研究进展比较

（一）国际作物学学科发展现状、前沿和趋势

1. 作物遗传育种学科

（1）作物种质资源研究

优良的种质资源是育种的物质基础。目前，国际上作物种质资源主要开展的研究工作为：①继续夯实种质资源储备，广泛收集育种材料和基因组材料，并实现安全保存；②种质资源保护技术研究，包含种质资源保存技术体系、智能高效监测预警技术和种质遗传完整性的繁殖更新技术等；③开展全基因组水平基因型鉴定和泛基因组研究，泛基因组是多个基因组的信息总和，比单一参考基因组涵盖了更多的遗传多样性，能够深度鉴定重

要性状基因资源；④开展抗逆性、抗病性、产量、品质等性状的种质资源精准鉴定，挖掘优异种质用于种质创新与育种；⑤利用作物野生近缘种和地方品种等种质资源，远缘杂交和其他技术相结合，创制优异新种质；⑥种质资源的数字化和基因库基因组学研究，建立数字化种质资源表型、基因型和环境型数据库。利用人工智能、大数据、基因工程等先进技术，结合超级计算机综合基因型、表型和环境等因素建立模型，用基因组学和分子数量遗传学等方法，预测种质库保存的种质资源利用潜力。

（2）作物育种基础研究

近年来，美国、英国等发达国家深入开展作物复杂基因组组装、遗传解析和重要性状形成的基础研究，发掘重要性状的新基因。目前，已经在玉米、水稻、小麦等重要的农作物性状中克隆了产量、品质、抗病等重要性状基因。美国公布了全球26个玉米品系的基因组，系统分析了其多倍体后的同源保留、*TE* 丰度、*NLR* 抗病基因拷贝数和甲基化谱等变化趋势。基因组资源将会促使从单一参考基因组转变为多基因组参考，未来可以鉴定更好的产量、抗逆性等重要育种价值基因。但是，通过多维基因组鉴定关键基因有很长的路要走，以水稻为例，虽然水稻基因组较小、克隆基因较多且其功能研究相对容易，但已经克隆的基因不到1%，解析农作物的全部基因功能，任务艰巨。在基因功能解析中，很多基因都是通过反向遗传学方法鉴定出来的，育种价值有限。通过正向遗传学鉴定自然变异的基因，以及大量微效基因和隐性基因，并重视其育种价值，是国际基因功能研究的热点。产量、抗病等数量性状，如玉米穗腐病，其基因功能解析非常迫切[98]。

随着全球气候变化和极端天气频发，以及病虫害的危害，目前，需要鉴定和克隆生物逆境抗性（抗病、抗虫等）、非生物逆境抗性（旱、热、冷、涝、盐碱、低氮磷等）、品质和产量等相关的重要基因，阐明等位变异的功能多样性，解析重要农艺性状、抗性基因的调控网络，为培育优质高产的绿色农作物新品种提供重要基因资源。

（3）作物育种关键技术研究

近年来，生物技术、计算机技术进步带动了育种技术的飞速发展，农业发达国家已进入以"生物技术+人工智能+大数据"为特征的育种4.0时代。转基因技术、基因编辑技术、全基因组选择、基因组学等成为当前国际生物技术育种研究的核心与前沿。转基因技术研发经历了从单基因到多基因转化的提升。近年来，转基因遗传转化技术获得了重要突破，利用植物本身基因（*GRF4-GIF1* 等）来打破农杆菌介导的遗传转化的基因型限制，提高植物再生和转化效率[99]。基于CRISPR/Cas系统的基因编辑技术是近年来生命科学领域的重大突破和研究热点。2021年哈佛大学发明了Retron Library Recombineering（RLR）基因编辑工具，具有更高的编辑效率[100]；2022年马里兰大学开发了一个多功能的CRISPR-Combo平台，用于同时进行植物的基因组编辑（定向诱变或碱基编辑）和基因激活[101]。全基因组选择育种对作物的产量、品质等复杂性状的预测效果已经有很大提升，有望成为作物育种过程中杂种优势预测、高产优质品种筛选的主要方法。从技术应用角度看，目前全基因组选择育种已在玉米、水稻等作物育种方面有了较深入研究，拜耳公司（孟山都）、科迪华公司（陶氏杜邦）等国际种业巨头已在玉米等作物上实现了相关技术的规模化应用。LED 的创新与扩展的光周期和早期种子收获相结合，使得快速育种技术得以广泛应用，可以克服作物生长周期长这一关键限制因素，加速育种进程，旨在优化和整合影响植物生长和繁殖参数的快速育种 2.0 理念相继提出[102]。国外跨国公司逐步建立起工程化育种的技术体系，实现了育种方式的变革。

（4）作物品种选育与推广应用研究

后杂种优势利用时代的主要标志是传统杂种优势利用方法的增产潜力已趋于饱和，亟待分子育种、基因编辑、合成生物学等新育种技术的综合应用。当前，世界范围内以"生物技术 + 信息化"为特征的新一轮科技革命正在孕育，转基因、基因编辑、全基因组选择、合成生物等成为生物种业最具代表性的前沿技术，正在加速推动作物品种遗传改良和应用。一是基因资源驱动品种遗传改良。近年来，随着参考基因组及泛基因组序列的快速释放，一大批具有重大育种价值的新基因被克隆和应用，品种遗传改良已经跨入基因资源时代。美国科迪华公司发现一个 MADS-Box 转录因子编码基因 *zmm28* 提高玉米田间产量的机制，DP202216 和 DP382118 导致的 *zmm28* 表达显著提高了玉米产量（平均分别提高了 79% 和 78%），高产耐除草剂玉米 DP202216 已被澳大利亚、新西兰、日本批准用于食品，被加拿大和美国批准用于食品、饲料和种植。2022 年研究表明 DP202216 转基因玉米可为提高玉米氮素吸收和利用效率开辟新途径[103]。2022 年美国俄克拉荷马州立大学克隆了一个小麦 CONSTANS-like 家族基因 *TaCOL-B5*，对小穗数、分蘖数以及单株产量等性状都有明显的调控作用，田间测产显示对小麦增产有极显著的促进作用，增产效果最为显著的一个株系产量提高 19.8%[104]。二是生物技术加速了作物品种创制。转基因育种已从抗虫和抗除草剂等第一代产品，转向改善营养品质和提高产量的第二代产品，以及工业、医药需求导向的第三代产品，具有多基因叠加和多性状复合特点的良种成为研究与应用重点。2021 年菲律宾批准转基因"黄金大米"商业化生产，2022 年阿根廷批准耐旱和耐除草剂转基因小麦品种 HB4 产业化。2023 年科迪华公司推出 80 个玉米和大豆新品种，其中，玉米品种包括新型 Vorceed Enlist 系列杂交种，具有更好的抗根虫特性；大豆品种包含 20 个先锋 A 系列 Enlist E3 品种，除具有耐草甘膦、草铵膦和 2,4-D 胆碱等特性外，叠加了抗大豆胞囊线虫、猝死综合征、白霉病、疫霉病、根腐病等特性。利用基因编辑技术创制出高产糯玉米、高油酸大豆等新品种并实现产业化[105]。全基因组选择技术已经在玉米、水稻等粮食作物中得到应用，成为国际农作物育种领域的研究热点和跨国公司竞争的焦点。三是生物技术品种产业化加速应用。过去的 27 年（1996—2022 年）已经证实了生物技术/转基因作物在提高生产力，促进全球粮食、饲料和纤维安全方面的作用。2022 年，全球转基因作物种植面积比上一年增长了 3.3%，达到 2.022 亿公顷。27 个国家种植了 11 种转基因作物，其中大豆种植面积最广，达到 9890 万公顷，其次是玉米 6620 万公顷。美国是转基因作物种植面积最大的国家，根据美国农业部数据，2023年转基因大豆、玉米和棉花在美国的普及率分别为95%、93%和97%。

2. 作物栽培与耕作学科

（1）作物栽培与耕作基础研究

21世纪以来，我国作物栽培耕作基础理论、关键共性技术与区域集成研究进展明显，但与发达国家相比仍有一定差距。一是在栽培学基础研究方面，发达国家研究手段与理念比较先进，利用分子生物学和基因组学、蛋白组学等新技术，从物质代谢、激素调控、细胞功能、信号分子等角度开展作物生长发育、产量和品质形成规律及其生理基础研究，对作物产量品质形成与水肥需求规律以及逆境胁迫机理等研究较为深入[95]。利用基因编辑技术等，改变作物特性，如提高作物的抗病性、抗旱性或提高营养价值。重视通过现代生物学手段改良玉米株型结构和根系构型，提升光温肥水等资源效率。二是在作物高效生产方面，欧美等主要发达国家依赖于大数据、人工智能和物联网等先进技术，可以实现对农田环境的精确监控和管理。通过农田信息采集与监测系统、农业专家系统、智能化农业装备等系统的有机集成，逐步实现了生产全程机械化和大数据管理，应用精准化和智能化的灌溉施肥装备，适应集约化和规模化农场的肥水高效管理，有效地提高了农业生产的效率和可持续性。三是作物生态安全上，发达国家凭借土地资源优势、生态优势，强化玉米秸秆还田、休耕轮作、生物耕作和施用土壤改良剂等用养结合的可持续生产技术应用，在作物对环境资源可持续利用、作物产量品质效益协调栽培、作物环境友好栽培和农产品污染控制等方面卓有成效[95]。四是微生物在农业生产中的应用也是一个重要的研究方向，如利用微生物进行生物肥料和生物农药的研发，或者利用微生物改善土壤肥力。

（2）作物栽培与耕作关键技术研究

国外栽培技术正朝以下方面发展。一是"无人化"智慧栽培技术应用步伐不断加快。"无人化"已成为当今世界现代作物栽培发展的大趋势，许多国家正不断加快发展智慧化农业。无人化农业以全过程智能化管理、精准化作业为核心，通过大数据指导生产运行，能够实现节本、高效、精准、绿色，形成类似于无人工厂的农业生产方式。二是分子生物学逐步成为作物栽培技术研发的重要手段。随着生命科学的发展，将作物栽培学与分子生态学交叉和融合，是国外栽培技术创新发展的趋势，其核心是从作物生长发育的分子生态特性入手，研究在作物生长发育过程中的遗传分子生态效应和环境分子生态效应，在此基础上根据作物的分子生态特性，采取分子技术调控作物的生长发育。三是作物生产正在向节能减排绿色发展方向转变。作物生产过程是温室气体甲烷和氧化亚氮的重要来源。全球气候变化已成为国际社会关注的焦点，作物生产是受气候变化影响最大的行业，同时又是集强大的固碳功能与重要的温室气体排放源的矛盾统一体，目前研究固碳减排的生物学过程及其关键栽培耕作调控技术已经成为热点。

（3）作物信息与表型组学研究

智慧农业正在世界各国蓬勃发展，在发达国家的政府投资、科研支撑、技术投入等已大规模开启，发展迅猛。发达国家的智慧农业产业已经实现了世界顶尖地位，生产的精确管理、人力和物质资本的经济性、能力和质量的提高也正在进行。"精准农业"在美国先后推出6部与农业采购和信息、信息发展计划、研究、教育、基础设施、投资等相关的法律法规，形成了对智慧农业和产业链的政策制定和资金支持。发达国家在农业领域已建立起不同结构的农业科技研发体系，以促进其智慧农业的适应性。全球农业研究和发展结构多种多样，但主要由政府和科学机构提供资金。

在现代作物表型组学技术及设施方面，国际上主要由巴斯夫、拜耳等跨国种业巨头发起并推动，国际知名科研单位如德国尤利希研究中心、法国农业科学院、澳大利亚联邦科学和产业研究组织、英国国家植物表型中心等也相继建设了先进的高通量作物表型研发平台。表型组学技术与关键装备日趋成熟，在推动表型组与基因组关系的解析和引领作物科学发展方面发挥着重要作用。

（二）我国作物学学科发展水平与国际水平对比分析

1. 作物遗传育种学科

（1）作物种质资源研究

作物种质资源收集和保护是我国的国家战略。近年来，我国作物种质资源学科取得重要进展，特别是"十三五"以来启动了第三次全国农作物种质资源普查行动，国家长期库保存种质资源数量位居世界第二，开展国家级和省部级种质资源的精准鉴定等工作，先后建立起基因型与表型信息数据库。同时，我国利用染色体工程、基因工程、基因编辑、分子标记等现代技术，与常规技术相结合，在水稻、小麦、玉米、大豆、棉花等种质资源创新方面取得显著进展。但与国外该学科相比，我国缺少具有引领性和颠覆性的技术，在种质资源创新利用上不足。我国作物种质资源数量多、覆盖面广，但种质遗传背景不够清晰，种质资源的精准鉴定不足10%，基因资源深度挖掘能力需提高。此外，利用野生近缘植物和地方品种的种质创新力度不够，种质资源的共享和交流不足。

（2）作物育种基础研究

与美国等主要发达国家相比，近年来我国农作物基因基础研究正借助新一代生物技术带来的机遇加快从"跟跑"转变为"领跑"，尤其是水稻和小麦基因组研究引领国际前沿。随着测序技术的发展，实现了对水稻、小麦、玉米、大豆、油菜、棉花、蔬菜主要农作物的基因组测序或重测序，深入解析了基因组变异、染色体重组、基因组选择与驯化机制。克隆了一批调控产量、品质、养分利用、抗旱、耐低温、耐盐碱、抗病、新型抗除草剂等具有重大育种价值的新基因，解析了基因的分子调控机制，鉴定出优良单倍型，应用于作物新品种培育。

虽然我国在农业生物育种基础研究领域的基因组、调控机制等方面取得了快速进展，发掘到大量参与作物抗逆、抗病和资源高效利用的新基因，但与发达国家相比，原创性育种基础研究不够深入，新基因、新机制和新概念相关的创新不够，具有重大育种利用价值的重要性状关键基因和分子模块匮乏；对于重要农艺性状的复杂性，在基因水平、表观水平、环境水平三者互作的系统评价及三个水平间互作方式探索欠缺；生物逆境研究多集中于非生物胁迫研究，植物-病原菌互作等系统性研究较少，对长时间微量变化积累的关注较少。此外，国内具有重大育种利用价值的新基因产业化能力不足，农业生物育种基础研究原创能力薄弱。

（3）作物育种技术研究

近年来，我国作物育种前沿技术得到快速发展，但与发达国家相比，仍存在明显差距和短板。一是前沿育种技术原始创新明显不足。根据Derwent Innovation（DI）全球专利数据库检索数据，2010—2021年全球主要农作物（水稻、小麦、玉米、大豆、棉花）生物育种技术领域的专利申请和授权中，美国专利的申请和授权量分别是我国的5.1倍和5.6倍，尤其是高价值专利是我国的30.7倍。整体来看，美国处于技术领先地位，技术研发能力强，专利申请量和专利质量均很高；我国属于技术活跃者，研发活动频繁，但专利质量整体不高，处于技术追随位置，尤其缺乏自主创新的原始技术。以基于CRISPR/Cas的基因编辑技术为例，虽然国内学者针对原始的基因编辑技术在安全性和效率方面进行了诸多改进，但存在延伸性、尾随性研发居多，原始创新不足的问题。目前常用的基因编辑核心技术源自美国，核心技术的专利权基本由欧ής森-柏若德斯大学、科迪华公司所掌握。人工智能技术、全基因组选择技术、大数据技术等领域高价值专利缺乏，基本处于空白状态，对外依存度较高。二是技术产业化应用相对滞后。近百年以来，作物育种技术发展经历了系统育种、杂交育种、诱变育种、杂交育种、倍性育种、转基因育种、分子标记育种、基因编辑育种等阶段。根据国内外作物育种技术产业化进程综合研判，国外跨国种业公司已进入"常规育种+生物技术+信息化"的育种"4.0时代"，我国仍处在以杂交选育为主的"2.0时代"，技术的科技优势尚未转化为产业优势[106]。以历史上应用最为迅速的重大技术之一的转基因技术为例进行对比分析，全球转基因作物种类拓展到32种植物，而我国仅有棉花和木瓜两种进行了产业化应用。2019年美国、巴西、阿根廷、加拿大和印度种植了全球91%的转基因作物，我国排名第六，种植320万公顷的棉花和木瓜，仅占全球的1.7%。全基因组选择技术在玉米、水稻、小麦等主要粮食作物上逐步采用，但我国主要还处于理论研究阶段，真正应用到育种实践的少。未来，在面临海量育种数据的同时，开发新算法，实现育种大数据的高效整合和利用，将助力深度学习在全基因组选择中的应用[46]。

（4）作物品种选育与推广应用

"十二五"以来，我国作物品种遗传改良取得显著进展，有力支撑粮食单产由2010年的333.7千克/亩提高到2022年的386.8千克/亩。但对标发达国家，仍有明显差距。一是作物品种遗传改良发展不平衡。我国水稻、小麦单产水平较高，但玉米、大豆较发达国家美国相比差距较大，单产不到美国的60%，体现了我国玉米、大豆育种水平、生产管理水平和生态条件等方面的差距。二是优质功能型、资源高效型、适宜机械化轻简化品种短缺。全球主要农作物性状遗传改良和品种研发呈现以产量为核心向优质专用、绿色环保、抗病抗逆、资源高效、适宜轻简化、机械化的多元化方向发展。但当前我国现有品种突出表现为"三多、三少"：高产品种多、优质专用品种少，粮食作物品种多、经济作物特色品种少，高肥耗水品种多、节肥节水节药品种少。例如高端优质水稻、小麦品种缺乏，稻米优质化率不足45%，比日本低20个百分点以上，尤其是食味、外观等指标达一级优质稻标准的不足20%；优质强筋小麦品种仅占总品种量的8%，每年需从美国、澳大利亚和加拿大等国进口。三是生物育种重大产品存在代际差。我国生物育种产品以抗虫耐除草剂的单基因单性状产品为主，缺乏多基因叠加多性状复合产品，高优质、高抗等基因编辑产品还未有重大产品凸显。目前美国农作物推广利用的主要是抗虫兼抗除草剂或多个抗虫聚合的转基因新品种。四是生物育种产品产业化滞后。我国转基因作物产业化滞后于研发，转基因大豆、玉米已达到国际同类产品先进水平，但一直未商业化种植。

2. 作物栽培与耕作学科

（1）作物栽培学基础研究

近年来，我国作物栽培耕作学科取得了较大进展，但与国际发达国家相比，我国作物栽培耕作基础研究尚需加强。一是作物高产形成的生理机制与调控途径，这是集中体现栽培学研究思路系统性和研究成果实用性的传统领域。二是作物产量品质协同提增的生理机制与技术途径。三是集约化高产栽培模式下的农田生态系统退化与修复机制，这是关乎农业可持续发展的重要科学问题。四是资源高效利用的作物生产与管理理论与方法，这是建设环境友好型作物生产的需要。五是作物群体对高温、低温等逆境的响应机制和抗逆减灾途径，这是提高粮食作物综合生产力的重要路径。六是农作制度变迁及其作物应对机制，这是我国农业应对社会经济快速发展以及全球气候变化的关键科学问题。凝练和攻克上述重大科学问题，将有助于进一步夯实作物栽培学科的理论基础，构建栽培学理论体系，有力推动学科发展[95]。

（2）作物栽培关键技术研究

随着我国农业供给侧结构性改革，经济社会的高速发展，人们生活质量不断提高，不再是满足温饱，而是要讲品质、讲安全、讲健康。这就迫切需要作物栽培学不断创新，满足人们在新形势下农产品需求，深入开展大田作物优质丰产高效协同规律研究，创新优质丰产高效协同栽培新技术新模式。针对当前作物高产过度依赖化学投入品，破解产品安全和高产矛盾的难题，在绿色增产关键技术上需要取得突破，并转化为作物大面积高产、优质、生态、安全生产的成熟模式与实用技术。我国大部分主产区为一年两熟或三熟作物，特别是江淮地区稻麦两熟与黄淮海地区麦玉两熟制作物，如何实现多熟制作物优质、丰产、高效三者协同，既是重大科学问题，更是重大的技术瓶颈问题。面对农业生产劳动力加速短缺的实际，急需研究适合"无人化"作业的绿色优质丰产低耗高效的栽培技术，以数字化感知、智能化决策、精准化作业和智能化管理的农艺、农机、信息融合的"无人化"作业技术及其整合应用方面仍有待突破。

（3）作物信息与表型组学研究

近年来，植物表型组学在表型采集设备以及表型数据分析方面取得重要进展，构建了高通量、高精度的表型研究平台。植物表型组学是数字农业转向智慧农业的关键技术之一，已逐渐渗透到农业生产中，为智慧育种和智慧种植提供了技术支持，但是目前植物表型组学研究仍存在不足，在未来的研究和应用中需要进一步完善。

在表型数据采集方面，我国高校和科研院所在传感器等表型数据收集领域研发能力逐年提升，取得显著效果，但与国外相比，我国农业传感器技术和产品发展系统性不够，截至 2021 年我国 90% 的传感器芯片来自国外品牌[107]，国产传感器以仿制或组装国外同类产品居多、自主研发创新偏少。在传感器的集成与平台搭建方面，国外高通量表型平台和基础设施发展较早，具有集成度高、稳定性好等特点，我国的表型平台和设施整体仍以进口为主，平台的购置、运营和维护成本高，缺乏定制化表型获取方案。开发集成多传感器的表型采集平台是未来研究的重点。

在表型数据解析方面，目前的表型解析算法主要是进行传统的图像识别算法，存在过度依赖原始数据质量、普适性差、开发速度慢等缺点。随着高通量表型数据采集技术的发展，需要做海量的表型数据分析，人工智能和计算能力是表型数据普及的突破点。未来，应将深度学习、机器学习、三维重建等技术相互融合，以解决现存的技术瓶颈，提高表型数据分析的效率。

多组学融合是植物表型组学未来的发展方向。随着表型数据采集技术和分析技术不断进步，有越来越多高精度、高通量的表型研究平台用于智慧农业建设中，多尺度、多维度的表型大数据正在迅速增加。另外，基因组、表观组、蛋白组等组学数据也在海量增长。建立多组学高通量创制和联合分析方法，构建作物与环境的互作网络，为智能、高效的作物管理和育种提供技术支持，是对作物信息与表型组学研究的更高层次要求。植物表型组学的进一步发展将推动我国智慧农业的发展进程。

四、本学科发展趋势及展望

（一）我国作物学学科未来 5 年发展战略需求和重点发展方向

1. 未来 5 年的战略需求

（1）保障国家重大需求，加快农业农村现代化

从保障国家粮食安全来看，未来 5 年"三农"工作要全面推进乡村振兴，到 2035 年

基本实现农业现代化，14 亿多人口的粮食和重要农产品稳定供给始终是头等大事。据预测，到 2030 年我国粮食生产能力须提高 20% 以上才能满足基本需求。2015 年以来，我国每年进口大豆、玉米等谷物超过 1 亿吨，过度依赖进口，粮食安全面临巨大风险。习近平总书记在党的二十大报告中指出："全方位夯实粮食安全根基，全面落实粮食安全党政同责，牢牢守住十八亿亩耕地红线，逐步把永久基本农田全部建成高标准农田，深入实施种业振兴行动，强化农业科技和装备支撑，健全种粮农民收益保障机制和主产区利益补偿机制，确保中国人的饭碗牢牢端在自己手中。"这是基于全球化视野全面统筹国内外发展大局，对我国粮食安全形势做出的战略考量，也是基于新时期保障国家粮食安全与农业农村现代化战略目标所提出的全新战略要求[108]。为此，新时期加快现代种业科技创新，培育高产抗逆高效新品种，突破资源环境约束，进一步提升作物单产，成为保障粮食安全的重大战略选择。

从推进农业绿色发展来看，改革开放以来，我国在农业现代化建设取得巨大成就的同时也付出了沉重的代价，农业资源与生态环境制约日益突出。在水资源利用方面，农田灌溉水利用系数平均仅为 0.5，远低于发达国家的 0.8。农业病虫害频发，外来生物草地贪夜蛾等威胁严重，虽然我国三大粮食作物化肥农药利用率双双超 40%，但与欧美等发达国家的 50%～65% 相比仍存在差距。当前，我国农业发展已进入新的历史阶段，正在由过度依赖资源消耗、增加投入品而满足量的需求，向绿色生态、高效、可持续发展转变。《中华人民共和国国民经济和社会发展第十四个五年规划和 2035 年远景目标纲要》提出，实施可持续发展战略，完善生态文明领域统筹协调机制，构建生态文明体系，推动经济社会发展全面绿色转型，建设美丽中国。为此，新时期加快作物绿色发展科技创新，推进生态优先、节约集约、绿色低碳发展，形成节约资源和保护环境的空间格局、产业结构、生产方式、生活方式，促进农业发展全面绿色转型。

从提升国民营养健康来看，党的十九大提出"实施健康中国战略"，把人民健康放在优先发展的战略地位。国民营养健康已成为衡量经济社会发展和人民生活幸福的综合尺度，是民族昌盛和国家富强的重要标志。保障国民营养健康为我国粮食生产，尤其是优质化、专用化和功能化生产提出了全新要求，突出表现为优质大米、优质小麦、优质大豆等农产品存在巨大产需缺口，高端优质专用产品供给不足，现有品种难以满足市场多样化的需求。近年来，南方酸性稻田、北方弱碱性麦田的镉污染防治与适用品种培育等需求迫切。此外，我国营养缺乏的"隐性饥饿"人群有近 3 亿人，与膳食相关的心血管、糖尿病等慢性疾病发病率不断升高，已成为严重影响人们健康和生活质量的社会问题。为此，加快研制和生产优质化产品和保健功能的农产品，是从源头上保障国民营养健康的有效途径。

（2）提升国家科技竞争力，实现高水平科技自立自强

面向国际，加快提升国家作物科技竞争力，实现科技自立自强，亟需推动我国作物科

技革命，抢占国际制高点。当今世界百年未有之大变局加速演进，国际环境错综复杂，全球产业链供应链面临重塑，不稳定性不确定性明显增加。生物技术、计算机技术的进步带动了育种技术的飞速发展，农业发达国家已进入以"生物技术＋人工智能＋大数据"为特征的育种4.0时代。转基因技术、基因编辑技术、全基因组选择育种、基因组学成为当前国际生物技术育种研究的核心与前沿，推动作物种业科技向精准化、高效化、智能化发展。美国、欧盟等发达国家纷纷制定国家发展战略，健全作物科技创新体系，确定精准设计育种等发展重点，重塑跨国种业集团，抢占新时期作物种业科技发展制高点。习近平总书记强调，"立足新发展阶段、贯彻新发展理念、构建新发展格局、推动高质量发展，必须深入实施科教兴国战略、人才强国战略、创新驱动发展战略，完善国家创新体系，加快建设科技强国，实现高水平科技自立自强"。党的二十大报告将"实现高水平科技自立自强，进入创新型国家前列"纳入2035年我国发展的总体目标。2022年底召开的中央农村工作会议上强调，要紧盯世界农业科技前沿，大力提升我国农业科技水平，加快实现高水平农业科技自立自强。为此，加快实施作物科技创新战略，在战略性基础性研究领域取得重大突破，抢占科技创新制高点，快速提升我国作物种业的整体竞争力。

2. 未来5年的重点发展方向

（1）作物遗传育种基础理论与关键技术创新

加强作物育种基础研究与关键核心技术创新。解析优异种质资源形成与演化机制、种质资源多样性与演化规律，阐明重要基因在驯化和重大品种培育中的传递和协同演化规律，阐明作物平行驯化的遗传基础；系统揭示主要农作物生长发育和产量品质等性状形成的调控机理，解析控制主要农作物高产、抗逆、抗病虫、优质、资源高效利用等重要性状的分子基础，阐明关键农艺性状形成的遗传和表观遗传机制、生物与环境互作机制，构建关键性状多模块调控网络。围绕生物育种核心关键技术应用中的突出瓶颈问题以及"卡脖子"技术的关键环节，重点在基因组育种技术、智能设计育种技术等关键领域持续创新，在基因编辑、全基因组选择、合成生物等战略必争领域抢占科技制高点，集成具有自主知识产权的新一代农业生物育种技术体系，为培育重大品种提供具有自主知识产权的技术支撑，夯实种业原始创新基础。

加强作物种质资源保护和利用。作物种质资源研究已经呈现出考察收集全球化、保存保护多元化、鉴定评价精准化、基因发掘规模化、种质创新目标化、共享利用主动化等发展趋势和特征。加强种质资源保护与利用，同步提升保种数量与质量，是今后开展工作的主要方向。面向育种需求，加快种质资源精准鉴定，使种质资源可以为育种者所用，实现种质资源和遗传育种的相互衔接，推动种质资源高效利用。进一步健全种质资源高效利用的信息化管理体系，构建基于大数据的统一平台、统一标准的信息系统，并依托信息系统建设开放共享平台，促进优异资源共享利用。构建多层次多渠道多形式的国际合作体系，开展多形式全球作物种质资源保护的国际交流，加强与世界各国作物种质资源研究机构合作，开展资源、信息与技术交流。

加强作物基因资源深度挖掘。我国农业生物种质资源精准鉴定和优异资源挖掘不够，缺乏优异新种质，遗传基础狭窄，遗传改良进展缓慢，限制了品种源头创新。发掘农业生物高产、优质、抗病虫、抗逆、养分高效利用等重要性状基因，阐明其作用机制和基因互作网络。加速优异等位变异的发掘及其在遗传改良中的应用，高效创制高产优质、绿色高效的突破性农作物基因资源。

加强作物重大新品种研制。我国农作物新一代品种迭代升级滞后，农产品的优质、安全与高效协同改良不够，重大新品种研制能力亟待提升。将传统育种技术与现代生物技术相结合，生物技术与信息技术相结合，创制突破性育种新材料，加强资源共享与协作攻关，培育满足国家需要、符合市场需求的突破性新品种，特别是培育高产、高效、优质、专用、适宜机械化作业和轻简栽培的农作物重大新品种。以确保口粮绝对安全和保障饲料粮有效供给为导向，重点培育超高产优质水稻、耐盐碱水稻、高产高抗赤霉病优质小麦、高产多抗耐密宜机收玉米、高产优质多抗大豆等新一代突破性新品种。

（2）作物栽培耕作和生理学基础研究与关键技术创新

加强优质丰产高效协同规律与关键栽培技术创新。研究与应用优质丰产高效协同形成规律和与之相匹配的栽培技术，是破解大田作物大面积综合生产力提升的基本科技途径。实现作物丰产优质高效生产，需要深入系统地研究三者协同规律与机理，创新作物绿色优质丰产高效协同与广适性调控栽培技术，需要研究主要作物生物产量与经济产量的转化机制，产地环境和生产技术措施对作物产量及其与品质协同调控的生理影响机制；揭示作物非生物逆境危害特征及其致灾的生物学机制，研发抗御减灾关键技术与缓解逆境的调控产品，形成适应我国不同农区主要农作物产质效协同提升栽培技术体系。

加强旱作节水高产高效作物栽培耕作的新模式与技术创新。水资源短缺将是我国农作物生产长期面临的突出问题，开发新型旱作节水作物栽培耕作技术是紧迫任务。一方面，需要积极探索在现有作物生产体系中如何减少灌水次数及数量的高效节水灌溉模式，创新玉米水分亏缺信息无损感知与需水精准诊断技术，提高作物水分生产效率；另一方面，需要大力提高自然降水的集水、蓄水能力和水分利用效率，在严重缺水地区构建旱作高产高效作物栽培耕作技术模式[109]。

加强大田作物固碳节能减排绿色栽培关键技术创新。针对我国追求作物产能的重投入重产出的生产模式，消耗了巨量的能源、向环境排放大量的氮磷和温室气体、带来了环境污染和农产品质量安全等重要问题，重点研究在优质高产协同条件下提高资源利用效率、农田生态系统碳汇的演化规律、碳汇潜力与调控机理，创新出突破性增汇关键技术。创新轮耕轮作、秸秆还田和生物改良的土壤质量提升关键技术，不断优化提升土壤耕作和有机无机结合培肥技术。同时，研究七节（节地、节工、节能、节种、节肥、节水、节药）、固碳减排绿色栽培关键技术。

加强作物智慧化精准栽培关键技术创新。智慧农业、设施农业、立体农业、互联网农业等都属于新农业范畴。2023年"中央一号文件"提出，要加快农业农村大数据应用，推进智慧农业发展。未来作物智慧栽培学的发展亟需围绕可信连接、全面感知、系统认知和智慧管控，开展基础理论研究和关键技术突破[3]。研制与筛选适合"无人化"机械化智能化栽培系统的智能农机装备与设施设备及种肥药等产品，探索作物从种子到粮食全过程的耕、种、管均由各类智能化农机与装备来完成，以创立适应不同农区的"无人化"智慧栽培模式与技术体系，实现作物栽培技术更新换代。

（二）作物学学科未来5年的发展趋势与发展策略

1. 作物学学科的发展趋势

（1）生物育种基础理论的原始创新

习近平总书记指出，加强基础研究是科技自立自强的必然要求，是我们从未知到已知、从不确定性到确定性的必然选择。当前，生物育种创新已经上升为国家战略。党的十九届五中全会提出，瞄准生物育种等八个前沿领域，实施一批具有前瞻性、战略性的国家重大科技项目。2021年，中央深改委第二十次会议审议通过《种业振兴行动方案》，是种业发展史上具有里程碑意义的大事，把种源安全提升到关系国家安全的战略高度，集中力量破难题、补短板、强优势、控风险，实现种业科技自立自强、种源自主可控。

与种业发达国家相比，我国生物育种基础研究原创不足，基础研究与育种应用结合不够紧密，育种理论方法创新能力偏弱，极大限制了我国生物育种的自主发展和可持续发展。因此，强化生物育种基础理论的原始创新，夯实生物育种根基，是生物育种跨越式发展的关键。针对生产中的关键问题，应用遗传学、生理生化、多重组学、分子生物学、生物信息学等多学科理论和方法，开展生物育种基础理论研究，重点解决优异种质资源形成与演化机制、种质资源多样性和演化规律、重要性状基因及其作用机制、重要性状基因调控网络、基因与环境互作机制等重大科学问题，挖掘有育种利用价值的关键基因和有利等位变异，阐明相关理论问题，为作物育种提供基因、理论和信息支撑。

（2）农作物优异种质资源的持续创新

2020年2月，国务院办公厅印发《关于加强农业种质资源保护与利用的意见》并提出，力争到2035年，建成系统完整、科学高效的农业种质资源保护与利用体系，资源保存总量位居世界前列，珍稀、濒危、特有资源得到有效收集和保护，资源深度鉴定评价和综合开发利用水平显著提升，资源创新利用达到国际先进水平。通过实施优异种质资源创制与应用行动，完善种质创新技术体系，创制目标性状突出、综合性状优良的新种质，助力高产优质、多抗高效新品种培育。种质创新既是一个原始创新过程，也是一个优异基因累积与重组过程，能够影响明天和引领后天的种业发展，未来的重点任务包括：开展规模化种质创新技术体系研发、基因组/基因重组的遗传与生物学效应研究、创新目标性状/

基因的高效检测 / 追踪与遗传效应研究、创新目标性状与综合性状协调表达及其育种效应研究；常规技术、生物技术和信息技术有机融合，构建高通量精准鉴定平台，发掘特异种质材料，定向改良和创制满足育种需求的新种质；完善国家农作物种质资源共享利用体系与管理制度，建立完善的种质资源高效分发体系，提高种质资源利用效率，逐步实现种质资源的定向高效[110]。

（3）作物育种重大关键技术突破

20世纪以来，全球种业科技先后经历了矮秆化、杂交化、生物技术三次技术革命。新时代下，生物育种技术持续迭代升级，正在成为推动我国现代种业跨越式发展的强大驱动力。一是前沿关键技术突破推动作物育种效率显著提升。国际上转基因、基因组编辑、全基因组选择、合成生物等已成为作物育种最具代表性的前沿核心技术。保障国家粮食安全，建设种业强国，迫切需要在分子设计育种、基因编辑、转基因、生物工程等前沿引领技术等领域取得新突破，抢占种业科技制高点，赢得新时代种业科技革命的主动权。尤其要突破作物基因设计育种关键核心技术，研发不依赖受体基因型限制的高效遗传转化新技术，创新高效的单碱基定点突变、大片段定点插入、同源重组等精准定向编辑技术，构建基于模块组装和通路设计的合成生物技术体系，为作物基因设计育种提供支撑[111]。随着各作物参考基因组测序的逐步完成，重要性状基因被相继定位、克隆和解析，作物育种也从表型选择跨入表型与分子相结合的阶段，从而可以利用分子标记辅助选择、全基因组选择、转基因和基因编辑等生物育种技术进一步提升作物的产量和品质[112]。二是多学科交叉深度融合催生新一轮种业科技革命。学科交叉与融合已成为科学发展的时代特征和创新源泉，也是科学发展的必然趋势。在大数据、算法、生物技术的驱动下，作物育种正在从传统的经验育种转向BT+IT驱动的智能设计育种，未来的作物智能设计育种将进入"双轮驱动"时代[113]，实现新品种的智能、高效、定向培育，最终推动育种学从"艺术"到"科学"到"智能"的革命性转变。

（4）作物高产、优质、耐逆生理学基础研究

提高作物对非生物逆境的抗性，或采取缓解措施降低非生物逆境对作物产量和品质形成的不利影响，对于确保作物高产优质及粮食安全有重要意义[114]。随着全球气候变化，各种非生物逆境发生频率增加、多重并发突出，迫切需要全面深入地阐明作物感受、应答和适应非生物逆境胁迫的机理和调控网络，明确作物对弱光、高温、高湿冠层微环境的耐受生理机制，提出能够提高作物抗逆减灾能力的关键栽培和耕作技术，为实现作物高产、稳产提供理论和技术支撑。应用生理学、分子生物学与生物化学等技术手段，揭示作物感知、响应和适应各种非生物逆境的遗传及分子调控机理，寻找作物健群抗逆相关的潜在调控位点、表达模式和相关途径，明确植物抗逆应答和生长发育的协同关系[97]，研究灾害性天气发生特点及对作物的伤害以及绿色调控机理，研究作物壮个体、健群体、调和种内竞争与个体养分获取的矛盾，提高抗逆免疫能力的绿色安全栽培机理[95]。

（5）丰产高效智能化栽培与绿色发展技术创新

绿色栽培措施的研究与应用，驱动我国作物生产由资源消耗型向绿色高效型转变，研发精准高效施肥施药以及减控污染的新理论与新技术，构建绿色生态系统和优质丰产绿色发展新模式。要以作物绿色低碳可持续发展为核心，加快推进作物资源高效、减肥减药、节水固碳绿色生产技术研发，创新精简高效施肥模式与技术，提高作物健壮群体抗逆能力，因地制宜创新生产管理模式，解决高产与高效的矛盾，构建低碳绿色栽培新模式与新技术体系。此外，亟需加快推进智慧农业战略前沿、关键核心技术、重大装备科技创新，围绕信息感知、智慧决策、精准作业和高效服务等创新链条加强数据、知识和智能装备等核心要素的融合应用，加快作物丰产优质绿色高效的"栽培－机械－信息"深度融合的引领性栽培技术开发，引领我国走集约化、智能化、绿色化现代农业发展道路，为建设农业科技强国提供科技引领。

（6）作物多熟种植模式创新与高效配套栽培技术研究

将多熟种植与现代农业新技术充分结合，并逐步拓展到农田复合系统的生态高效功能开发，形成类型丰富的粮、经、饲（养殖）复合高产高效种植技术模式。一方面，构建资源高效利用、生态良性循环、经济合理的种植模式，包括轮作轮耕、间混套作、种养结合等模式，有效解决种植结构单一、地力消耗过大、生产成本过高问题；另一方面，充分考虑区域资源承载能力、环境容纳能力对作物布局与种植制度的影响，进行作物结构、布局及模式调整优化。这些措施能显著提高农田的复种指数，提高耕地产出率。

2. 作物学学科的发展策略与建议

（1）强化顶层设计

坚持以作物科技创新为核心带动产业发展，以构建大平台为主体集成创新要素，以改革体制机制为契机优化资源配置，以创新生态为支撑激发创新活力，做好战略发展规划，部署一批重大工程和重大项目，加强科技、资金和人才等资源投入与扶持。在农业绿色高质量发展的方针指导下，以市场需求为主要导向，重点解决好生物种业科技基础研究和前沿技术的源头创新、作物栽培现代化中的重大问题，支撑突破性重大品种培育和产业化应用。加快构建完善生物种业国家实验室、全国重点实验室和省部级重点实验室体系，建立种业创新联合体，加强培育领军企业开辟种业发展国际"新赛道"，加大对生物育种与产业化发展的支持力度，破解生物育种基础科学问题，在种业"卡脖子"核心技术领域抢得先机。政府、科技、企业多方协同开启低碳农业新时代，重点培育丰产优质气候韧性品种、高产高效绿色品种、高产低碳排放品种，创新基于机械化、精准化、优质化、绿色化的现代作物栽培技术，有效应对气候变化，为保障国家粮食安全、实现双碳目标贡献作物学的力量。

（2）坚持行业导向

瞄准行业发展趋势，把握生产中出现的新问题、新趋势，从生产中发现重大技术需求，提炼关键科学问题，服务行业技术创新和发展。我国作物学学科发展要始终贯彻落实"自主创新、重点跨越、支撑发展、引领未来"的科技发展指导方针，坚持行业导向，紧密结合我国作物科学研究实际，构建体系完整、特色鲜明、实用性强的作物科学理论和技术体系。要强化科技创新和制度创新，藏粮于地、藏粮于技，抓紧抓好粮食和重要农产品稳产保供，全方位夯实粮食安全根基。建设更高效、更包容、更有韧性和更可持续的粮食生产和供给体系，稳定提高粮食产量、确保粮食安全是关系经济发展、社会稳定和国家安全的全局性重大战略问题，也是当前和今后相当长时期内我国作物学科发展最主要的重点任务。

（3）加强学术交流

学术交流是学科发展的重要平台，是凝聚科技工作者的有效途径，是加强产学研用交流的重要窗口。一是促进基础研究领域发展，加强原始创新；二是解决前沿领域关键核心技术，注重面向科技前沿，着眼重大科学问题、工程技术难题和产业发展问题；三是要面向重大需求、紧扣"卡脖子"技术领域，以及面向经济主战场、破解科技创新转化为生产力难题。为此，要聚焦作物科技发展前沿，发挥学科专业优势，搭建高水平学术交流平台，倡导学术民主，提高学术交流实效。通过学术交流，积极推动我国作物科学技术创新，探索作物科技成果转化的有效途径，为制定作物生产和科研相关决策提供科学依据。

（4）加强人才培养

全方位谋划作物学科人才培养，科学确定人才培养规模，优化结构布局，在选拔、培养、评价、使用、保障、激励等方面进行体系化设计。坚持四个面向，全面贯彻党的教育方针，尊重知识、尊重人才、尊重创造，落实立德树人根本任务，大力营造有利于青年科技创新人才成长的环境和氛围，建设高质量作物学科人才培养体系。深入挖掘"国之大者""国之传承"的农业科学家，宣传科学家典型事迹，宣传科学价值观，在全社会形成尊重知识、崇尚创新、尊重人才、热爱科学、献身科学的浓厚氛围，引导人才深怀爱党爱国之心、砥砺报国之志，继承和发扬老一辈科学家胸怀祖国、服务人民的优秀品质。此外，继续优化人才发展制度环境，发挥农业高校特别是"双一流"大学培养作物学基础研究人才主力军作用，注重培养能胜任现代农业及相关领域的教学科研、产业规划、经营管理、技术服务等工作的拔尖创新型、复合型人才，不仅培养好人才，更要用好人才。

（5）深化国际交流

注重与国外科研机构、高校、国际组织开展交流与合作。重点在"加强优异作物种质资源的收集、保存、鉴定和评价""创制具有重要育种价值的种质材料，加快生物组学、基因编辑、智能信息等新技术的创新和知识产权保护""按照绿色优质发展要求培育新品种""作物高产优质与资源高效协同关键技术""作物农艺农机融合的智慧农业及装备"等方面开展国际合作交流。此外，要积极搭建国际学术交流平台、推荐国内作物科学家在国际组织任职、密切与国际组织的联系等，不断提升中国作物学的国际话语权和影响力。

参考文献

[1] 李新海，路明，郑军，等. 作物种业发展趋势与对策分析. 中国农业科技导报［J］. 2022, 24（12）：1-7.

[2] 武晶，郭刚刚，张宗文，等. 作物种质资源管理：现状与展望［J］. 植物遗传资源学报，2022, 23：627-635.

[3] 顾生浩，温维亮，卢宪菊，等. 作物智慧栽培学——信息－农艺－农机深度融合的新农科［J］. 农学学报，2023, 13（2）：67-76.

[4] 樊胜根. 大食物观引领农食系统转型全方位夯实粮食安全根基［J］. 农村·农业·农民（B版），2023（2）：10-12.

[5] 辛霞，尹光鹍，何娟娟，等. 国家作物种质库资源长期安全保存进展［J］. 中国基础科学，2022（5）：24-29.

[6] GUO W, XIN M, WANG Z, et al. Origin and adaptation to high altitude of Tibetan semi-wild wheat［J］. Nature Communications, 2020, 11：5085.

[7] HUANG Y, WANG H, ZHU Y, et al. *THP9* enhances seed protein content and nitrogen-use efficiency in maize［J］. Nature, 2022, 612：292-300.

[8] CHEN W, CHEN L, ZHANG X, et al. Convergent selection of a WD40 protein that enhances grain yield in maize and rice［J］. Science, 2022, 375：6587.

[9] LI A, HAO C, WANG Z, et al. Wheat breeding history reveals synergistic selection of pleiotropic genomic sites for plant architecture and grain yield［J］. Molecular Plant, 2022, 15：504-519.

[10] LI C, GUAN H, JING X, et al. Genomic insights into historical improvement of heterotic groups during modern hybrid maize breeding［J］. Nature Plants, 2022, 8：750-763.

[11] QIN P, LU H, DU H, et al. Pan-genome analysis of 33 genetically diverse rice accessions reveals hidden genomic variations［J］. Cell, 2021, 184：3542-3558.

[12] SHANG L, LI X, HE H, et al. A super pan-genomic landscape of rice［J］. Cell Research, 2022, 32：878-896.

[13] WANG B, HOU M, SHI J, et al. De novo genome assembly and analyses of 12 founder inbred lines provide insights into maize heterosis［J］. Nature Genetics, 2023, 55：312-323.

[14] YANG T, LIU R, LUO Y, et al. Improved pea reference genome and pan-genome highlight genomic features and evolutionary characteristics［J］. Nature Genetics, 2022, 54：1553-1563.

[15] GUAN J, ZHANG J, GONG D, et al. Genomic analyses of rice bean landraces reveal adaptation and yield related loci to accelerate breeding［J］. Nature Communication, 2022, 13：5707.

[16] HE Q, TANG S, ZHI H, et al. A graph-based genome and pan-genome variation of the model plant *Setaria*［J］. Nature Genetics, 2023, 55：1232-1242.

[17] 张学勇，郝晨阳，焦成智，等. 种质资源学与基因组学相结合－破解基因发掘与育种利用的难题［J］. 植物遗传资源学报，2023, 24：11-21.

[18] LIU H, WANG X, XIAO Y, et al. CUBIC: An atlas of genetic architecture promises directed maize improvement［J］. Genome Biology, 2020, 21：20.

[19] SCOTT M, LADEJOBI O, AMER S, et al. Multi-parent populations in crops: A toolbox integrating genomics and genetic mapping with breeding［J］. Heredity, 2020, 125：396-416.

[20] MAO H, JIAN C, CHENG X, et al. The wheat ABA receptor gene *TaPYL1-1B* contributes to drought tolerance and grain yield by increasing water-use efficiency [J]. Plant Biotechnology Journal, 2022, 20: 846-861.

[21] LEI L, GOLTSMAN E, GOODSTEIN D, et al. Plant pan-genomics comes of age [J]. Annual Review of Plant Biology, 2021, 72: 411-435.

[22] WEI S, LI X, LU Z, et al. A transcriptional regulator that boosts grain yields and shortens the growth duration of rice [J]. Science, 2022, 377: eabi8455.

[23] GUO W, CHEN L, CHEN H, et al. Overexpression of *GmWRI1b* in soybean stably improves plant architecture and associated yield parameters, and increases total seed oil production under field conditions [J]. Plant Biotechnology Journal, 2020, 18: 1639-1641.

[24] CHEN L, YANG H, FANG Y, et al. Overexpression of *GmMYB14* improves high-density yield and drought tolerance of soybean through regulating plant architecture mediated by the brassinosteroid pathway [J]. Plant Biotechnology Journal, 2021, 19: 702-716.

[25] ZHANG H, YU F, XIE P, et al. A Gγ protein regulates alkaline sensitivity in crops [J]. Science, 2023, 379: 6638.

[26] ZHU X, HONG X S, LIU X, et al. Calcium-dependent protein kinase 32 gene maintains photosynthesis and tolerance of potato in response to salt stress [J]. Scientia Horticulturae, 2021, 285(10): 110179.

[27] WANG H, SUN S, GE W, et al. Horizontal gene transfer of *Fhb7* from fungus underlies Fusarium head blight resistance in wheat [J]. Science, 2020, 368: eaba5435.

[28] LIU Q, DENG S, LIU B, et al. A helitron-induced RabGDIα variant causes quantitative recessive resistance to maize rough dwarf disease [J]. Nature Communications, 2020, 11: 495.

[29] CHEN G, ZHANG B, DING J, et al. Cloning southern corn rust resistant gene *RPPK* and its cognate gene *AvrRppK* from *Puccinia polysora* [J]. Nature Communications, 2022, 13: 43.

[30] DENG C, LEONARD A, CAHILL J, et al. The *RppC-AvrRppC* NLR-effector interaction mediates the resistance to southern corn rust in maize [J]. Molecular Plant, 2022, 15: 904-912.

[31] XU Z, ZHOU Z, CHENG Z, et al. A transcription factor *ZmGLK36* confers broad resistance to maize rough dwarf disease in cereal crops [J/OL]. Nature Plants, 2023, 9: 1720-1733.

[32] YANG H, XUE Y, LI B, et al. The chimeric gene *atp6c* confers cytoplasmic male sterility in maize by impairing the assembly of the mitochondrial ATP synthase complex [J]. Molecular Plant, 2022, 15: 872-886.

[33] WEI X, LIU C, CHEN X, et al. Synthetic apomixis with normal hybrid rice seed production [J]. Molecular Plant, 2023, 16: 489-492.

[34] ZHONG Y, CHEN B, LI M, et al. A DMP-triggered in vivo maternal haploid induction system in the dicotyledonous *Arabidopsis* [J]. Nature Plant, 2020, 6: 466-472.

[35] FU J, HAO Y, LI H, et al. Integration of genomic selection with doubled-haploid evaluation in hybrid breeding: from GS1.0 to GS4.0 and beyond [J]. Molecular Plant, 2022, 15: 577-580.

[36] WANG C, WANG J, LU J, et al. A natural gene drive system confers reproductive isolation in rice [J]. Cell, 2023, 186: 3577-3592.

[37] WANG K, SHI L, LIANG X, et al. The gene *TaWOX5* overcomes genotype dependency in wheat genetic transformation [J]. Nature Plants, 2022, 8(2): 110-117.

[38] WANG Z, ZHANG Z, ZHENG D, et al. Efficient and genotype independent maize transformation using pollen transfected by DNA-coated magnetic nanoparticles [J]. Journal of Integrative Plant Biology, 2022, 64: 1145-1156.

[39] 许洁婷, 刘相国, 金敏亮, 等. 不依赖基因型的高效玉米遗传转化体系的建立 [J]. 作物学报, 2022, 48: 2987-2993.

[40] YU H, LIN T, MENG X, et al. A route to de novo domestication of wild allotetraploid rice [J]. Cell, 2021, 184：1156-1170.

[41] HUANG X, HUANG S, HAN B, et al. The integrated genomics of crop domestication and breeding [J]. Cell, 2022, 185：2828-2839.

[42] YU Y, PAN Z, WANG X, et al. Targeting of SPCSV-RNase3 via CRISPR-Cas13 confers resistance against sweet potato virus disease [J]. Molecular Plant Pathology, 2022, 23：104-117.

[43] GUO Z, YANG Q, HUANG F, et al. Development of high-resolution multiple-SNP（mSNP）arrays through improved genotyping by target sequencing and capture in solution [J]. Plant Communications, 2021, 2：100230.

[44] ZHANG C, YANG Z, TANG D, et al. Genome design of hybrid potato [J]. Cell, 2021, 184：3873-3883.

[45] YAN J, XU Y, CHENG Q, et al. LightGBM：accelerated genomically designed crop breeding through ensemble learning [J]. Genome Biology, 2021, 22：271.

[46] WANG K, ABID M A, RASHEED A, et al. DNNGP, a deep neural network-based method for genomic prediction using multi-omics data in plants [J]. Molecular Plant, 2023, 16：279-293.

[47] 白岩，高婷婷，卢实，等. 近四十年来我国玉米大品种的历史沿革与发展趋势 [J]. 作物学报, 2023, 49：2064-2076.

[48] HU Y, LIU J, LIN Y, et al. Sucrose non-fermenting-1-related protein kinase 1 regulates sheath-to-panicle transport of non-structural carbohydrates during rice grain filling [J]. Plant Physiology, 2022, 189：1694-1714.

[49] RONG C, LIU Y, CHANG Z, et al. Cytokinin oxidase/dehydrogenase family genes exhibit functional divergence and overlap in rice growth and development, especially in control of tillering [J]. Journal of Experimental Botany, 2022, 73：3552-3568.

[50] ZHANG Z, SUN W, WEN L Y, et al. Dynamic gene regulatory networks improving spike fertility through regulation of floret primordia fate in wheat [J]. Plant, Cell & Environment, 2023, 46：3628-3643.

[51] SHEN S, MA S, WU L M, et al. Winners take all：competition for carbon resource determines grain fate [J]. Trends in Plant Science, 2023, 28：893-901.

[52] ZHOU Q, YUAN R, ZHANG W Y, et al. Grain yield, nitrogen use efficiency and physiological performance of indica/japonica hybrid rice in response to various nitrogen rates [J]. Journal of Integrative Agriculture, 2023, 22：63-79.

[53] GENG R, PANG X, LI X, et al. PROGRAMMED CELL DEATH8 interacts with tetrapyrrole biosynthesis enzymes and ClpC1 to maintain homeostasis of tetrapyrrole metabolites in *Arabidopsis* [J]. New Phytologist, 2023, 238（6）：2545-2560.

[54] YANG Y H, MA X L, YAN L, et al. Soil-root interface hydraulic conductance determines responses of photosynthesis to drought in rice and wheat [J]. Plant Physiology, 2024, 194：376-390.

[55] ZHANG W Y, HUANG H H, ZHOU Y J, et al. Brassinosteroids mediate moderate soil-drying to alleviate spikelet degeneration under high temperature during meiosis of rice [J]. Plant, Cell & Environment, 2023, 46：1340-1362.

[56] SOUALIOU S, DUAN F, LI X, et al. Nitrogen supply alleviates cold stress by increasing photosynthesis and nitrogen assimilation in maize seedlings [J]. Journal of Experimental Botany, 2023, 74：3142-3162.

[57] LI X, WANG Z, BAO X, et al. Long-term increased grain yield and soil fertility from intercropping [J]. Nature Sustainability, 2021, 4：943-950.

[58] YU R P, LAMBERS H, CALLAWAY R M, et al. Belowground facilitation and trait matching：two or three to tango? [J]. Trends in Plant Science, 2021, 26：1227-1235.

[59] ZHANG W, FORNARA D, YANG H, et al. Plant litter strengthens positive biodiversity-ecosystem functioning relationships over time [J]. Trends in Ecology & Evolution, 2023, 38: 473-484.

[60] 陈云, 李思宇, 朱安, 等. 播种量和穗肥施氮量对优质食味直播水稻产量和品质的影响 [J]. 作物学报, 2022, 48: 656-666.

[61] 杨晨, 郑常, 袁珅, 等. 再生稻肥料管理对不同品种产量和品质的影响 [J]. 中国水稻科学, 2022, 36: 65-76.

[62] ZHANG Y, SUN Z X, WANG E L, et al. Maize/soybean strip intercropping enhances crop yield in rain-fed agriculture under the warming climate: a modeling approach [J]. Agronomy for Sustainable Development, 2022, 42: 115.

[63] FENG X, SUN T, GUO J, et al. Climate-smart agriculture practice promotes sustainable maize production in northeastern China: higher grain yield while less carbon footprint [J]. Field Crops Research, 2023, 302: 109108.

[64] ZHAO L, DAI R, ZHANG T, et al. Fish mediate surface soil methane oxidation in the agriculture heritage rice-fish system [J/OL]. Ecosystems, 2023, 26: 1656-1669.

[65] 彭碧琳, 李妹娟, 胡香玉, 等. 轻简氮肥管理对华南双季稻产量和氮肥利用率的影响 [J]. 中国农业科学, 2021, 54: 1424-1438.

[66] 王艳, 易军, 高继平, 等. 不同叶龄蘖、穗氮肥组合对粳稻产量及氮素利用的影响 [J]. 作物学报, 2020, 46: 102-116.

[67] ZHAO C, HUANG M, QIAN Z H, et al. Effect of side deep placement of nitrogen on yield and nitrogen use efficiency of single season late japonica rice [J]. Journal of Integrative Agriculture, 2021, 20: 1487-1502.

[68] YIN Y H, PENG X Z, GUO S F, et al. How to improve the light-simplified and cleaner production of rice in cold rice areas from the perspective of fertilization [J]. Journal of Cleaner Production, 2022, 361: 131694.

[69] HUANG N, DANG H, MU W, et al. High yield with efficient nutrient use: opportunities and challenges for wheat [J]. iScience, 2023, 26: 106135.

[70] 魏蕾, 米晓田, 孙利谦, 等. 我国北方麦区小麦生产的化肥、农药和灌溉水使用现状及其减用潜力 [J]. 中国农业科学, 2022, 55: 2584-2597.

[71] 黄晓萌, 刘晓燕, 串丽敏, 等. 优化施肥下长江流域冬小麦产量及肥料增产效应 [J]. 中国农业科学, 2020, 53: 3541-3552.

[72] 丁相鹏, 李广浩, 张吉旺, 等. 控释尿素基施深度对夏玉米产量和氮素利用的影响 [J]. 中国农业科学, 2020, 53: 4342-4354.

[73] 侯慧芝, 张绪成, 方彦杰, 等. 全膜微垄沟播对寒旱区春小麦苗期土壤水热环境及光合作用的影响 [J]. 作物学报, 2020, 46: 1398-1407.

[74] 李传梁, 于振文, 张娟, 等. 测墒补灌条件下施氮量对小麦开花后 ^{13}C 同化物积累量和水氮利用效率的影响 [J]. 应用生态学报, 2023, 34: 92-98.

[75] 李前, 秦裕波, 尹彩侠, 等. 滴灌施肥模式对玉米产量、养分吸收及经济效益的影响 [J]. 中国农业科学, 2022, 55: 1604-1616.

[76] 徐佳星, 封涌涛, 叶玉莲, 等. 地膜覆盖条件下黄土高原玉米产量及水分利用效应分析 [J]. 中国农业科学, 2020, 53: 2349-2359.

[77] 马博闻, 李庆, 蔡剑, 等. 花前渍水锻炼调控花后小麦耐渍性的生理机制研究 [J]. 作物学报, 2022, 48: 151-164.

[78] 陈新宜, 宋宇航, 张孟寒, 等. 干旱对不同品种小麦幼苗的生理生化胁迫以及外源5-氨基乙酰丙酸的缓解作用 [J]. 作物学报, 2022, 48: 478-487.

[79] 商蒙非, 石晓宇, 赵炯超, 等. 气候变化背景下中国不同区域玉米生育期高温胁迫时空变化特征 [J].

作物学报，2023，49：167-176.

[80] 孙智超，张吉旺. 弱光胁迫影响玉米产量形成的生理机制及调控效应[J]. 作物学报，2023，49：12-33.

[81] 曹亮，杜昕，于高波，等. 外源褪黑素对干旱胁迫下绥农26大豆鼓粒期叶片碳氮代谢调控的途径分析[J]. 作物学报，2021，47：1779-1790.

[82] 李颖，赵继浩，李金融，等. 外源6-BA对不同生育时期淹水花生根系生长和荚果产量的影响[J]. 中国农业科学，2020，53：3665-3678.

[83] 杨文钰，杨峰. 发展玉豆带状复合种植，保障国家粮食安全[J]. 中国农业科学，2019，52：3748-3750.

[84] LI C, HOFFLAND E, KUYPER T W, et al. Syndromes of production in intercropping impact yield gains[J]. Nature Plants, 2020, 6: 653-660.

[85] 张金鑫，葛均筑，马玮，等. 华北平原冬小麦-夏玉米种植体系周年水分高效利用研究进展[J]. 作物学报，2023，49：879-892.

[86] NIE J, HARRISON M T, ZHOU J. Productivity and water use efficiency of summer soybean-winter wheat rotation system under limited water supply in the North China Plain[J]. European Journal of Agronomy, 2023, 151: 126959.

[87] ZHANG C, REES R M, JU X. Cropping system design can improve nitrogen use efficiency in intensively managed agriculture[J]. Environmental Pollution, 2021, 280: 116967.

[88] GOU Z, YIN W, ASIBI A E, et al. Improving the sustainability of cropping systems via diversified planting in arid irrigation areas[J]. Agronomy for Sustainable Development, 2022, 42: 88.

[89] GUO Y, YIN W, CHAI Q, et al. No tillage with previous plastic covering increases water harvesting and decreases soil CO_2 emissions of wheat in dry regions[J]. Soil & Tillage Research, 2021, 108: 104883.

[90] GUO C, LIU L, ZHANG K, et al. High-throughput estimation of plant height and above-ground biomass of cotton using digital image analysis and Canopeo[J]. Technology in Agronomy, 2022, 2: 4.

[91] WU X, FENG H, WU D, et al. Using high-throughput multiple optical phenotyping to decipher the genetic architecture of maize drought tolerance[J]. Genome Biology, 2021, 22: 185.

[92] 邓丽群，盛邦跃. 20世纪以来中国作物学发展历程研究[J]. 农业考古，2019：202-206.

[93] 魏珊珊，李兴峰，罗晶. 2021年度国家自然科学基金农学基础与作物学学科项目申请、评审与资助情况分析[J]. 中国农业科技导报，2022，24（4）：1-10.

[94] 黄怡淳. 中国作物育种研究热点与发展趋势——基于创新要素供给视角[J]. 2022，34（5）：31-46.

[95] 张洪程，胡雅杰，戴其根，等. 中国大田作物栽培学前沿与创新方向探讨[J]. 中国农业科学，2022，55：4373-4382.

[96] 王晓迪，张媛，范漪萍. 基于优秀青年科学基金资助人才国际合作数据分析跨领域科研发展趋势[C]//2018年北京科学技术情报学会学术年会—智慧科技发展情报服务先行论文集.

[97] 魏珊珊，蒋金，刘卫娟，等. 作物学十年：国家自然科学基金项目资助、成果产出与未来展望[J]. 中国科学基金，2022，36：972-981.

[98] GUO Z, WANG S, LI W, et al. QTL mapping and genomic selection for Fusarium ear rot resistance using two F_2:3 populations in maize[J]. Euphytica, 2022, 218: 131.

[99] DEBERNARDI J M, TRICOLI D M, ERCOLI M F, et al. A GRF-GIF chimeric protein improves the regeneration efficiency of transgenic plants[J]. Nature Biotechnology, 2020, 11: 1274-1279.

[100] MAX G S, DANIEL B G, TIMOTHY M W, et al. High-throughput functional variant screens via in vivo production of single-stranded DNA[J]. Proceedings of the National Academy of Sciences, 2021, 118: e2018181118.

[101] PAN C, LI G, MALZAHN A A, et al. Boosting plant genome editing with a versatile CRISPR-Combo system[J]. Nature Plants, 2022, 8: 513-525.

[102] HICKEY L T, HAFEEZ A N, ROBINSON H, et al. Breeding crops to feed 10 billion [J]. Nature Biotechnology, 2019, 37: 744-754.
[103] FERNANDEZ J A, HABBEN J E, SCHUSSLER J R, et al. zmm28 transgenic maize increases both N uptake- and N utilization-efficiencies [J]. Communications Biology, 2022, 5: 555.
[104] ZHANG X Y, JIA H Y, LI T, et al. TaCol-B5 modifies spike architecture and enhances grain yield in wheat [J]. Science, 2022, 376: 180-183.
[105] GAO H, GADLAGE M J, LAFITTE H R, et al. Superior field performance of waxy corn engineered using CRISPR-Cas9 [J]. Nature Biotechnology, 2020, 38: 579-581.
[106] 郑怀国, 赵静娟, 秦晓婧, 等. 全球作物种业发展概况及对我国种业发展的战略思考 [J]. 中国工程科学, 2021, 23 (4): 45-55.
[107] 颜瑞, 王震, 李言浩, 等. 中国农业智能传感器的应用、问题与发展 [J]. 农业大数据学报, 2021, 3 (2): 3-15.
[108] 宗成峰, 迟文悦. 确保粮食安全的全新战略要求 [J]. 农村工作通讯, 2022 (23): 23-24.
[109] 陈阜, 赵明. 作物栽培与耕作学科发展 [J]. 农学学报, 2018, 8 (1): 50-54.
[110] 刘旭, 黎裕, 李立会, 等. 作物种质资源学理论框架与发展战略 [J]. 植物遗传资源学报, 2023, 24: 1-10.
[111] 李新海, 谷晓峰, 马有志, 等. 农作物基因设计育种发展现状与展望 [J]. 中国农业科技导报, 2020, 22 (8): 1-4.
[112] 胡江, 钱前. 作物生物育种科技发展的现状及展望 [J]. 中国基础科学, 2022, 24 (6): 1-8.
[113] 汪海, 赖锦盛, 王海洋, 等. 作物智能设计育种——自然变异的智能组合和人工变异的智能创制 [J]. 中国农业科技导报, 2022, 24 (6): 1-8.
[114] 王笑, 蔡剑, 周琴, 等. 非生物逆境锻炼提高作物耐逆性的生理机制研究进展 [J]. 中国农业科学, 2021, 54: 2287-2301.

撰稿人： 刘录祥　李新海　王文生　戴其根　黎　裕　路　明
　　　　 谷晓峰　郭子锋　李从锋　程维红　徐　莉

专题报告

作物遗传育种学发展报告

习近平总书记多次强调"种子是粮食安全的关键"。作物遗传育种的核心任务是揭示重要性状形成的遗传基础，阐明重要基因的功能与作用机制，创制新种质、培育新品种，保障国家粮食安全和农业可持续发展。报告回顾过去三年我国在作物种质资源收集保护与创新利用、重要性状遗传解析与基因挖掘、育种方法和技术创新、种质创制与新品种选育等方面取得的重大进展。通过国内外对比分析，进一步明确我国在作物遗传育种领域的优势及差距。结合国家发展战略、学科发展需求，提出未来几年作物遗传育种学科的总体发展思路和优先发展的方向。

一、本学科最新研究进展

（一）作物种质资源搜集保护与创新利用取得新突破

作物种质资源是种业的"芯片"，是作物遗传研究和新品种培育的物质基础。近三年来，我国在国家重大科技计划支持下，有序推进种质资源保护利用各项工作，取得了一系列重大进展。

1. 作物种质资源收集保护重大项目及进展

2021年，科技部启动了"主要粮油作物珍稀濒危种质资源的抢救性保护"重点研发计划项目。截至目前，共抢救性收集到疣粒野生稻、多年生野生大豆、大赖草、金荞麦、野豌豆、野小豆等种质资源1000余份，开展了种质资源活力监测、疣粒野生稻生态模拟、多年生野生大豆种茎繁殖以及野生近缘植物保护性恢复等技术研究。通过种质资源的收集，我国保存种质资源的数量和质量稳步提升。截至2022年12月31日，作物种质长期库保存资源总量达46.5万份，种质圃保存7.5万份，试管苗库和超低温库保存1471份，资源总量突破54万份，位居世界第二。

2. 作物种质资源鉴定与创新利用重大项目及进展

"十四五"期间，科技部启动水稻、小麦、玉米和大豆等四大作物"优异种质资源精准鉴定"国家重点研发计划项目，对1.2万份种质资源的产量、耐盐、抗旱、耐高温等性状，开展智能化高通量表型精准鉴定及基因型鉴定，挖掘目标性状突出的优异种质，鉴定重要性状的优异等位基因，建立表型、基因型和环境数据库，实现了育种的高效利用。2021年，农业农村部以查清国家库（圃）保存资源的遗传多样性及可利用性为目标，启动了农作物种质资源精准鉴定工作，2021年开展了33种农作物共计4万份库存种质资源的精准鉴定，2022年启动了15种农作物的精准鉴定，重点发掘直播水稻、抗赤霉病小麦、高产抗旱籽粒机收玉米、高产广适耐荫大豆、优质油料作物、耐盐碱和抗旱作物等优异资源。截至目前，完成了首批7.6万份资源的基因型和表型鉴定，挖掘出一批优异种质和基因并应用于育种创新。

3. 作物种质资源研究重大基础设施项目和进展

2021年9月，国家作物种质库新库开始试运行，这是全球单体量最大、保存能力最强的国家级种质库，可长期保存农作物种子等资源150万份，保存方式从单一种子保存拓展到种子、试管苗、DNA等多种方式保存，保存能力和设施水平跨入世界领先水平。同时，保存能力达4万份的国家野生稻种质资源圃在三亚基本建成，可满足未来30年从国外收集或引进野生稻资源的保存需求。目前，资源圃内已保存普通野生稻、药用野生稻、疣粒野生稻等野生水稻资源13000余份。2022年2月，农业农村部公布了"十四五"作物种质资源创新利用学科群——粮食作物基因资源评价利用、长江上游种质创制和基因编辑创新利用等9个专业性重点实验室。这些重大基础设施是推动作物遗传育种学科发展、孕育重大原始创新、解决国家经济社会发展重大科技问题的重要支撑。

4. 从作物种质资源中发掘优异基因

泛基因组技术逐渐成为挖掘种质资源中优异等位变异的高效途径。我国科学家先后构建了水稻[1]、玉米[2]、大豆[3]和棉花[4]等作物的泛基因组，为全基因组水平挖掘优异等位变异奠定了基础。稻属中最为系统的超级泛基因组囊括了目前最全面的水稻基因序列的复等位信息，为挖掘与利用水稻功能基因遗传变异提供了丰富的数据信息，助力水稻种质资源遗传变异挖掘和利用；玉蜀黍属超级泛基因组提供了整个属的遗传多样性资源，发现大量玉米中缺失的适应性等位基因，为保持群体遗传多样性和未来的育种发挥作用。

（二）作物重要性状遗传解析取得新进展

1. 作物功能基因组研究取得新进展

2020年以来，我国完成了33份具有代表性的水稻（*Oryza sativa*）泛基因组图谱，解析了水稻演化过程中存在的广泛结构变异，挖掘出与叶片早衰相关的基因位点，促进水稻功能基因组和进化生物学等方面的研究[5]。构建了我国独有六倍体小麦亚种西藏半野生小麦（*Triticum aestivum* ssp. *tibetanum* Shao）的高质量参考基因组，发现与断穗密切相关的基因位点，并挖掘出优异等位基因[6]。完成了中国栽培黑麦（*Secale cereale*）"威宁"的高质量参考基因组图谱，利用参考图谱挖掘出抽穗期相关的等位基因 *ScID1*[7]。整合了721份玉蜀黍属组材料的基因组数据，构建出首个玉蜀黍属"超级泛基因组"（super pan-genome），解析了玉蜀黍基因组的结构特征[8]。在豆科作物中，构建了基于图形结构的泛基因组[9]和豌豆（*Pisum sativum*）参考基因组和泛基因组[10]。

2. 作物产量和品质性状分子机制解析

发现同时提高玉米和水稻产量的趋同选择基因 *KRN2/OsKRN2*，敲除该基因可使玉米和水稻增产约10%[11]。挖掘出水稻高产基因 *OsDREB1C*，在水稻和小麦中过表达 *OsDREB1C* 可同时实现早熟和高产[12]。解析了水稻 *OsPHO12* 及其玉米同源基因在调控籽粒灌浆过程中的分子机制[13]。克隆了水稻氮素高效利用的关键基因 *NGR5*，过表达 *NGR5* 基因可实现在减施氮肥的条件下提高水稻产量[14]。发现大豆高产基因 *GmWRI1b* 和 *GmMYB14* 通过改善大豆株型提高产量[15-16]。从玉米祖先种大刍草中克隆了高蛋白基因 *THP9*，将该基因导入现代玉米品种后，在不影响粒重的情况下显著增加籽粒蛋白质含量[17]。揭示 NAC 转运蛋白 TaNAC019 调节小麦籽粒中贮藏蛋白和淀粉积累的机制[18]。证明大豆 *GmST05* 基因的优异等位变异控制籽粒大小和品质[19]。克隆了 *ZmACO2*、*KRN6*、*Fas1*、*GPA5* 和 *WCR1* 等控制作物高产、品质性状的关键基因，对作物高产和优质的协同改良具有重要意义。

3. 作物抗病虫、抗逆性状分子机制解析

针对小麦赤霉病这一世界性难题，克隆了小麦主效抗赤霉病基因 *Fhb7*，该基因编码一种谷胱甘肽-*S*-转移酶（GST），通过破坏 DON 等毒素的环氧基团而产生解毒效应赋予小麦赤霉病广谱抗性，为培育抗赤霉病小麦品种提供了重要的基因资源[20]。揭示了水稻钙离子受体 ROD1 精细调控水稻免疫、降低水稻因广谱抗病而引发的生存代价，以及平衡水稻抗病性与生殖生长和产量性状的分子机制[21]。揭示了基于 PICI1-OsMETS-Ethylene 的免疫代谢调控通路，发现水稻广谱抗病性的新机制[22]。鉴定了水稻抗高温基因 *SLG1*，证明了 tRNA 硫醇化修饰在水稻响应高温胁迫中的重要功能[23]。克隆并解析了玉米 *ZmSRO1d* 和 *ZmEXPA4* 以及水稻 *OsFTIP1* 和 *OsNR1* 等基因的抗旱作用机制[24-27]。

4. 作物水肥资源高效利用机制解析

克隆了水稻中控制纤维素和氮利用效率的转录因子 MYB61，揭示了碳-氮代谢的直接分子联系，鉴定了整合碳-氮代谢的关键节点[28]。克隆了水稻氮高效利用基因 *NGR5*，它能与赤霉素受体 GID1 蛋白互作，提高 *NGR5* 表达量，可以在适当减施氮肥条件下获得更高产量[29]。克隆了氮高效利用基因 *OsTCP19*，在减施氮肥条件下，*OsTCP19* 等位基因可显著提高水稻产量和氮肥利用效率[30]。发现磷响应转录因子 OsPHR1/2/3 是菌根共生转录调控网络的核心，通过 P1BS 来调节共生相关基因的表达实现作物磷营养的高效

吸收[31]。

（三）作物育种新技术创新进展显著

1. 单倍体育种技术

单倍体育种技术包括单倍体诱导、鉴别和加倍等三个关键环节。单倍体诱导研究方面，克隆了单倍体关键诱导基因 *ZmDMP*[32] 和 *ZmPLD3*[33]。通过 *ZmDMP* 基因的拓展应用，开发出双子叶植物拟南芥、番茄、油菜、烟草的单倍体诱导系统[34]。证明了精细胞中活性氧（ROS）增加是导致玉米单倍体诱导的关键因素，开发出用化学试剂处理花粉、诱导单倍体发生的新方法[34]。单倍体鉴别方面，开发了基于油分和颜色鉴别标记的双价鉴别系统，创制了鉴别准确率大于 90% 的高频诱导系 CHOI4[35]；通过荧光蛋白的应用，开发了番茄单倍体鉴别系统[36]；通过共表达转录因子 ZmC1 和 ZmR2 创制出单倍体鉴别准确率达 99.1%、便捷高效的玉米单倍体诱导系 MAGIC1 和 MAGIC2[37]。单倍体加倍方面，开发了组培加倍的新方法，加倍率可高达 40%。单倍体本底技术的发展，促进了无融合生殖固定杂种优势、单倍体介导基因编辑、双性花作物单倍体高通量诱导等技术研发[38]。

2. 杂种优势利用技术

同时突变水稻中 4 个基因，实现了减数分裂向有丝分裂转换与无融合生殖，提出了生产结实与繁种相统一的"一系法"技术途径[39]。利用基因编辑技术快速创制细胞核育性基因纯合突变，获得与细胞核不育基因对应的育性恢复基因，实现了不育系/保持系为同一个亲本自交系、自交繁殖不育系与保持系，为第三代水稻杂交种生产提供了技术方案[40]。

3. 细胞染色体工程与诱变技术

创建了利用野生近缘植物基因改良小麦的远缘杂交技术体系，利用此技术创制的新品系较对照"周麦 18"增产 20% 以上。利用长穗偃麦草的抗赤霉病主效基因 *Fhb7*，培育出抗赤霉病小麦新品种"山农 4"和小麦国审新品种"中科 166"。建立了高能碳离子辐射诱变育种平台、锂离子和质子诱变育种平台和模拟太空等离子体环境的专用辐射诱变装置平台，构建了高效小麦辐射诱变技术、小麦突变体籽粒识别、水稻基因组变异高通量鉴定、水稻全基因组变异快速固定及育种利用等技术体系，创制突变新材料 116 份，审定小麦、水稻、玉米、大豆等作物新品种 44 个，其中"鲁原 502"连续多年推广面积超过 1500 万亩。小麦 – 冰草衍生系创新种质正在为全国 100 余个育种单位广泛利用。

4. 全基因组选择技术

整合水稻亲本的表型信息进行杂交种表型的多组学预测，有效提高表型预测的准确性[41]。结合基因组大数据、机器学习和全基因组关联分析方法，对玉米杂种优势开展全基因组预测和应用研究[42]。开发了一款基于机器学习建立的全基因组选择模型 CropGBM 工具箱，整合了多种常用遗传分析工具[43]。利用多组学数据开发了全基因组预测的深度学习方法DNNGP，为智能设计育种及平台构建提供有效工具[44]。提出了基于V矩阵的"HE+PCG"策略，开发出高性能计算新工具HIBLUP[45]。

5. 转基因技术

2020年，我国转基因抗虫玉米、耐除草剂玉米和耐除草剂大豆获批安全证书。产业化试点显示，转基因玉米和大豆的抗虫、耐除草剂特性优良，增产增效显著。我国开发了纳米磁珠介导的、不依赖基因型的遗传转化方法，成功解决了遗传转化过程中"依赖组培体系、严重受基因型限制"的瓶颈问题[46]。研发了一种新型辅助转化技术，提高了多个商业化玉米品种亲本自交系的遗传转化效率，实现了不依赖玉米基因型的高效遗传转化[47]。

6. 基因编辑技术

我国基因编辑技术在国际上处于第一梯队。研发的基因编辑底盘工具Cas12i和Cas12j获得中国内地、中国香港地区及日本专利授权。在耐除草剂、抗病、品质、株型、抗生物及非生物逆境胁迫等多个重要农艺性状上，创制了具有重要应用价值的基因编辑材料[48]。创新优化了多基因敲除、碱基编辑、引导编辑、等位基因替换等基因组定点编辑技术体系[49-51]。利用基因编辑技术快速实现了野生稻的从头驯化，为开展精准设计育种提供了新的策略[52]。

7. 分子设计育种技术

分子设计利用基因组DNA序列构建基因表达调控模式的人工神经网络模型，通过大数据、人工智能等多学科交叉，设计最佳育种方案，定向、高效培育作物新品种，推动育种步入智能化"4.0"时代。我国提出并实现了大粒型水稻和超级稻的最佳育种方案，构建了整合玉米基因组、转录组和表型组等多组学数据的ZEAMAP数据库，实现了玉米多组学数据"云端"集成、快速检索和智能分析。水稻智能表观数据库eRice、作物表观智能预测数据模型SMEP等平台为智能设计育种技术提供了技术支撑[53-54]。新一代模块化遗传育种智能计算机仿真模拟Blib平台为分子设计模拟和预测提供了实用工具[55]。

（四）新种质创制与新品种培育取得重大进展

我国水稻单产稳步提高。截至2022年，北方稻区的圆粒广适品种"龙粳31"累计推广过亿亩，长粒香稻品种"绥粳18"超5000万亩。在南方稻区，以"南粳9108"和"南粳5055"为代表的粳型软米品种累计推广超5000万亩，适合米粉制作的早籼品种"中嘉早17"累计推广超7000万亩、"中早39"超2000万亩，优质籼稻"黄华占"累计推广超6000万亩、"美香占2号"超1000万亩。杂交稻晶两优系列和隆两优系列累计推广超7000万亩、荃优系列超2000万亩、川优系列超1000万亩、野香优系列近1000万亩。甬优系列代表的籼粳杂交稻、"旱优73"代表的节水抗旱稻和"RD23"代表的多年生稻等品种也各具特色。"吉粳816"等水稻新品种可与日本"越光"、泰国香米媲美，以"华浙优

261""龙粳 1624""绥粳 309""宁香粳 9 号""中科发 5 号"等为代表的一批新品种推广面积快速扩大。

小麦种质创制与品种培育取得了突出进展。创制了聚合 $Yr30/Lr27/Sr2$ 等 10 余个抗病基因的优异新种质,提升了我国小麦的广谱抗性。育成一批高产稳产品种在多地亩产突破 800 千克。优质强筋新品种"济麦 44"聚合了高分子量麦谷蛋白亚基 1、7+8、5+10,提高了品质稳定性。"扬麦 33"等抗病小麦新品种,实现了黄淮麦区抗赤霉病品种零的突破。"中麦 578"兼具优质、高产稳产、综合抗病性好、早熟耐穗发芽等优点,大面积亩产达 650 千克。

"京农科 728""裕丰 303""东单 1331""中玉 303""农大 778"等玉米品种推广面积持续增加。在种质创新方面,利用国外杂交种"X1132x"选育出以"京 724"为代表的多个优良自交系,并逐渐发展成 X 种质,具有高产宜机收等优点,在我国玉米育种中的应用越来越广泛。"DBN9958""BFL4-2"等抗虫耐除草剂玉米转化体获得安全证书,对草地贪夜蛾的防治效果可达 95% 以上,增产 10.7%。利用基因编辑创制矮秆紧凑耐密、甜糯玉米、抗粗缩病、穗粒腐病,以及单倍体诱导系和细胞雄性不育等材料。

分子标记辅助与常规选择相结合选育大豆新品种。"黑农 84"兼抗灰斑病、病毒病、胞囊线虫病等三大主要病害,种植面积超过 1000 万亩。"齐黄 34"具有高产、耐旱、耐涝、耐盐碱等特点,是我国长城以南推广面积最大的大豆品种。"郑 1307"等大豆高产新品种,百亩实收单产超过 300 千克。耐除草剂大豆"中黄 6106""DBN9004""SHZD3201"和抗虫大豆"CAL16"获批生产应用安全证书,耐除草剂大豆大规模试种节本增效效果显著。基因编辑高油酸大豆"AE15-18-1"油酸含量达到 80% 以上,获得国内首个植物基因编辑安全生产证书。

培育出耐密、高产油菜新品种"中油杂 501",菜籽亩产达 419.95 千克,油量达 211.57 千克,双双刷新了我国冬油菜高产纪录。利用高油杂交种定向选育技术,育成"中油杂 65"和"金油杂 9 号",含油量分别达 55% 和 51%,高油油菜育种再上新台阶。育成"中油杂 972""中油 988"和"湘油 228"等一批生育期在 180 天以内的早熟品种,为利用我国 6400 万亩冬闲田发展"油 – 稻 – 稻"生产提供了技术支撑。筛选出耐盐碱的优异油菜资源 23 份,育成"中油杂 46""华油杂 62"等耐盐碱品种。

棉花转基因育种技术不断创新,转化效率、受体基因型、转移基因种类等方面成果显著,种质创制与品种培育取得重大进展。高效 CPF1 和单碱基编辑系统已被用于抗除草剂、无棉酚和高油酸等棉花新种质创制。"中棉所 113"具有早熟特性,扩大了北疆植棉北界,品质超越"澳棉",促进新疆棉花产业优质棉高质量发展。培育出适宜长江流域种植的早熟高产品种"中棉早 183"、适宜黄河流域种植的"中棉所 EM1704"。我国棉花产业单产水平和生产能力不断提高,单产水平目前是全球平均水平的 1.9 倍。

二、本学科国内外研究进展比较

（一）作物种质资源研究

我国已经建立了完善的作物种质资源保存体系，国家种质库（圃）保存种质资源数量已经超过 54 万份，居世界第二。种质资源精准鉴定水平和规模接近国际领先水平。水稻、马铃薯、棉花和食用豆等作物的基因组解析、作物驯化改良和种质形成规律等方面研究处于领跑水平，如利用异源四倍体野生稻快速从头驯化水稻栽培种策略。作物野生资源利用取得了重大进展，特别是利用长雄野生稻成功创制出多年生稻[56]。与国际水平相比存在以下几个方面的差距：一是我国种质资源数量质量尚需同步提升，库存种质资源中物种多样性和国外资源占比较低，需强化国外优异资源的引进；二是优异等位变异的挖掘和育种应用滞后，需要加快从野生种质资源和地方品种中鉴定优异等位变异，并通过分子标记辅助选择、转基因、基因编辑等手段实现育种应用；三是种质资源的创新利用平台还不完善，数据库综合性不强、信息量不够完整、数据缺乏深度分析，需要打造种质资源大数据系统，实现种质资源遗传信息和实物、种质资源信息和育种信息的有效整合。

（二）作物育种基础研究

我国作物育种基础研究方面，水稻和小麦基因组研究引领国际前沿。我国已经完成水稻、小麦、玉米、大豆、油菜、棉花、蔬菜等作物基因组的测序或重测序，深入解析了基因组变异、染色体重组、基因组选择与驯化机制；克隆了一批调控株型、品质、氮磷养分高效利用、抗旱、耐低温、耐盐碱、抗病、新型抗除草剂等具有重大育种价值的新基因。但与发达国家相比，生物育种重大原创性基础理论研究不够深入，玉米、大豆等作物基础研究尚在跟跑，重要性状形成的遗传基础与调控网络研究不系统，高产优质、抗病虫、耐旱养分高效等重大新基因克隆和功能分析进展较慢，重大利用价值的关键基因尚不能满足生物育种需求；新基因、新机制和新概念相关的原始创新不足，对于基因与基因间协同性、基因与环境间的互作模式研究不足，对发展创新性生物育种理论技术指导有限。

（三）作物育种方法与技术创新

两系法和第三代杂交水稻、无融合生殖固定等杂种优势利用技术不断优化和拓展。玉米单倍体技术实现规模化应用，并拓展到水稻和小麦。我国建立了自主全链条转基因技术体系，抗虫耐除草剂玉米和耐除草剂大豆具备产业化应用条件，基因编辑育种技术研究进入国际第一方阵。与发达国家相比，我国水稻、油菜和蔬菜等杂种优势利用居国际领先，分子育种、细胞工程、倍性育种等育种技术获得突破，但作物遗传育种理论和重要技术创新能力及对种业支撑能力还有待提升，育种技术原始创新能力仍然薄弱，基因编辑、全基因组选择和合成生物等前沿技术领域原创技术缺乏，全基因组选择育种研究尚处于起步阶段，大数据分析、信息化及软件开发不够，部分关键技术受制于人。

（四）作物新品种培育

育种目标方面，发达国家呈现以产量为主向优质专用、绿色环保、抗病抗逆、轻简栽培等方向多元化发展。我国产量仍是核心指标，并开始向绿色、优质、高效方向发展。作物单产水平与发达国家仍有差距，玉米和大豆单产不足美国的60%，大豆进口规模仍很大，重大品种研发滞后，品种亟需升级换代。受益于知识产权保护，发达国家企业已成为投资和创新主体，我国尚未形成以企业为主体的商业化育种体系。

三、本学科发展趋势与展望

（一）战略需求

习近平总书记指出，"农业现代化，种子是基础"，"解决吃饭问题，根本出路在科技"，"要下决心把民族种业搞上去，抓紧培育具有自主知识产权的优良品种，从源头上保障国家粮食安全"。近几年我国粮食总产量连续创历史新高，良种对增产贡献率达45%，有效支撑口粮绝对安全、谷物基本自给。与此同时，我国粮食需求呈持续增长态势，2021年粮食进口量突破1.6亿吨，对外依存度超过19%。在耕地资源刚性约束的基本国情下，巩固粮食产能，实现农业绿色高质量发展，提升国民营养健康水平，满足国民对农产品多元化需求，关键是推进新一轮种业科技革命，培育高产优质、多抗高效农作物新品种，为保障国家粮食安全提供科技支撑。

（二）战略思路

按照"面向重大需求、树立战略思维、驱动品种突破、培育新兴产业、实现跨越发展"的发展思路，坚持问题导向和目标导向，按照新型举国体制要求，加快推动创新能力建设，构建创新链与产业链高效衔接的现代农业生物育种创新体系；集中优势力量重点突破生物育种关键核心技术创新、产品创新、产业创新等关键问题，形成推进创新的强大合力；创制一批生物育种重大产品，实现我国种业跨越式发展，为打赢种业翻身仗和确保国家种业安全提供强有力的科技支撑，全方位夯实粮食安全根基。

（三）优先方向和重点任务

1. 作物重要遗传资源系统挖掘与创新的理论基础

创建规模化、高通量的农作物种质资源基因型和表型精准鉴定平台，开展库存资源的基因型鉴定和表型精准鉴定，明确群体的遗传多样性水平、遗传变异以及分布等。构建全国性基因资源数据网络，提升基因资源的挖掘和利用效率。挖掘并解析作物高产、优质、抗病虫、抗逆、养分高效利用等重要性状基因，阐明其作用机制和基因调控网。挖掘能够应对气候变化的种质资源，加速优异等位基因的发现及其在遗传改良中的应用，高效创制高产优质、绿色高效的突破性农作物基因资源。

2. 作物复杂性状遗传调控分子基础

深入揭示作物生长发育和产量品质等性状形成的调控机理，解析作物高产、抗逆、抗病虫、优质、资源高效利用等重要性状的分子基础。阐明关键农艺性状形成的遗传和表观遗传机制、生物与环境互作机制，构建关键性状多模块调控网络，破解作物育种重大基础性科学问题，为作物品种精准设计提供基础。

3. 作物育种技术创新与重大品种创制培育

强化全基因组选择、转基因、基因编辑等前沿育种技术研究，强化生物育种技术与信息技术的深度融合，构建高效精准智能设计育种技术体系，为培育重大新品种提供技术支撑。以确保粮食安全为目标导向，培育高产、高效、优质、专用、适宜轻简栽培的农作物重大新品种。

（四）对策措施

1. 强化顶层设计

强化顶层设计与统筹管理，坚持以作物科技创新为核心带动产业发展，以构建大平台为主体集成创新要素，以改革体制机制为契机优化资源配置，以创新生态为支撑激发创新活力，做好作物种业战略规划与项目部署。

2. 加大经费投入

进一步明确政府在农业科技投入中的主导地位，加大对农业科技的投入力度。遵循作物育种周期长的特点，建立稳定支持的机制，以重大项目为抓手，构建产学研一体化的创新体系，推动我国作物种业创新能力不断提升。

3. 创新管理机制

完善和优化作物种业相关制度和政策，加强产学研合作，营造良好的种业创新发展环境，鼓励种子企业在种业创新中发挥更大作用。把科技创新与种业的关联度、科技自身的创新度、科技对种业的贡献度作为评价标准，强化成果导向、绩效管理、动态调整、全链条一体化统筹协调。

4. 加强遗传育种国际合作

进一步加强与国际种质优势国家开展种质引进，与"一带一路"国家等开展种质引进与交换，与科技发达国家开展遗传育种基础研究合作与交流。开展国际培训，培养具有国际视野的现代遗传育种专业人才。

参考文献

[1] SHANG L, LI X, HE H, et al. A super pan-genomic landscape of rice [J]. Cell Research, 2022, 32: 878-896.

[2] WANG B, HOU M, SHI J, et al. De novo genome assembly and analyses of 12 founder inbred lines provide insights into maize heterosis [J]. Nature Genetics, 2023, 55: 312-323.

[3] LIU YC, DU H L, LI P C, et al. Pan-genome of wild and cultivated soybeans [J]. Cell, 2020, 182: 162-176.

[4] WANG M, LI J, QI Z, et al. Genomic innovation and regulatory rewiring during evolution of the cotton genus Gossypium [J]. Nature Genetics, 2022, 54: 1959-1971.

[5] QIN P, LU H, DU H, et al. 2021. Pan-genome analysis of 33 genetically diverse rice accessions reveals hidden genomic variations [J]. Cell, 2021, 184: 3542-3558.

[6] GUO W, XIN M, WANG Z, et al. Origin and adaptation to high altitude of Tibetan semi-wild wheat [J]. Nature Communications, 2020, 11: 5085.

[7] LI G, WANG L, YANG J, et al. A high-quality genome assembly highlights rye genomic characteristics and agronomically important genes [J]. Nature Genetics, 2021, 53: 574-584.

[8] GUI S, WEI W, JIANG C, et al. A pan-Zea genome map for enhancing maize improvement [J]. Genome Biology, 2022, 23: 1-22.

[9] LIU Y, DU H, LI P, et al. Pan-genome of wild and cultivated soybeans [J]. Cell, 2020, 182: 162-176.

[10] YANG T, LIU R, LUO Y, et al. Improved pea reference genome and pan-genome highlight genomic features and evolutionary characteristics [J]. Nature Genetics, 2020, 54: 1553-1563.

[11] CHEN W, CHEN L, ZHANG X, et al. Convergent selection of a WD40 protein that enhances grain yield in maize and rice [J]. Science, 2022, 375: eabg7985.

[12] WEI S, LI X, LU Z, et al. A transcriptional regulator that boosts grain yields and shortens the growth duration of rice [J]. Science, 2022, 377: eabi8455.

[13] MA B, ZHANG L, GAO Q, et al. A plasma membrane transporter coordinates phosphate reallocation and grain filling in cereals [J]. Nature Genetics, 2021, 53: 906-915.

[14] WU K, WANG S, SONG W, et al. Enhanced sustainable green revolution yield via nitrogen-responsive chromatin modulation in rice [J]. Science, 2020, 367: eaaz2046.

[15] GUO W, CHEN L, CHEN H, et al. Overexpression of GmWRI1b in soybean stably improves plant architecture and associated yield parameters, and increases total seed oil production under field conditions [J]. Plant Biotechnology Journal, 2020, 18: 1639-1641.

[16] CHEN L, YANG H, FANG Y, et al. Overexpression of GmMYB14 improves high-density yield and drought tolerance of soybean through regulating plant architecture mediated by the brassinosteroid pathway [J]. Plant Biotechnology Journal, 2021, 19: 702-716.

[17] HUANG Y, WANG H, ZHU Y, et al. THP9 enhances seed protein content and nitrogen-use efficiency in maize [J]. Nature, 2022, 612: 292-300.

[18] GAO Y, AN K, GUO W, et al. The endosperm-specific transcription factor TaNAC019 regulates glutenin and starch accumulation and its elite allele improves wheat grain quality [J]. Plant Cell, 2021, 33: 603-622.

［19］ DUAN Z, ZHANG M, ZHANG Z, et al. Natural allelic variation of GmST05 controlling seed size and quality in soybean［J］. Plant Biotechnology Journal, 2022, 20: 1807−1818.

［20］ WANG H, SUN S, GE W, et al. Horizontal gene transfer of Fhb7 from fungus underlies Fusarium head blight resistance in wheat［J］. Science, 2020, 368: eaba5435.

［21］ GAO M, HE Y, YIN X, et al. Ca^{2+} sensor−mediated ROS scavenging suppresses rice immunity and is exploited by a fungal effector［J］. Cell, 2021, 184: 5391−5404.

［22］ ZHAI K, LIANG D, LI H, et al. NLRs guard metabolism to coordinate pattern−and effector−triggered immunity ［J］. Nature, 2022, 601: 245−251.

［23］ XU Y, ZHANG L, OU S, et al. Natural variations of SLG1 confer high−temperature tolerance in indica rice［J］. Nature Communications, 2020, 11: 5441.

［24］ GAO H, CUI J, LIU S, et al. Natural variations of ZmSRO1d modulate the trade−off between drought resistance and yield by affecting ZmRBOHC−mediated stomatal ROS production in maize［J］. Molecular Plant, 2022, 15: 1558−1574.

［25］ LIU B X, ZHANG B, YANG Z R, et al. Manipulating ZmEXPA4 expression ameliorates the drought−induced prolonged anthesis and silking interval in maize［J］. The Plant Cell, 2021, 33: 2058−2071.

［26］ CHEN Y, SHEN J, ZHANG L, et al. Nuclear translocation of OsMFT1 that is impeded by OsFTIP1 promotes drought tolerance in rice［J］. Molecular Plant, 2021, 14: 1297−1311.

［27］ HAN M, LV Q, ZHANG J, et al. Decreasing nitrogen assimilation under drought stress by suppressing DST−mediated activation of Nitrate Reductase 1.2 in rice［J］. Molecular Plant, 2022, 15: 167−178.

［28］ GAO Y, XU Z, ZHANG L, et al. MYB61 is regulated by GRF4 and promotes nitrogen utilization and biomass production in rice［J］. Nature Communications, 2020, 11: 5219.

［29］ WU K, WANG S, SONG W, et al. Enhanced sustainable green revolution yield via nitrogen−responsive chromatin modulation in rice［J］. Science, 2020, 367: eaaz2046.

［30］ LIU Y, WANG H, JIANG Z, et al. Genomic basis of geographical adaptation to soil nitrogen in rice［J］. Nature, 2021, 590: 600−605.

［31］ SHI J, ZHAO B, ZHENG S, et al. A phosphate starvation response−centered network regulates mycorrhizal symbiosis［J］. Cell, 2021, 184: 5527−5540, e18.

［32］ ZHONG Y, LIU C, QI X, et al. Mutation of ZmDMP enhances haploid induction in maize［J］. Nature Plants, 2019, 5: 575−580.

［33］ LI Y, LIN Z, YUE Y, et al. Loss−of−function alleles of ZmPLD3 cause haploid induction in maize［J］. Nature Plants, 2021, 7: 1579−1588.

［34］ ZHONG Y, WANG Y, CHEN B, et al. Establishment of a dmp based maternal haploid induction system for polyploid Brassica napus and Nicotiana tabacum［J］. Journal of Integrative Plant Biology, 2022, 64: 1281−1294.

［35］ LIU C, LI J, CHEN M, et al. Development of high−oil maize haploid inducer with a novel phenotyping strategy ［J］. The Crop Journal, 2022, 10: 524−531.

［36］ JIANG C, SUN J, LI R, et al. A reactive oxygen species burst causes haploid induction in maize［J］. Molecular Plant, 2022, 15: 943−955.

［37］ CHEN C, LIU X, LI S, et al. Co−expression of transcription factors ZmC1 and ZmR2 establishes an efficient and accurate haploid embryo identification system in maize［J］. The Plant Journal, 2022, 111: 1296−1307.

［38］ QI X, LIU J, LIU Z, et al. High−throughput haploid induction in species with bisexual flowers［J］. Plant Communications, 2023, 4: 100454.

［39］ QI X, ZHANG C, ZHU J, et al. Genome editing enables next−generation hybrid seed production technology［J］.

Molecular Plant, 2020, 13: 1262-1269.

[40] XIONG J, HU F, REN J, et al. Synthetic apomixis: the beginning of a new era [J]. Current Opinion in Biotechnology, 2023, 79: 102877.

[41] XU Y, ZHAO Y, WANG X, et al. Incorporation of parental phenotypic data into multi-omic models improves prediction of yield-related traits in hybrid rice [J]. Plant Biotechnology Journal, 2021, 19 (2): 261-272.

[42] XIAO Y, JIANG S, CHENG Q, et al. The genetic mechanism of heterosis utilization in maize improvement [J]. Genome Biology, 2021, 22: 148.

[43] YAN J, XU Y, CHENG Q, et al. LightGBM: accelerated genomically designed crop breeding through ensemble learning [J]. Genome Biology, 2021, 22: 271.

[44] WANG K, ABID M, RASHEED A, et al. DNNGP, a deep neural network-based method for genomic prediction using multi-omics data in plants [J]. Molecular Plant, 2023, 16: 279-293.

[45] YIN L, ZHANG H, TANG Z, et al. HIBLUP: an integration of statistical models on the BLUP framework for efficient genetic evaluation using big genomic data [J]. Nucleic Acids Research, 2023, 58: 3501-3512.

[46] WANG Z P, ZHANG Z B, ZHENG D Y, et al. Efficient and genotype independent maize transformation using pollen transfected by DNA-coated magnetic nanoparticles [J]. Journal of Integrative Plant Biology, 2022, 64: 1145-1156.

[47] 许洁婷, 刘相国, 金敏亮, 等. 不依赖基因型的高效玉米遗传转化体系的建立 [J]. 作物学报, 2022, 48: 2987-2993.

[48] LIN Q, ZONG Y, XUE C, et al. Prime genome editing in rice and wheat [J]. Nature Biotechnology, 2020, 38: 582-585.

[49] JIN S, FEI H, ZHU Z, et al. Rationally designed APOBEC3B cytosine base editors with improved specificity [J]. Molecular Cell, 2020, 79 (5): 728-740.

[50] LU Y, TIAN Y, SHEN R, et al. Targeted, efficient sequence insertion and replacement in rice [J]. Nature Biotechnology, 2020, 38: 1402-1407.

[51] LI H, ZHU Z, LI S, et al. Multiplex precision gene editing by a surrogate prime editor in rice [J]. Molecular Plant, 2022, 15 (7): 1077-1080.

[52] YU H, LIN T, MENG X, et al. A route to de novo domestication of wild allotetraploid rice [J]. Cell, 2021, 184 (5): 1156-1170.

[53] WANG Y, ZHANG P, GUO W, et al. A deep learning approach to automate whole-genome prediction of diverse epigenomic modifications in plants [J]. New Phytology, 2021, 232: 880-897.

[54] CHENG Q, JIANG S, XU F, et al. Genome optimization via virtual simulation to accelerate maize hybrid breeding [J]. Briefing in Bioinformatics, 2022, 23: bbab447.

[55] ZHANG L, LI J, WANG J. Blib is a multi-module simulation platform for genetics studies and intelligent breeding [J]. Communications Biology, 2022, 5: 1167.

[56] ZHANG S, HUANG G, ZHANG Y, et al. Sustained productivity and agronomic potential of perennial rice [J]. Nature Sustainability, 2023, 6: 28-38.

撰稿人： 马有志　王文生　谷晓峰　王建康　武　晶　黎　裕
　　　　　郭　勇　张立超　任玉龙　李文学　纪志远　王宝宝
　　　　　黎　亮　谢传晓　谢永盾　李慧慧　李少雅　郑　军

作物栽培学发展报告

一、本学科最新研究进展

2020—2023年，作物栽培学学科围绕保障国家粮食安全、农业供给侧结构性改革、脱贫攻坚、农业强国建设等重大需求，依托国家和省部级科研平台与重大重点项目，突出稳粮增收、提质增效的协调统一，突破能显著提高土地产出率、资源利用率、劳动生产率的核心技术，创建了一批农业主推技术，形成了一系列重要科技成果，为作物生产现代化发展提供了强有力的技术支撑与储备。

（一）作物高产潜力突破与优质高产协调栽培理论和技术

作物生产更加强调维持或提升产量基础上提高品质[1]。国内围绕高产优质食味水稻品种筛选标准与方法[2-3]、量质协同提升的生理生化基础[4-5]、调优增产栽培技术[6-7]等方面的研究取得了明显进展。如研究明确[5]，长江下游高产味优粳稻品种为穗大粒多，粒重相对较小，生育中后期干物质与氮素积累能力强；加工品质趋好，外观品质略差，蒸煮食味品质优，表现为直链淀粉和蛋白质含量低，胶稠度较长，淀粉RVA中峰值黏度、热浆黏度、崩解值、最终黏度特征值高。再生稻具有稻米品质优和收益高等优点，近年在长江中游、华南等稻区推广面积不断扩大。再生稻再生季稻米加工、外观和蒸煮食味品质均显著优于连作晚稻，且赤霉素主导的调节通路在再生稻外观品质提升上发挥重要作用[8-9]，并从播期、水分管理、肥料运筹等方面探明了再生稻调优增产的栽培途径[10-12]。

我国弱筋小麦单产水平高，但籽粒蛋白质含量普遍较高，筋力较强，导致品质性状不佳；现行国家标准中的弱筋小麦相关指标较宽松，需对蛋白质和湿面筋含量与稳定时间做出调整，尤其是稳定时间[13]。宽幅精播是北方小麦生产主推技术之一[14]。与常规条播相比，宽幅播种通过提高花后氮素吸收量，改善了氮素吸收和利用效率，提高了籽粒氮素积累量，实现了提高产量和氮素利用效率条件下强筋小麦品质的稳定[15]。

中国农业科学院阐明了玉米产量潜力突破的主要途径，创建了密植栽培、水肥一体化精准调控、机械粒收等关键技术，实现了产量、资源利用效率和经济效益的协同提升，2020 年创造了产量 24.9 吨/公顷的全国高产纪录，光能利用率达 2.49%，灌溉水利用率达 4.16 千克/立方米，氮肥偏生产力达 47.3 千克/千克。2020—2022 年，在内蒙古、辽宁、吉林等补充灌溉玉米区，采用该技术模式的 559 户农民的玉米平均产量达 15.8 吨/公顷，其中 76.9% 的农户实产超过 15 吨/公顷。

（二）作物机械化栽培理论与技术

"无人化"智慧栽培已成为作物栽培发展的大趋势[16]。扬州大学研创的"稻麦绿色丰产'无人化'栽培技术"入选 2021 年农业农村部重大引领性技术。该技术通过选择优良品种，配套一次性施肥、飞防高效植保、智能远程控制灌溉和智能精准无人化收获等技术，创建了稻麦生产"无人化"作业技术体系。华南农业大学开展了基于卫星定位的农业机械自动导航作业技术系统研究，突破了复杂农田环境下农机自动导航作业高精度定位和姿态检测技术；创新提出全区域覆盖作业路径规划方法、路径跟踪复合控制算法、自动避障和主从导航控制技术，提高了农机导航精度、作业质量和效率；研创的关键技术和产品适于旱地和水田耕整、播栽、施肥、植保和收获等环节精准作业。

山东农业大学创建了小麦宽幅精播高产栽培技术，研制了新型小麦宽幅精量播种机，将播种苗带由 3 厘米加宽到 8 厘米；探明了小麦宽幅精播高产的生理生态机制：苗带宽，棵间蒸发量小，灌溉需求少；小麦田间分布均匀，根系健壮，吸收能力强；单株光照条件好，光合有效辐射截获率高，单株生产力大，旗叶光合能力强，穗数和千粒重高。与常规条播相比，该技术增产 8%~10%，水分利用效率提高 10%~13%[17-18]。2011—2021 年连续 11 年被农业农村部列为农业主推技术。

中国农业科学院发现影响玉米机械粒收技术推广应用的主要原因是收获时籽粒含水率高及倒伏造成的落穗损失[19]；明确了收获时籽粒含水率和破碎率以黄淮海夏玉米最高，华北春玉米最低，西北和东北春玉米居中；提出了将进一步选育脱水快、收获时含水率低、后期站秆性能好的品种，推广品种脱水特征与区域气候配置技术，改进收获机械，并适期收获作为降低玉米机械粒收破碎率和损失率的主要方向[20]；集成了适应不同生态区域的玉米机械粒收技术新模式并推广应用，"玉米密植高产全程机械化生产技术"入选 2020—2022 年全国农业主推技术。

（三）作物肥水等资源高效利用技术

1. 作物肥料高效利用技术

在华南双季稻上的研究表明[21]，采用"一基一追"轻简氮肥管理处理下的水稻产量和氮肥吸收利用率与"三控"施肥处理无显著差异，但显著高于常规施氮处理，外观品质有所改善，碾磨品质和蒸煮食味品质无明显变化。在长江中游双季稻上的研究表明[22]，采用释放期较短的控释尿素或配合速效氮肥，可促进水稻中后期氮素吸收，利于穗分化及籽粒结实，显著提高双季稻产量及氮肥利用效率。在东北单季稻上的研究表明[23]，适当延迟蘖肥施用叶龄期（叶龄指数60%左右）、提前穗肥施用叶龄期（叶龄指数80%左右），同时增加穗肥施用比例，既可显著提高氮素积累量、氮素吸收利用率、农学利用率及偏生产力，又能显著提高成穗率和颖花分化数，达到保蘖促花作用，实现优源、扩库、充实目标，从而获得高产。水稻机插侧深施肥推广应用规模不断扩大[24]。侧深施用缓释肥能提高水稻吸氮效率和氮素利用效率，提高群体干物质积累量，实现减氮增产目的[25]。

我国北方麦区氮磷肥用量偏高，具有较大的化肥减施潜力[26]。长江流域冬小麦产区具有较低的产量对施肥响应与较高的土壤养分供应，应因地制宜制定养分优化管理方案。与农民习惯施肥相比，优化施肥处理平均增产0.5吨/公顷，增幅8.8%；氮、磷、钾肥农学利用效率分别提高了41.1%、121.1%和84.6%，偏生产力分别提高了42.4%、23.5%和25.4%[27]。山东农业大学创建的晚茬小麦抗逆稳产节氮技术以密补氮，延播节氮，减少氮肥施用量15%~20%，保持高产，氮素利用率显著提高。

黄淮海夏玉米上的研究表明，在施氮量225千克/公顷时，控释尿素一次性基施深度控制在10~15厘米可显著提高夏玉米氮素吸收积累量，增加氮素利用效率，提高干物质积累量，最终获得较高籽粒产量[28]。控失尿素（纯氮210千克/公顷）一次性施用可显著提高夏玉米产量和氮肥利用效率，氮肥减量20%处理下高、中产田夏玉米产量未显著减产，氮肥利用率显著提升，是高、中产田适宜的氮肥用量；控失尿素常量施用或与常规尿素7∶3配合施用更适宜低产田夏玉米生长[29]。中国农业科学院按玉米产量目标、生长发育进程和水肥需求规律，通过滴灌水肥一体化精准调控，配套导航与单粒精播、机械粒收与秸秆还田、病虫草害绿色防控等关键技术，集成的"玉米密植滴灌精准调控高产技术"入选2022年度中国农业农村十项重大新技术。

2. 作物水分高效利用技术

稻田节水灌溉措施主要包括干湿交替灌溉、中期排水和有氧栽培等[30]。Meta分析结果表明[31]，与持续淹水灌溉相比，轻度节水灌溉显著提高了稻米糙米率（+0.9%）、精米率（+1.5%）和整精米率（+2.3%），对水稻产量、垩白粒率、垩白度、长宽比、直链淀粉、胶稠度和蛋白质含量无显著影响；而重度节水灌溉显著降低了水稻产量（-22.1%）、糙米率（-2.7%）、精米率（-2.7%）和整精米率（-3.6%），同时显著增加了垩白粒率（+28.0%）和垩白度（+46.7%），对长宽比、直链淀粉、胶稠度和蛋白质含量影响不显著。

全膜微垄沟播可有效提高春小麦播种后0~25厘米土层均温和0~40厘米土层贮水量，有效克服寒旱逆境对小麦苗期生长的限制[32]。微喷补灌节水下，拔节期随水追肥均匀供氮明显优于开沟条施局部供氮；微喷补灌水肥一体化优化了土壤硝态氮空间分布，在小麦生育中后期保持较高供氮水平，增加开花后氮素同化量和营养器官向籽粒氮素转运量，实现了产量和水分与氮素利用效率的同步提高[33]。在黄淮冬麦区测墒补灌节水栽培条件下，210千克/公顷施氮量处理提高了小麦旗叶光合能力和成熟期光合同化物在籽粒中的分配，降低了播种至拔节期耗水量，拔节至成熟期阶段耗水量和耗水模系数均较高，获得了最高的籽粒产量和水分利用效率，以及较高的氮肥偏生产力[34]。滴灌是小麦等大田作物上应用较广泛的灌溉技术，研究表明滴灌处理能减少灌溉水的无效损耗量，长时间维持耕层土壤较高水分，提高叶片水势和含水量，利于提高旗叶光合性能，延缓后期衰老，协同提高小麦产量和水分利用效率[35]。新疆采用的小麦滴灌节水栽培技术比漫灌或畦灌省水1350～1650立方米/公顷，增产15%。中国农业大学研究形成冬小麦节水省肥高产栽培技术，节水效果显著，被农业农村部列为农业主推技术。

在东北春玉米上的研究表明，滴灌施肥模式在半干旱区可提高玉米产量、成熟期氮磷钾积累量和水分利用效率，降低土壤氮素表观损失量，在干旱年份效果显著。覆膜滴灌技术在干旱年份优势大于浅埋滴灌，但产投比显著低于浅埋滴灌。成本较低的浅埋滴尿素模式简化了生产环节，且具有一定的增产效果[36]。在传统灌水量60%时，浅埋滴灌下春玉米籽粒灌浆后期淀粉合成相关酶活性强，淀粉活跃积累期延长、积累能力增强，千粒重增加，籽粒产量最高，实现节水增效[37]。在黄土高原典型雨养农业区，地膜覆盖可显著增加玉米产量和水分利用效率[38]。

（四）作物"双减"绿色栽培技术

我国北方麦区小麦生产中的化肥、农药和灌溉水使用量总体偏高，且不同区域间用量存在较大变异，具有较大的减用潜力。汾渭平原灌区的氮、磷肥减施潜力分别为25%、40%，黄土高原旱地的氮、磷肥减施潜力分别为24%、57%，春麦区和绿洲灌区的氮、磷肥减施潜力分别为65%、54%。春麦区、汾渭平原灌区、黄土高原旱地和绿洲灌区的减药潜力分别为40%～70%、54%～83%、40%～65%和50%～83%。汾渭平原灌区和绿洲灌区的节水潜力分别为14%和42%[27]。

固碳减排栽培是作物栽培学研究的新热点。通过选用高产低碳排放品种和节能高效耕种机具，集成早耕早整、控水增氧、增密调氮等耕作栽培技术，创建了高产低碳排放稻作新模式，水稻增产5%，稻田甲烷可减排30%以上[39]。基于自然解决方案的禾豆等间套作模式实现了稳粮增收和固碳减排协同[40]。

（五）作物新型耕作制与秸秆还田技术

四川农业大学构建了玉米大豆带状复合种植资源利用和株型调控理论，研发出"选配良种、扩间增光、缩株保密"核心技术和"减量一体化施肥、化控抗倒、绿色防控"配套技术，玉米产量与净作相当，每亩多收大豆100～150千克，破解了间套作高低位作物不能协调高产与稳产难题；研制出种管收作业机具，创建了"适于机械化作业、作物高产高效和分带轮作"同步融合的技术体系。

秸秆还田显著提高了水稻、玉米、小麦三大粮食作物产量，平均增产率8.06%；在黏土、壤土、砂土三种土壤上，秸秆还田增产率分别为8.13%、9.04%、6.96%；翻耕、免耕是最能发挥秸秆还田增产效应的耕作方式，增产率分别为11.05%、8.98%，且还田年限超过20年时增产效应显著提高（增产率15.42%）[41]。在东北春玉米区的研究表明，秸秆翻耕还田较秸秆旋耕还田具有更好的根系形态和空间分布，秸秆条带还田较全层还田体现出同样的优势和较高的籽粒产量[42]。以秸秆条带还田、缩行密植精播及群体优化调控为核心的条带耕作密植增产增效技术入选农业农村部2022年农业主推技术。

（六）作物逆境生理与抗逆栽培调控技术

中国水稻研究所概述了水稻响应低温的生理生化机制，提出了耐低温水稻品种筛选、外源脱落酸和水杨酸喷施与增施磷钾肥和矿质营养元素等的栽培配套技术[43]。扬州大学在阐明沿海滩涂盐碱地水稻产量形成特点的基础上，提出了以"适水压盐、客土育秧、壮秧浅插、浅水勤灌、足肥多餐"为核心的盐碱地水稻毯苗机插高产栽培技术[44-45]。

花前渍水锻炼可提高花后渍水下小麦旗叶光合能力，促进花前贮藏物质转运和花后光合产物积累，提高籽粒产量；并可降低活性氧类物质含量，提高抗氧化酶活性，增强小麦旗叶抗氧化能力及植株对花后渍水胁迫的抵御能力[46]。干旱胁迫显著增加了过氧化氢酶、叶绿体铜和锌超氧化物歧化酶、线粒体锰超氧化物歧化酶和叶绿体铁超氧化物歧化酶相关基因的转录表达水平，且增加程度与小麦抗旱能力密切相关；外源5-氨基乙酰丙酸预处理能通过对抗氧化物酶基因的转录诱导，进一步降低膜脂过氧化损伤程度，缓解干旱对小麦光合生理的伤害[47]。

我国玉米各产区全生育期及各生育阶段高温度日整体呈升高趋势。北方农作区在玉米生育前期高温度日较高且增幅较大，而南方农作区在玉米生育后期高温度日较高且增幅较大；北方玉米产区应重点关注播种—乳熟期高温对玉米生产的影响，南方玉米产区应重点关注抽穗后高温对玉米生产的影响[48]。山东农业大学阐明了弱光胁迫影响玉米产量形成的生理机制，提出了增施氮肥、去除顶部叶、喷施生长调节剂和叶面肥等栽培措施，缓解弱光胁迫对产量的负面效应[49]。

（七）作物信息化与智慧栽培技术

南京农业大学基于无人机数码影像等监测平台，实现了作物叶面积指数动态等的精准监测[50]。华南农业大学创建了水稻无人农场，具有耕种管收生产环节全覆盖、机库田间转移作业全自动、自动避障异况停车保安全、作物生产过程实时全监控和智能决策精准作业全无人等特点，稻谷产量均高于当地平均产量[51]。北京市农林科学院创制了无人化耕整地、播种、施肥、施药、收获等农机装备，建设了无人农场，实现了耕种管收全程无人化农机作业[52]。

（八）作物优质高产高效栽培模式与区域化集成技术

四川农业大学提出了"减穴稳苗"栽培模式，优化了机插杂交稻群体冠层结构和光分布，增大了群体内部昼夜温差和湿差，提高了群体质量和光合速率，是西南弱光稻区进一步推进机插稻发展的重要技术途径[53]。中国农业科学院提出了以强化"C_4玉米"高光效优势为核心的周年光温资源优化配置途径，创新了冬小麦-夏玉米"双晚"技术模式，构建了冬小麦/春玉米/夏玉米、冬小麦/春玉米/夏玉米/秋玉米和双季玉米等种植模式，实现了周年高产和光温资源高效利用[54]。

二、本学科国内外研究进展比较

（一）国外作物栽培学研究新进展

国外涉农科研院所的作物栽培学研究呈现出：①研究手段先进。利用分子生物学、基因蛋白组学等新技术，从激素、酶学、分子、纳米等微观角度开展作物生长发育、产量和品质形成规律及其生理基础等研究。②研究对象多样化。除水稻、小麦、玉米等栽培基础理论研究较深入外，在马铃薯、大麦等基础研究方面也取得明显进展。③机械化智能化生产水平高。欧美等发达国家实现了机械化、智能化、标准化生产，在成本控制和产量收益方面极具竞争力。日本小型智能化农机装备种类齐全，作物生产实现了智能控制作业。

（二）我国作物栽培学发展问题与不足

1. 基础研究方面

作物栽培学的重要目标是解决作物生产实际问题，迫切需要基础研究领域的突破，以真正为学科高质量发展提供创新性的理论基础支持。然而，现有基础研究支撑作物生产应用的能力不强。例如，随着近年来高温和低温等逆境出现频次和强度增加，其对作物生产的影响得到重点关注，但对于作物耐逆的机制研究尚需加强；"小杂粮"等基础理论研究相对不足。

2. 关键技术方面

在高水平科技自立自强与农业强国建设等新时代背景下，迫切需要加快关键技术创新与集成示范。例如，对高产田产量与品质形成规律的研究较多，但针对不同类型中低产田限制产量与品质提升的关键生理生化过程等研究不足；针对气候变暖导致的极端性灾害天气频发重发问题，未能从深层次明确其对作物生产的致灾机理，防灾减灾抗逆栽培技术集成创新不足等。

3. 研究技术创新方面

高通量作物表型组学技术研发及装备研制相对滞后，精准的作物表型及生长调控模型等缺少，需要发展并综合利用现代组学、基因操作、环境模拟与智能监控、高分辨成像、自动化信息分析等研究新技术，实现田间和人工可控环境下多群体、多尺度、多样本、多性状的实时采集，建立作物表型高通量精准鉴定的现代技术体系，实现我国作物栽培学研究的快速迭代突破。

三、本学科发展趋势及展望

（一）加强作物丰产优质高效协同理论及栽培调控技术研究

研究揭示作物丰产优质高效协同形成规律和机理与集成创新广适性调控栽培技术是作物栽培研究的重中之重。应根据市场与终端用户需求的品质标准，深入揭示作物品质形成生理生态规律，研究气候、土壤、水质和营养元素等对作物品质的影响及其机理，明确丰产优质高效协同形成影响因素的同一性和矛盾性，为作物丰产优质高效栽培提供协调途径；研创本土化丰产优质高效协同栽培技术体系，制定技术规程与标准等。

（二）加强作物减肥降药控污固碳减排栽培关键技术研究

作物绿色栽培是未来作物栽培学发展的基本方向。应创建茬口衔接、品种布局、秸秆还田、耕层加厚等固碳减排轮耕技术与机械播栽、肥水药高效耦合、健康生育等丰产抗逆减排关键栽培技术，提高肥药利用率，实现农田肥药减施及温室气体源头减排；深化研究作物丰产优质高效协同的土壤供肥、作物吸肥规律，创新精简高效施肥模式与技术；创新现代耕作栽培技术，提高作物健壮群体抗逆能力，构建病虫草害现代化监测预警体系，研创精准高效施药技术；构建绿色健康农田生态系统，创建作物生产标准化技术体系。

（三）加强作物机械化智能化栽培技术研究

我国大田作物"无人化"栽培、无人农场建设正加快发展，迫切需要研究数字化感知、智能化决策、精准化作业和智能化管理的农艺、农机、信息融合的关键技术及其整合应用，以期创建适应不同农区、不同作物的"无人化"机械化智能化栽培模式与技术体系。应进一步研究阐明作物"无人化"机械化智能化栽培并能实现绿色丰产优质高效协同生产的有效途径与机制；研制与筛选适合"无人化"机械化智能化栽培系统的智能农机装备与设施设备及种肥药等产品；加快作物绿色丰产优质高效的"栽培－机械－信息"深度融合的引领性栽培技术开发与规模化应用实践进程。

（四）加强作物防灾减灾抗逆丰产栽培技术研究

随着全球气候变化，各种非生物逆境胁迫发生频率增加，对作物高产稳产影响逐年加重，迫切需要结合分子生物学与生物化学等多学科背景，从群体、个体、器官、组织、细胞、基因等不同层次深入阐明作物感知、应答和适应各种非生物逆境的生理机制，揭示不同品种作物抗逆响应与生长发育的协同关系及非生物逆境致灾的共性机制；从种植制度、品种筛选与布局、化学调控、农田培肥与精准施肥等关键耕作栽培技术方面开展深入研究，为实现作物高产稳产提供理论和技术支撑。

（五）加强专用特种作物栽培技术研究

人们对作物生产提出了多样化需求，因此要加大作物专用、特种、多用优质栽培技术研发力度。应加强优质特种功能性食用作物栽培技术研究，如五彩米、香米与功能性的高直链淀粉米、低醇溶蛋白米等研发；加强工业用、饲用作物与彩色水稻、彩色小麦、彩色玉米、彩色油菜、彩色棉花等多用作物栽培技术研究。

（六）加强作物多熟种植模式创新与高效配套栽培技术研究

将多熟种植与现代农业新技术充分结合，并拓展到农田复合系统的生态高效功能开发，形成类型丰富多元的粮经饲复合高产高效种植与农牧结合、农林复合等高效种养技术模式。应构建资源高效利用、生态良性循环、经济合理的轮作休耕、间混套作、种养结合等种植模式与配套机械；充分考虑区域资源承载能力、环境容纳能力对作物布局与种植制度影响，进行作物结构、布局及模式调整优化，提高农田复种指数，提高单位面积耕地产出率。

（七）加强作物栽培与其他学科交叉理论与技术研究

多学科交叉研究有助于作物栽培学内涵和外延拓展、基础研究深化与应用基础研究创新。应更深层次开展作物生长发育、产量品质形成及其生理生化、生态学机制研究；结合作物生产需求新导向，着重研究作物绿色丰产优质高效协同规律和机理；加强研究作物对气候变化和自然灾害频发的响应机制和应对途径；推进现代装备、人工智能、大数据等技术与作物栽培学研究紧密结合、交叉融合，进一步提升作物栽培学整体研究水平。

参考文献

[1] 朱大洲，武宁，张勇，等. 营养导向型作物新品种选育与审定现状、问题与展望[J]. 作物学报，2023，49：1-11.

[2] 卫平洋，裘实，唐健，等. 安徽沿淮地区优质高产常规粳稻品种筛选及特征特性[J]. 作物学报，2020，46：571-585.

[3] ZHU Y, XU D, CHEN X Y, et al. Quality characteristics of semi-glutinous japonica rice cultivated in the middle and lower reaches of the Yangtze River in China[J]. Journal of the Science of Food and Agriculture, 2022, 102(9): 3712-3723.

[4] LIU G D, WANG R Z, LIU S Q, et al. Relationships between starch fine structure and simulated oral processing of cooked *japonica* rice[J]. Frontiers in Nutrition, 2022, 9: 1046061.

[5] 张庆，胡雅杰，郭保卫，等. 太湖地区优良食味高产软米粳稻品种特征研究[J]. 中国水稻科学，2021，35：279-290.

[6] YANG S, ZHU Y, ZHANG R, et al. Mid-stage nitrogen application timing regulates yield formation, quality traits and 2-acetyl-1-pyrroline biosynthesis of fragrant rice[J]. Field Crops Research, 2022, 287: 108667.

[7] 陶钰，姚宇，王坤庭，等. 穗肥氮素用量与结实期遮光复合作用对常规粳稻品质的影响[J]. 作物学报，2022，48：1730-1745.

[8] XU F X, ZHANG L, ZHOU X B, et al. The ratoon rice system with high yield and high efficiency in China: Progress, trend of theory and technology[J]. Field Crops Research, 2021, 272: 108282.

[9] YUAN S, YANG C, YU X, et al. On-farm comparison in grain quality between main and ratoon crops of ratoon rice in Hubei Province, Central China[J]. Journal of the Science of Food and Agriculture, 2022, 102: 7259-7267.

[10] 杨晨，郑常，袁珅，等. 再生稻肥料管理对不同品种产量和品质的影响[J]. 中国水稻科学，2022，36：65-76.

[11] 李博，杨帆，秦琴，等. 播期对再生稻次适宜区杂交籼稻食味品质的影响[J]. 中国农业科学，2022，55：36-50.

[12] ZHENG C, WANG Y C, YUAN S, et al. Effects of skip-row planting on grain yield and quality of mechanized ratoon rice[J]. Field Crops Research, 2022, 285: 108584.

[13] 刘丰，蒋佳丽，周琴，等. 美国软麦籽粒品质变化趋势及对我国弱筋小麦标准达标度分析[J]. 中国农业科学，2022，55：3723-3737.

[14] 赵刚，樊廷录，李兴茂，等. 宽幅播种旱作冬小麦幅间距与基因型对产量和水分利用效率的影响[J]. 中国农业科学，2020，53：2171-2181.

[15] 刘运景，郑飞娜，张秀，等. 宽幅播种对强筋小麦籽粒产量、品质和氮素吸收利用的影响[J]. 作物学报，2022，48：716-725.

[16] 张洪程，胡雅杰，戴其根，等. 中国大田作物栽培学前沿与创新方向探讨[J]. 中国农业科学，2022，55：4373-4382.

[17] 孔令英，赵俊晔，于振文，等. 宽幅播种条件下种植密度对小麦群体结构和光能利用率的影响[J]. 麦类作物学报，2020，40：850-856.

[18] 孔令英，赵俊晔，张振，等. 宽幅播种下基本苗密度对小麦旗叶光合特性及叶片和根系衰老的影响[J].

应用生态学报，2023，34：107-113.

［19］李璐璐，明博，初振东，等. 适宜机械粒收玉米品种的熟期评价指标［J］. 作物学报，2021，47：2199-2207.

［20］王克如，李璐璐，高尚，等. 中国玉米机械粒收质量主要指标分析［J］. 作物学报，2021，47：2440-2449.

［21］彭碧琳，李妹娟，胡香玉，等. 轻简氮肥管理对华南双季稻产量和氮肥利用率的影响［J］. 中国农业科学，2021，54：1424-1438.

［22］田昌，靳拓，周旋，等. 控释尿素对环洞庭湖区双季稻吸氮特征和产量的影响［J］. 作物学报，2021，47：691-700.

［23］王艳，易军，高继平，等. 不同叶龄蘖、穗氮肥组合对粳稻产量及氮素利用的影响［J］. 作物学报，2020，46：102-116.

［24］ZHAO C，HUANG M，QIAN Z H，et al. Effect of side deep placement of nitrogen on yield and nitrogen use efficiency of single season late $japonica$ rice［J］. Journal of Integrative Agriculture，2021，20：1487-1502.

［25］YIN Y H，PENG X Z，GUO S F，et al. How to improve the light-simplified and cleaner production of rice in cold rice areas from the perspective of fertilization［J］. Journal of Cleaner Production，2022，361：131694.

［26］魏蕾，米晓田，孙利谦，等. 我国北方麦区小麦生产的化肥、农药和灌溉水使用现状及其减用潜力［J］. 中国农业科学，2022，55（13）：2584-2597.

［27］黄晓萌，刘晓燕，串丽敏，等. 优化施肥下长江流域冬小麦产量及肥料增产效应［J］. 中国农业科学，2020，53：3541-3552.

［28］丁相鹏，李广浩，张吉旺，等. 控释尿素基施深度对夏玉米产量和氮素利用的影响［J］. 中国农业科学，2020，53：4342-4354.

［29］张倩，韩本高，张博，等. 控失尿素减施及不同配比对夏玉米产量及氮肥效率的影响［J］. 作物学报，2022，48：180-192.

［30］ZHAO X Y，CHEN M T，XIE H，et al. Analysis of irrigation demands of rice：Irrigation decision-making needs to consider future rainfall［J］. Agricultural Water Management，2023，280：108196.

［31］孟轶，翁文安，陈乐，等. 节水灌溉对水稻产量和品质影响的荟萃分析［J］. 中国农业科学，2022，55：2121-2134.

［32］侯慧芝，张绪成，方彦杰，等. 全膜微垄沟播对寒旱区春小麦苗期土壤水热环境及光合作用的影响［J］. 作物学报，2020，46：1398-1407.

［33］王雪，谷淑波，林祥，等. 微喷补灌水肥一体化对冬小麦产量及水分和氮素利用效率的影响［J］. 作物学报，2023，49：784-794.

［34］李传梁，于振文，张娟，等. 测墒补灌条件下施氮量对小麦开花后 ^{13}C 同化物积累量和水氮利用效率的影响［J］. 应用生态学报，2023，34：92-98.

［35］张光岩，李俊良，徐良菊，等. 不同灌溉模式对小麦干物质积累及产量经济效益的影响［J］. 灌溉排水学报，2020，39（7）：31-38.

［36］李前，秦裕波，尹彩侠，等. 滴灌施肥模式对玉米产量、养分吸收及经济效益的影响［J］. 中国农业科学，2022，55：1604-1616.

［37］张家桦，杨恒山，张玉芹，等. 不同滴灌模式对东北春播玉米籽粒淀粉积累及淀粉相关酶活性的影响［J］. 中国农业科学，2022，55：1332-1345.

［38］徐佳星，封涌涛，叶玉莲，等. 地膜覆盖条件下黄土高原玉米产量及水分利用效应分析［J］. 中国农业科学，2020，53：2349-2359.

［39］江瑜，朱相成，钱浩宇，等. 水稻丰产与稻田甲烷减排协同的研究展望［J］. 南京农业大学学报，2022，45：839-847.

[40] ZHANG Y, SUN Z X, WANG E L, et al. Maize/soybean strip intercropping enhances crop yield in rain-fed agriculture under the warming climate: a modeling approach [J]. Agronomy for Sustainable Development, 2022, 42: 115.

[41] 杨竣皓, 骆永丽, 陈金, 等. 秸秆还田对我国主要粮食作物产量效应的整合（Meta）分析 [J]. 中国农业科学, 2020, 53: 4415-4429.

[42] 姜英, 王铮宇, 康宏利, 等. 耕作和秸秆还田方式对东北春玉米吐丝期根系特征及产量的影响 [J]. 中国农业科学, 2020, 53: 3071-3082.

[43] 徐青山, 黄晶, 孙爱军, 等. 低温影响水稻发育机理及调控途径研究进展 [J]. 中国水稻科学, 2022, 36: 118-130.

[44] 韦还和, 张徐彬, 葛佳琳, 等. 盐胁迫对水稻颖花形成及籽粒充实的影响 [J]. 作物学报, 2021, 47: 2471-2480.

[45] 王洋, 张瑞, 刘永昊, 等. 水稻对盐胁迫的响应及耐盐机理研究进展 [J]. 中国水稻科学, 2022, 36: 105-117.

[46] 马博闻, 李庆, 蔡剑, 等. 花前渍水锻炼调控花后小麦耐渍性的生理机制研究 [J]. 作物学报, 2022, 48: 151-164.

[47] 陈新宜, 宋宇航, 张孟寒, 等. 干旱对不同品种小麦幼苗的生理生化胁迫以及外源5-氨基乙酰丙酸的缓解作用 [J]. 作物学报, 2022, 48: 478-487.

[48] 商蒙非, 石晓宇, 赵炯超, 等. 气候变化背景下中国不同区域玉米生育期高温胁迫时空变化特征 [J]. 作物学报, 2023, 49: 167-176.

[49] 孙智超, 张吉旺. 弱光胁迫影响玉米产量形成的生理机制及调控效应 [J]. 作物学报, 2023, 49: 12-33.

[50] 曹中盛, 李艳大, 黄俊宝, 等. 基于无人机数码影像的水稻叶面积指数监测 [J]. 中国水稻科学, 2022, 36: 308-317.

[51] 罗锡文, 廖娟, 胡炼, 等. 我国智能农机的研究进展与无人农场的实践 [J]. 华南农业大学学报, 2021, 42（6）: 8-17.

[52] 尹彦鑫, 孟志军, 赵春江, 等. 大田无人农场关键技术研究现状与展望 [J]. 智慧农业（中英文）, 2022, 4（4）: 1-25.

[53] 陶有凤, 蒲石林, 周伟, 等. 西南弱光地区机插杂交籼稻"减穴稳苗"栽培的群体冠层质量特征 [J]. 中国农业科学, 2021, 54: 4969-4983.

[54] 张金鑫, 葛均筑, 马玮, 等. 华北平原冬小麦-夏玉米种植体系周年水分高效利用研究进展 [J]. 作物学报, 2023, 49: 879-892.

撰稿人：张洪程　戴其根　韦还和　李少昆　高　辉　石　玉　李从锋

作物种子科技发展报告

种子是农业科技的载体,优良品种由于种子出苗率低或晚出苗后不能正常生长都将造成缺苗断垄、减产等问题。随着农村劳动力向城市转移,机械化单粒精量播种和直播技术因能显著节本增效深受农民欢迎,并快速发展。但是此类播种方式需要种子都能健壮出苗而获得田间苗齐苗壮保障优良品种增产潜力发挥。我国很多优良品种忽略了优质种子性状的育种选择,造成我国种业存在两大"卡脖子"难题。一是部分优良品种制种产量低,制种困难,生产成本高,限制了品种推广;二是部分品种在种子性状方面存在遗传缺陷,难以生产优质种子。

种子科技一方面包括影响种子质量的种子出苗活力遗传机理研究,优质种子的亲本扩繁、杂交种生产、高活力的加工、贮藏和能够准确科学预测评价种子质量的检验技术等。另一方面是影响制种产量的籽粒发育、物质积累、粒型、花期、休眠、萌发等的遗传机理研究和花期调控等技术研究。2020—2022年,我国在作物种子活力基因挖掘和优质种子繁育、加工、检验、贮藏等理论和技术方面取得了良好进展,为我国种业竞争力的提升作出了重要贡献。但与发达国家相比,依然存在着较大差距,集中表现在种子技术研发支持不足、拔尖创新人才及团队匮乏等方面。未来迫切需要加快我国种子学科建设和种业人才培养,助力种业健全发展。

一、我国作物种子科技最新研究进展

1. 作物种子科学基础研究不断夯实

2020年以来,我国在作物种子发育及贮藏物质积累方面克隆了大量功能基因。水稻上发现泛素受体蛋白HDR3与GW6a互作调控粒长和粒重[1],TGW3蛋白磷酸化修饰OsIAA10蛋白并调控生长素通路和种子大小[2],细胞色素P450家族基因 *GW10* 编码蛋白和泛素相关 SMG3-DGS1-BRI1 复合物互作调控 BR 途径和种子大小[3]、泛素化蛋白酶 OsUBP15、类己糖激酶 OsHXK3[4]、GW2-WG1-OsbZIP47 模块[5]等调控种子粒型。玉米上发现 SnRK1-ZmRFWD3-Opaque2[6]、Opaque2-GRAS11 途径[7]调控种子大小和胚乳淀粉合成，RUB 类泛素修饰激活酶 ZmECR1[8]、苹果酸脱氢酶 ZmMDH4[9]、RNAPIII 亚基 ZmNRPC2[10]、多个 PPR 蛋白，以及 miR169-ZmNF-YA13 模块等调控种子大小[11]。此外，发现小麦磷酸海藻糖 TaTPP-7A 和生长素响应途径 TaIAA21 蛋白调控种子大小[12]；大豆葡萄糖异构酶 ST1 影响种子厚度和油分合成[13]，赤霉素 3β-羟化酶 GmGA3ox1 调控赤霉素合成和种子生长发育[14]，GmST05 转录调控 *GmSWEET10a* 基因表达并影响种子大小[15]、GmSss1 调控种子百粒重[16]，PG031 调控种皮的渗透性[17]等。

在作物种子休眠与萌发调控种子活力方面，克隆了水稻 bHLH 转录因子 SD6，解析了其与 ICE1 互作共同靶向 ABA 合成基因表达及调控种子休眠的机理，同时发现小麦同源基因 *TaSD6* 调控穗发芽[18]。克隆了水稻 *OsbZIP09*[19]、*OsGLP2-1*[20]、*bHLH57*[21]、*OsWRKY29*[22]、*OsDOG1L-3* 等基因，发现他们通过调节 ABA 代谢或信号传递来调控种子休眠。解析了水稻 *OsIAGLU* 参与生长素和 ABA 信号[23]、OsMFT2 与三个 bZIP 蛋白 OsbZIP23/66/72 互作调控 ABA 信号[24]、OsSAUR33 与糖信号调节因子 OsSnRK1A 互作调控生长素信号[25]、OsCDP3.10 和 OsOMT 调节氨基酸含量[26]等通路介导的种子萌发调控机制。在玉米中发现 MADS26 提高种子萌发速率[27]、水通道蛋白 ZmTIP1/2/3 调控种子出苗[28]、ZmAGA1 促进棉子糖的水解并提高种子萌发速度等[29]。小麦中发现 TaGATA1 转录调控 *TaABI5* 基因表达，进而影响种子休眠[30]。大豆中发现糖基转移酶 GmUGT73F4[31]、铜伴侣蛋白 GmATX1、苯丙氨酸解氨酶 GmPAL2.1、基质金属蛋白酶 Gm1-MMP 及其互作蛋白 GmMT-II、钙依赖蛋白激酶 GmCDPK SK5 及其互作蛋白 GmFAD2-1B、钙调蛋白 GmCaM1 及其互作蛋白 GmLEA4[32]等参与调控种子活力[29]。油菜上，开发低温萌发耐受性评价方法，全基因关联分析挖掘了多个种子耐盐和耐低温萌发的遗传位点和候选基因[33]。

在作物种子耐贮藏和劣变方面，利用全基因组关联分析，明确了水稻转录因子 bZIP23 通过激活 *PER1A* 基因表达来影响 ABA 信号并调控种子贮藏性的机理[34]。利用突变体克隆技术获得玉米 ZmDREB2A 转录因子，发现它通过调控生长素降解基因 *GH3.2* 和棉子糖合成酶基因 *ZmRAFS* 的表达来平衡种子耐贮性和萌发速率[35]。多组学分析发现大豆抗氧化修复能力、能量代谢、贮藏蛋白含量等与种子耐贮藏性密切相关[36]。

总之，我国在过去几年的作物种子科技基础研究领域取得了可喜进步，克隆了多个控制种子发育、休眠、萌发和劣变的重要基因并解析了其中的调控网络。但鉴于种子性状的复杂性，被成功克隆的基因和揭示的调控网络依然非常有限，有待进一步加强研究。

2. 作物种子高质高产生产基础理论研究进展突出

玉米单向杂交不亲和性（unilateral cross-incompatibility，UCI）是一种合子前生殖隔离现象，可用于无隔离种子生产。玉米 UCI 现象由单位点控制，包含紧密连锁的花粉决定因子和花丝决定因子基因，其中花丝决定因子阻碍花粉为之授粉，而花粉决定因子能够突破花丝因子的阻碍。过去几年，我国科学家连续克隆了 *Ga1* 位点的花粉决定因子基因[37]、*Ga2* 位点[38]的花粉和花丝决定因子基因以及 *Tcb1* 位点[39]的花粉决定因子基因，并解析了它们介导的 UCI 的生理和分子机制。将 *Ga2* 位点导入"郑单958"的双亲，获得了改良型"郑单958"，大面积示范种植证明改良可有效避免其他玉米花粉的污染，生产出高纯度种子，为玉米无隔离制种提供新思路[38]。十字花科芸薹属植物具有自交不亲和特性，我国科学家发现大白菜自交不亲和反应由柱头通过 SRK 受体识别，进而抑制下游 FERONIA 受体激酶信号，降低柱头活性氧含量并抑制自花授粉[40]；而甘蓝等远缘花粉则能通过 SRK 受体激活下游 FERONIA 信号，升高活性氧含量并促进远缘杂交[41]。

针对杂交水稻制种过程中受精结实率低、不育系易包颈、种子穗发芽风险大等问题，我国科学家发现灌浆速率慢但周期长的品系有利于积累淀粉并提高种子活力[42]；开发了化控调节剂，阐明不同化控调节剂抑制穗萌并提高种子活力的机制；发现轻度土壤落干能有效缓解高温胁迫下水稻光温敏核不育系开颖及雌蕊受精障碍，微调 *EUI1* 基因能显著增加穗颈节细胞长度，降低包颈率和提高异交结实率[43]；探索了种子生产过程中氮肥和化控调控小麦种子活力的机理[44]。

我国科学家利用基因编辑技术定点删除了玉米内源 *Ms26* 基因的重要功能域，同时共转化了与 SPT 系统中类似或相同的 3 个基因（*Ms26*、*ZmAA1* 和 *DsRed*），获得雄性不育系和保持系，为未来玉米三系不育杂交种种子生产奠定基础[45]。通过"一系法"生产杂交种是降低制种成本、提高杂种优势应用范围的有效途径，我国科学家将杂交水稻中 3 个减数分裂关键基因（*REC8*、*PAIR1* 及 *OSD1*）和参与受精的 *MTL* 基因进行编辑，实现了 F_1 杂交水稻的杂种优势固定和无性繁殖杂交种生产，具有重要的应用潜力[46]。

3. 作物种子高活力生产技术研究取得突破

我国在高活力作物种子生产技术领域取得可喜进展。中国农业大学开展了不同熟期玉米品种的活力最高的最佳收获期研究，发现早熟品种的理想收获期早于晚熟品种，所有品种理想收获期的种子含水量为 35% 左右，乳线处于种子 1/2 至 2/3 位置，通过制种企业对多个品种的示范应用，比传统收获时间提早 7~15 天，种子质量稳定在 93% 以上[47]。山东农业大学研发了一种新型种子脱水剂，适时适量处理能显著降低种子成熟时的含水量，且对种子质量和产量没有影响。针对杂交水稻种子活力较差的现状，湖南农业大学揭示了稻穗群体种子活力差异的时空变化规律，建立了增加早授粉强势粒比率、强化晚授粉弱势粒灌浆以提高杂交种子活力的途径与技术。创新集成了以"一养二早三适"为核心的杂交水稻高活力种子生产技术体系，在金健种业、湖南金色农华等杂交水稻种子公司的多个制种基地进行制种示范与推广应用[48]。

机械化制种是未来种业发展的必然趋势，湖南农业大学等单位利用水稻小粒型不育系，对父母本混播混收，然后根据粒厚差异进行机械分离，集成"小粒种，大粒稻"的杂交水稻机械混播制种体系，实现全程机械化制种[49]。通过对甘蓝型油菜种子不同收获期的表型及活力变化趋势研究，发现在盛花期后 59～62 天种子活力最高，建立机械采收适宜的田间成熟度指标及烘干参数，制定了湖南省农业技术规程，在湖南隆平高科生产基地推广应用[50]。

4. 作物种子加工和处理技术得到快速发展

针对生产中分选工艺及参数调试存在的流程繁杂、耗时长且严重依赖于人为经验的问题，中国农业大学开发了"种子清选精选工艺流程人机交互模拟系统"，该系统不受种子量、时间和操作人员的影响，可灵活调整分选组合或建模算法，通过数据对比，科学地展现分选效果并筛选最适分选工艺[51]。

种子增值处理技术是种子收获至播种前的一系列提升种子质量技术，主要通过改变种子活力或生理状态来改善种子播种、发芽和幼苗生长。近年来种子引发和包衣技术发展迅速。发现采用植物生长调节剂、秸秆源烟水、锌铁螯合物及纳米颗粒等进行种子引发，能显著提高种子活力和生活力、促进幼苗生长、提高植株的养分利用率及抗逆性，并最终提升作物产量和品质[52-53]。包衣方面，在传统的包膜、薄层丸化、丸化等技术基础上，开发团聚式丸化和挤出式丸化新技术。其中团聚式丸化能够克服土壤板结层对种子萌发的限制，挤出式丸化技术则主要针对量大粒小、活力较低且难以发芽的种子。进一步将活性炭的保护能力与挤出式丸化技术相结合，得到具有"除草剂保护荚"功能的丸化种子，有望在生态修复中发挥潜在作用。此外，包衣功能逐渐向"智能化"发展，利用具有智能温控功效的种衣剂可以实现抗寒剂的智能释放，从而实现包衣种子的精准抗逆、促进幼苗生长的效果。将具有系统活性的化合物装载入智能包衣材料中，可实现防伪与抗逆的双重效果。

5. 作物种子检验技术逐渐完善

种子检验是农业生产上鉴定、监测和控制种子质量的重要手段。自 1995 年我国颁布《农作物种子检验规程》（GB/T 3543—1995）以来，检验内容一直是发芽率、含水量、净度和纯度四项指标。随着农业现代化发展，国内开始注重与田间出苗关系更为密切的种子活力的检测，2020 年中国农业大学研发了《玉米种子活力测定 冷浸发芽法》，被颁布为我国第一个作物种子活力测定的农业行业标准[54]。随后团体标准《玉米高活力种子质量标准》[55]《小麦种子活力测定 加速老化法》[56]《玉米种子耐贮性测定 人工加速老化发芽法》[57]，地方标准《水稻种子活力测定方法》[58]等被相继颁布，完善了我国作物种子质控的评价方法。

在种子质量快速检测方面，中国农业大学团队基于 GC-IMS 技术构建了 AS-PCC-VIP-PLS-R 模型，能准确预测自然贮藏种子的劣变过程和活力变化过程[59]；开发了 AIseed 智能种子检测系统，实现了多种质量指标的智能化一键检测[60]；建立了 Phenoseed 种子表型提取系统，实现种子纯度的快速检测[61]。山东农业大学开发了苯酚染色法田间快速测定小麦品种纯度的检测新技术[62]。浙江农林大学团队建立了基于高光谱成像和机器学习判别水稻自然老化种子活力的技术体系。南京农业大学建立基于环介导恒温扩增（LAMP）技术的水稻种子中稻瘟病菌、白叶枯菌和稻曲菌的快速可视化检测方法[63]。浙江大学基于高光谱成像和机器学习的技术，开发了可进行穗腐病感染、霉变侵害等指标的种子无损检测。

6. 我国作物种子产业组织蓬勃发展

当前国际上存在四大类种子产业组织，一是品种权保护组织，如国际植物新品种保护联盟（UPOV）；二是种子贸易组织，如国际种子贸易联盟（ISF）及其会员国的种子贸易协会；三是种子质量检验组织，如国际种子检验协会（ISTA），负责国际间的种子贸易质量纠纷；四是种子生产组织，如北美的种子生产认证组织（AOSCA）和欧盟的种子生产认证组织（OECD）。

我国种子行业拥有历史悠久的产业组织，如1991年成立的中国种子协会；也有影响力广泛的行业联盟，如中国种业知识产权联盟、中国玉米产业技术创新战略联盟、水稻绿色增产增效协同创新联盟、国家棉花产业联盟等；以及具地方特色的区域性联盟，如中国农垦种业联盟、广州种业联盟等。近年来，为适应种业强劲发展带来的行业咨询、行业自律、行业交流、技术提升、资源共享等多方面的需求，新兴种业行业联盟不断成立和发展。其中，海南自贸港南繁种业检验检测联盟是响应国家发展战略于2022年由崖州湾种子实验室、中国热带农业科学院、三亚中国农业大学研究院等19家单位发起成立。2022年，隆平高科发起成立杂交水稻创新攻关联盟，旨在进一步加快水稻关键技术攻关，协同攻克、创制及培育一批突破性关键技术、种质资源及重大品种。2022年，张掖市甘州区牵头成立玉米制种产业联盟，引导联盟成员全链条参与玉米育种、亲本繁殖、杂交制种、种子加工等环节。2021年，由南京国家农高区牵头组织成立长三角种业发展联盟。此外，不少早期成立的联盟在最近几年举行了一系列的发展变革举措，如2017年成立的杂交水稻机械化制种产业技术创新战略联盟，2020—2022年其影响力得到了显著提升，成员单位发展到130余家。与国际种子产业组织相比，我国产业组织还未能与种业的现代化国际化发展相匹配，缺乏以种业产业化发展密切相关的统一技术规范、统一标准的产业组织。

二、种子科技国内外发展比较

我国作为世界第二大种子需求国，种业市场规模超千亿元人民币，近年来在种业创新、品种创新、企业发展等方面取得了长足发展，种业发展形势良好，注重育种和品种的管理。但种业作为一个产业链，我国在种业后端的品种优质种子生产、加工、检验、贮藏等方面创新严重不足，在质量标准方面与国际种业存在巨大差距，国际种子质量标准大部分为出苗率95%，而我国目前只有玉米单粒播种子新标准93%的发芽率要求，其他基本都是 85% 的发芽率标准。中国农业大学研究发现种子田间出苗率低于 90%，部分品种减产，低于 85% 时大部分品种严重减产。

当前国际作物种子基础理论研究不断取得突破，解析了水稻种子活力和老化、小麦种子休眠、大麦种子休眠和萌发等的调控机制。我国紧跟国际前沿、稳步提升水平，尤其在水稻种子休眠、萌发、活力、老化等分子调控机制研究方面，达到国际领先水平。玉米种子发育、小麦种子蛋白品质改良、大豆种子大小和品质调控等方面也取得丰硕成果，接近国际领先水平。但在玉米、小麦等作物种子的萌发、活力、衰老方面的突破性进展依然有待加强。

近年来国际优质种子的生产、加工、处理、检验等技术研究取得长足进展，开发了基于基因沉默和基因编辑技术的水稻杂交种子生产技术，研发了超声波、纳米引发、微生物引发等种子处理技术，探索了生物技术、信息技术、表型组学技术等在种子检测中的应用。我国的作物优质种子生产、加工、检验等技术研究水平也得到稳步提升，尤其在水稻和玉米杂交种子生产技术研究方面，建立杂交水稻无融合生殖体系，研发出玉米"一步法"创制核不育系及其保持系的技术，这些技术处于国际领先水平，为第三代作物杂交育种技术提供了高效的技术方案。此外，在种子引发技术、无损检测技术方面也有一定进展，但在技术原始创新和应用技术研究方面，依然存在较大差距。这些因素成为制约我国种业全面发展的瓶颈问题。

三、种子科技发展趋势与对策

实现种业振兴，必须同时重视种业作为一个产业组织所需要的产业化技术基础研究以及相应的标准、规范等研究。当前面对农业机械化生产对种子质量提升的迫切需求，快速突破优质种子的高产高效生产对保障我国粮食生产的用种安全意义重大。

1. 加强种子产业化密切相关种子性状的生物学与遗传学基础理论研究，尽快推进我国种业产业全链条创新

围绕影响种子生产产量与质量的各个环节，研究种子的特征特性与生命活动规律的前沿基础理论，为优质高产种子生产提供重要理论支撑。重点突破领域涉及耐低温、耐深播、耐盐碱等种子萌发关键基因挖掘及分子机理解析，种子抗老化及耐贮性状的遗传调控机制研究，种子休眠与萌发的分子调控网络构建等。2020 年国家自然科学基金委员会取消了"作物种子学领域"申请代码，极大地影响了我国科研人员开展种子科学研究的积极性，严重制约了种子学科的健康快速发展，建议尽快恢复，以便更好地吸引人才加入我国种业科技创新领域、激发青年科技工作者开展种子科学基础理论研究的热情，为实现我国种业全面振兴贡献力量。

2. 重视种子技术研究，促进我国种子质量的全面提升

种子作为育种成果与栽培技术实施的重要载体，围绕种子的质量控制以及种子交易的关键环节，种子生产、加工、贮藏、检验等方面的技术规程、标准、先进方法缺乏的难题，充分运用现代分子技术、大数据、人工智能等先进技术，重点开展：①开展高质量亲本种子生产技术攻关，研发并推广高效、实用的亲本种子活力提升技术和纯度保持技术；②利用大数据技术，精准判断父母本花期，开发简便实用的花期调节技术，保证父母本花期相遇、提高制种结实率和去杂效率；③研发种子安全贮藏技术，开发安全贮藏专家系统和配套设备，保障贮藏种子的活力；④借助现代生物技术、传感技术、光谱、质谱等技术手段，研发高通量、快速、精准、自动化的种子检验技术和装备，实现对活力、纯度、健康等质量性状的快速检测；⑤建立标准化、专业化、集约化的检验技术平台、信息系统和质量管理体系，全面提升种子检验效率。

参考文献

[1] GAO Q, ZHANG N, WANG W, et al. The ubiquitin–interacting motif–type ubiquitin receptor HDR3 interacts with and stabilizes the histone acetyltransferase GW6a to control the grain size in rice [J]. Plant Cell, 2021, 33: 3331–3347.

[2] MA M, SHEN S Y, BAI C, et al. Control of grain size in rice by TGW3 phosphorylation of OsIAA10 through potentiation of OsIAA10–OsARF4–mediated auxin signaling [J]. Cell Reports, 2023, 42: 112187.

[3] LI J, ZHANG B, DUAN P, et al. An endoplasmic reticulum–associated degradation–related E2–E3 enzyme pair controls grain size and weight through the brassinosteroid signaling pathway in rice [J]. Plant Cell, 2023, 35: 1076–1091.

[4] YUN P, LI Y, WU B, et al. *OsHXK3* encodes a hexokinase–like protein that positively regulates grain size in rice [J]. Theoretical and Applied Genetics, 2022, 135: 3417–3431.

[5] HAO J, WANG D, WU Y, et al. The *GW2-WG1-OsbZIP47* pathway controls grain size and weight in rice [J]. Molecular Plant, 2021, 14: 1266–1280.

[6] LI C, QI W, LIANG Z, et al. A *SnRK1-ZmRFWD3-Opaque2* signaling axis regulates diurnal nitrogen accumulation in maize seeds [J]. Plant Cell, 2020, 32: 2823–2841.

[7] LI Y, MA S, ZHAO Q, et al. ZmGRAS11, transactivated by Opaque2, positively regulates kernel size in maize [J]. Journal of Integrative Plant Biology, 2021, 63: 2031–2037.

[8] CHEN Q, ZHANG J, WANG J, et al. *Small kernel 501*（*smk501*）encodes the RUBylation activating enzyme E1 subunit ECR1（E1 C-TERMINAL RELATED 1）and is essential for multiple aspects of cellular events during kernel development in maize [J]. New Phytologist, 2021, 230: 2337–2354.

[9] CHEN Y, FU Z, ZHANG H, et al. Cytosolic malate dehydrogenase 4 modulates cellular energetics and storage reserve accumulation in maize endosperm [J]. Plant Biotechnology Journal, 2020, 18: 2420–2435.

[10] ZHAO H, QIN Y, XIAO Z, et al. Loss of Function of an RNA Polymerase III Subunit Leads to Impaired Maize

Kernel Development [J]. Plant Physiology, 2020, 184: 359-373.

[11] LUAN M, XU M, LU Y, et al. Expression of zma-miR169 miRNAs and their target ZmNF-YA genes in response to abiotic stress in maize leaves [J]. Gene, 2015, 25: 178-185.

[12] LIU H, SI X, WANG Z, et al. TaTPP-7A positively feedback regulates grain filling and wheat grain yield through T6P-SnRK1 signaling pathway and sugar-ABA interaction [J]. Plant Biotechnology Journal, 2023, 21: 1159-1175.

[13] LI J, ZHANG Y, MA R, et al. Identification of *ST1* reveals a selection involving hitchhiking of seed morphology and oil content during soybean domestication [J]. Plant Biotechnology Journal, 2022, 20: 1110-1121.

[14] HU D, LI X, YANG Z, et al. Downregulation of a gibberellin 3β-hydroxylase enhances photosynthesis and increases seed yield in soybean [J]. New Phytologist, 2022, 235: 502-517.

[15] DUAN Z, ZHANG M, ZHANG Z, et al. Natural allelic variation of GmST05 controlling seed size and quality in soybean [J]. Plant Biotechnology Journal, 2022, 20(9): 1807-1818.

[16] ZHU W, YANG C, YONG B, et al. An enhancing effect attributed to a nonsynonymous mutation in SOYBEAN SEED SIZE 1, a SPINDLY-like gene, is exploited in soybean domestication and improvement [J]. New Phytologist, 2022, 236: 1375-1392.

[17] WANG F, SUN X, LIU B, et al. A polygalacturonase gene *PG031* regulates seed coat permeability with a pleiotropic effect on seed weight in soybean [J]. Theoretical and Applied Genetics, 2022, 135: 1603-1618.

[18] XU F, TANG J, WANG S, et al. Antagonistic control of seed dormancy in rice by two bHLH transcription factors [J]. Nature Genetics, 2022, 54: 1972-1982.

[19] WANG C, ZHU C, ZHOU Y et al. OsbZIP09, a Unique OsbZIP Transcription Factor of Rice, Promotes Rather Than Suppresses Seed Germination by Attenuating Abscisic Acid Pathway [J]. Rice, 2021, 28: 358-367.

[20] LIU F, ZHANG H, DING L, et al. *REVERSAL OF RDO51*, a homolog of *rice seed dormancy4*, interacts with bHLH57 and controls ABA biosynthesis and seed dormancy in *Arabidopsis* [J]. Plant Cell, 2020, 32: 1933-1948.

[21] WANG H, ZHANG Y, XIAO N et al. Rice GERMIN-LIKE PROTEIN 2-1 functions in seed dormancy under the control of abscisic acid and gibberellic acid signaling pathways [J]. Plant Physiology, 2020, 183: 1157-1170.

[22] WANG Q, LIN Q, WU T, et al. *OsDOG1L-3* regulates seed dormancy through the abscisic acid pathway in rice [J]. Plant Science, 2020, 298: 110570.

[23] HE Y, ZHAO J, YANG B, et al. Indole-3-acetate beta-glucosyltransferase OsIAGLU regulates seed vigour through mediating crosstalk between auxin and abscisic acid in rice [J]. Plant Biotechnology Journal, 2020, 18: 1933-1945.

[24] SONG S, WANG G, WU H, et al. *OsMFT2* is involved in the regulation of ABA signaling-mediated seed germination through interacting with *OsbZIP23/66/72* in rice [J]. Plant Journal, 2020, 103: 532-546.

[25] ZHAO J, LI W, SUN S, et al. The Rice Small Auxin-Up RNA Gene OsSAUR33 Regulates Seed Vigor via Sugar Pathway during Early Seed Germination [J]. International Journal of Molecular Science, 2021, 22: 1562.

[26] PENG L, SUN S, YANG B, et al. Genome-wide association study reveals that the cupin domain protein OsCDP3.10 regulates seed vigour in rice [J]. Plant Biotechnology Journal. 2022, 20: 485-498.

[27] MA L, WANG C, HU Y, et al. GWAS and transcriptome analysis reveal *MADS26* involved in seed germination ability in maize [J]. Theoretical and Applied Genetics, 2022, 135: 1717-1730.

[28] SU Y, LIU Z, SUN J, et al. Genome-wide identification of maize aquaporin and functional analysis during seed germination and seedling establishment [J]. Frontiers in Plant Science. 2022, 13: 831916.

[29] ZHANG Y, LI D, DIRK L M A, et al. *ZmAGA1* hydrolyzes RFOs late during the lag phase of seed germination, shifting sugar metabolism toward seed germination over seed aging tolerance [J]. Journal of Agricultural and Food

Chemistry, 2021, 69: 11606-11615.

[30] WEI X, LI Y, ZHU X, et al. The GATA transcription factor TaGATA1 recruits demethylase TaELF6-A1 and enhances seed dormancy in wheat by directly regulating TaABI5 [J]. Journal of Integrative Plant Biology, 2023, 65: 1262-1276.

[31] HU H, QIAN P, YE M, et al. GmUGT73F4 plays important roles in enhancing seed vitality and tolerance to abiotic stresses in transgenic Arabidopsis [J]. Plant Cell, Tissue and Organ Culture, 2022, 150: 313-328.

[32] SHEN Y, WEI J, ZHOU Y, et al. Soybean late embryogenesis abundant protein GmLEA4 interacts with GmCaM1, enhancing seed vigor in transgenic *Arabidopsis* under high temperature and humidity stress [J]. Plant Growth Regulation, 2023, 99: 583-595.

[33] LUO T, ZHANG Y, ZHANG C, et al. Genome-wide association mapping unravels the genetic control of seed vigor under low-temperature conditions in rapeseed (*Brassica napus* L.) [J]. Plants (Basel), 2021, 10: 426.

[34] WANG W, XU D, SUI Y, et al. A multiomic study uncovers a *bZIP23-PER1A*-mediated detoxification pathway to enhance seed vigor in rice [J]. Proceedings of the National Academy of Sciences, 2022, 119: e2026355119.

[35] HAN Q, CHEN K, YAN D, et al. *ZmDREB2A* regulates *ZmGH3.2* and *ZmRAFS*, shifting metabolism towards seed aging tolerance over seedling growth [J]. Plant Journal, 2020, 104: 268-282.

[36] WEI J, ZHAO H, LIU X, et al. Physiological and biochemical characteristics of two soybean cultivars with different seed vigor during seed physiological maturity [J]. Current Proteomics, 2021, 18: 71-80.

[37] ZHANG Z, ZHANG B, CHEN Z, et al. A *PECTIN METHYLESTERASE* gene at the maize *Ga1* locus confers male function in unilateral cross-incompatibility [J]. Nature Communications, 2018, 9: 3678.

[38] CHEN Z, ZHANG Z, ZHANG H, et al. A pair of non-Mendelian genes at the *Ga2* locus confer unilateral cross-incompatibility in maize [J]. Nature Communications, 2022, 13: 1993.

[39] ZHANG Z, LI K, ZHANG T, et al. A pollen expressed *PME* gene at *Tcb1* locus confers maize unilateral cross-incompatibility [J]. Plant Biotechnology Journal, 2023, 21: 454-456.

[40] ZHANG L, HUANG J, SU S, et al. FERONIA receptor kinase-regulated reactive oxygen species mediate self-incompatibility in *Brassica rapa* [J]. Current Biology, 2021, 31: 3004-3016.

[41] HUANG J, YANG L, YANG L, et al. Stigma receptors control intraspecies and interspecies barriers in Brassicaceae [J]. Nature, 2023, 614: 303-308.

[42] WANG X, ZHENG H, Tang Q, et al. Seed filling under different temperatures improves the seed vigor of hybrid rice (Oryza sativa L.) via starch accumulation and structure [J]. Scientific Reports, 2020, 10: 563.

[43] WANG Y, TANG S, GUO N, et al. Base editing of EUI1 improves the elongation of the uppermost internode in two-line male sterile rice lines [J]. Agriculture, 2023, 13: 693.

[44] WEN D, XU H, HE M, et al. Proteomic analysis of wheat seeds produced under different nitrogen levels before and after germination [J]. Food Chemistry, 2021, 340: 127937.

[45] QI X, ZHANG C, ZHU J, et al. Genome editing enables next-generation hybrid seed production technology [J]. Molecular Plant, 2020, 13: 1262-1269.

[46] WANG C, LIU Q, SHEN Y, et al. Clonal seeds from hybrid rice by simultaneous genome engineering of meiosis and fertilization genes [J]. Nature Biotechnology, 2019, 37: 283-286.

[47] HAN D, HU H, YANG J, et al. The ideal harvest time for seed production in maize (*Zea mays* L.) varieties of different maturity groups [J]. Journal of the Science of Food and Agriculture, 2022, 102: 5867-5874.

[48] 唐启源, 邓化冰, 赵光武, 等. 杂交水稻高活力种子生产技术及应用 [Z]. 湖南省科技进步奖二等奖, 2021.

[49] 唐文帮, 陈晓军, 张桂莲, 等. 杂交水稻机械化制种现状与技术突破 [J]. 中国稻米, 2022, 28 (5): 20-27.

[50] 张海清, 贺记外, 田志海, 等. 油菜种子机械收获与烘干技术规程: HNNY 296—2021 [S].
[51] MA J, YANG L, SUN Q. Adaptive robust learning framework for twin support vector machine classification [J]. Knowledge-Based Systems, 2021, 211: 106536.
[52] EL-BADRI A M, BATOO M, WANG C, et al. Selenium and zinc oxide nanoparticles modulate the molecular and morpho-physiological processes during seed germination of Brassica napus under salt stress [J]. Ecotoxicology and Environmental Safety, 2021, 225: 112695.
[53] KHAN M N, Li Y, KHAN Z, et al. Nanoceria seed priming enhanced salt tolerance in rapeseed through modulating ROS homeostasis and α-amylase activities [J]. Journal of Nanobiotechnology, 2021, 19: 276.
[54] 中华人民共和国农业行业标准. 玉米种子活力测定 冷浸发芽法: NY/T 3766—2020 [S].
[55] 中国种子协会团体标准. 玉米高活力种子质量标准: T/CNSA 2—2022 [S].
[56] 中国种子协会团体标准. 加速老化法测定小麦种子活力技术规程: T/CNSA 1—2022 [S].
[57] 中国作物学会团体标准. 玉米种子耐贮性测定 人工加速老化发芽法: T/CROPSSC 003—2023 [S].
[58] 浙江省地方标准. 水稻种子活力测定方法: DB33/T 2462—2022 [S].
[59] ZHANG T, CHARFEDINNE A, FISK I D, et al. Evaluation of volatile metabolites as potential markers to predict naturally-aged seed vigour by coupling rapid analytical profiling techniques with chemometrics [J]. Food Chemistry, 2022, 367: 130760.
[60] TU K, WU W, CHENG Y, et al. AIseed: An automated image analysis software for high-throughput phenotyping and quality non-destructive testing of individual plant seeds [J]. Computers and Electronics in Agriculture, 2023, 207: 107740.
[61] TU K, WEN S, CHENG Y, et al. A model for genuineness detection in genetically and phenotypically similar maize variety seeds based on hyperspectral imaging and machine learning [J]. Plant Methods, 2022, 18 (1): 81.
[62] ZENG Z, GUO C, YAN X, et al. QTL mapping and KASP marker development for seed vigor related traits in common wheat [J]. Frontiers in Plant Science, 2022, 13: 994973.
[63] WANG W, YIN H, HUANG N, et al. A simple and visible detection method for the rapid diagnosis of Ustilaginoidea virens in rice seeds by a loop-mediated isothermal amplification assay [J]. Journal of Phytopathology, 2021, 169: 369-375.

撰稿人: 王建华 张春庆 张红生 胡 晋 唐启源 顾日良 李 岩
赵光武 王州飞 鲍永美 关亚静 李 莉 杜雪梅

水稻科技发展报告

2020年以来，我国水稻科技取得了显著的发展，并遥遥领先于国外研究。水稻育种技术、方法及育种新材料创制等方面取得了新进展，创新了多项育种新理论和方法，发明了一批新的育种技术，培育了大量突破性的水稻新品种；耕作栽培方面在无人化数智栽培、优质丰产绿色栽培、可持续多熟制种植、再生稻机械化栽培、稻田生态综合种养以及稻田低碳减排栽培都有了可喜的进展；水稻分子生物学研究持续稳步发展，特别在水稻泛基因组学、氮高效利用、异源多倍体水稻、高产优质以及耐热抗病逆境生物学方面取得了突破性进展。"水稻遗传资源的创制和保护"成果获国家科技进步奖一等奖，"超高产专用早籼稻品种中嘉早17等的选育与应用""长江中下游优质中籼稻品种培育与应用"两项成果获2020年度国家科技进步奖二等奖。多年生水稻育种成果登上《科学》杂志发布的2022年度十大突破榜单。重组布局水稻生物育种全国重点实验室、杂交水稻全国重点实验室等水稻研究重大科研平台。水稻种业头部企业集中度提高，产学研合作已经由传统的"科研院校育种研发+企业营销"模式向"领军企业主导下，科研院校支持企业商业化育种"的方向转变。水稻学科发展和应用服务支撑和保障了我国水稻单产和总产水平处于历史高位，总产水平连年稳定超过2亿吨，其中2021年达到创纪录的2.128亿吨，确保了我国稻米口粮绝对安全，实现了由"吃饱"到"吃得好、吃得放心"的质的跃升。

一、我国水稻科技最新研究进展

（一）水稻遗传育种研究进展

1. 水稻种质基因组及品种演化规律研究

水稻丰富的遗传在驯化和现代水稻育种中都发挥着重要的作用。随着现代测序技术的发展，多样性高质量的基因组为系统地研究重复序列、重复基因、结构变异以及品种演化提供了良好的资源，使水稻育种研究进入无缺口参考基因组水平。在水稻品种演化规律研究方面，魏兴华团队系统揭示了已知功能基因在主栽品种选育中的演化规律，发现高产、植株形态优势和抵御生物胁迫的抗性单倍型是籼稻主栽品种能够大面积种植的关键因素，早熟、抵御非生物胁迫的抗性单倍型是粳稻主栽品种大面积种植的关键。韩龙植团队在基因组层面解析了香禾糯的遗传演化规律及基因组印记，通过多学科交叉的方法提出了侗族族源和迁徙的历史情景。

2. 水稻杂种优势机理研究

邓兴旺团队发现两系杂交稻的杂种优势位点在野生稻中便已经存在，它们在驯化过程中受到分化选择，不同的水稻亚群体固定了特异的等位基因，而杂交稻育种过程中，这些位点中存在负向效应的被剔除，具有正向效应的则被固定并得到聚合。袁定阳团队等揭示了三系和两系强优势杂交稻组合具有不同的杂种优势控制基因位点。韩斌团队分析总结了不同类型的雄性不育系及其相应的恢复系之间的交叉模式，揭示了它们与雄性不育系的核基因组的关系。上述研究为发现杂种优势位点提供了新方法，为未来杂交水稻改良提供了新的启示。

3. 水稻育种理论和方法研究

李家洋团队与国内外多家单位合作，通过组装异源四倍体高秆野生稻基因组，创制了世界首例重新设计和快速驯化的四倍体水稻，实现突破，开辟了全新的作物育种方向[1]。贾桂芳团队与合作者发现在水稻中引入人类 RNA 去甲基化酶 FTO，可使温室条件下谷物产量增加三倍以上，开辟了全新的植物育种方向[2]。

4. 水稻智能育种技术研究

黄学辉团队开发了一款智能化的水稻育种导航程序，在水稻新品种快速培育方面应用潜力巨大。谷晓峰团队利用人工智能的方法，系统实现了水稻、玉米等物种中表观修饰位点的预测，为作物功能基因组研究和智能设计育种提供工具和数据支撑。谢为博团队描述了基因变异效应的功能特性和组织特异性，并发现编码区和调控区的大效应基因变异可能会受到不同方向的选择，结果可在 RiceVarMap V2.0（http://ricevarmap.ncpgr.cn）中自由查询。姚文团队构建了可以提供数据检索与下载以及多个在线分析功能的数据库 LIRBase。上述成果成为智能设计育种的有力工具。

5. 基因编辑技术的育种应用研究

基因编辑育种技术与应用方面，高彩霞团队建立了新型、精准、可预测的多核苷酸靶向删除系统 AFIDs[3]。王克剑研究团队进一步将异位表达 *BBM4* 与有丝分裂代替减数分裂策略 MiMe 结合，成功获得了无融合生殖的杂交种子材料，结实率从原来的 3.2% 提高到 82%[4]。各地科学家利用基因编辑技术创制出许多新颖实用材料，如可微调稻米直链淀粉含量的新 *Wx* 等位基因材料，抗除草剂的 ALSS627N 突变植株，高抗稻瘟病的香型温敏不育系，耐逆 *afp1* 突变华占植株，抗双唑草酮和氟草啶两种作用机理除草剂的非转基因水稻材料，穗重和穗数同时增加、株高变高、茎秆粗壮的 IPA1-Pro10 新种质等。

6. 多年生稻育种研究

云南大学胡凤益团队的多年生水稻在前几年的研究基础上，取得了新的进展，至 2022 年，已培育"多年生稻 23""云大 25""云大 107"等 3 个多年生稻品种通过云南审定。以"云大 107"为主，在云南不同县市实施一种两收模式，早稻（第一季）单产最高达 655.6 千克/亩，晚稻（第二季）单产最高达 464.8 千克/亩。2022 年 12 月 16 日，多年生稻研究成果入选《科学》杂志公布的 2022 年度十大科学突破榜单，是当年中国唯一入选也是农业类唯一入选的科学突破。

7. 水稻新品种选育

一是品种审定上，在农业农村部主要农作物品种审定绿色通道政策实施以及商业化育种体系的引领和推动下，近年来水稻审定品种数量较 2020 年前呈现大幅增长。全国水稻科研单位和种业企业三年来育成的 6177 个品种（不育系）通过审定，2020—2022 年分别审定 1936 个、2229 个和 2102 个水稻新品种（不育系），其中 61.4% 以企业为第一单位育成，38.6% 以科研院所为第一单位育成。在通过国家审定的 1688 个品种中，常规籼稻 48 个，常规粳稻 166 个，籼型三系杂交稻 647 个，籼型两系杂交稻 766 个，此外还包括 61 个杂交粳稻（籼粳杂交稻），说明籼型杂交稻在国审品种中继续保持优势地位，粳稻品种在常规稻中占主导。二是品种优质化率不断提高，2020 年、2021 年和 2022 年国审品种中达到国家或行业标准优质 2 级及以上品种优质率分别达 46.0%、54.2% 和 64.2%。水稻品种从单一高产型向优质、高产、专用型转变，水稻品种结构进一步优化。三是在不育系选育方面，据不完全统计，浙江、湖北、福建、江西等省采用审定的方式，其他省市采用专家现场鉴定的方式，2020—2022 年全国共审定（鉴定）了 217 个新不育系，其中两系不育系 106 个，三系不育系 111 个，为未来的杂交水稻新品种培育打下了良好的材料基础。

（二）水稻耕种栽培研究进展

1. 水稻无人化数智栽培

随着数智农业的快速发展，"无人化"是水稻生产未来发展的基本方向。当前，国内已涌现出一大批"无人化"数智稻作新技术。例如，"无人化"飞播技术、耕整地技术、精准机插技术、精准施肥技术、控制灌溉技术等。其中，又以"无人化"飞播技术的发展最为迅猛。此前，我国水稻机械直播主要以有人驾驶的地面机械为平台，开展直播作业，存在作业效率偏低、对耕整地要求高等缺点。"无人化"飞播模式不仅具备作业效率高、工作强度低、使用成本低、智能化程度高的特点，还可以减少复杂地形对播撒作业的干扰。此外，无人机还可以通过更换部件开展撒肥、喷药等作业，可以更加深入地参与水稻栽培管理。张洪程院士团队开展稻麦耕种管收关键环节田间"无人化"作业技术研究，研发出了稻麦绿色丰产"无人化"栽培技术，该套技术以水稻机插整合栽培无人化作业技术、水稻直播与小麦条播整合栽培无人化作业技术为核心，配套无人机飞防高效植保技术、智能远程控制灌溉技术和智能精准无人化收获技术，创建机插和直播两套水稻及精量条播小麦栽培田间"无人化"作业工程技术体系[5]。

2. 水稻优质丰产绿色栽培

近年来，我国因地制宜地通过栽培模式创新与优化，提出了如缓混一次基施技术[6-7]、侧深施肥技术[8-10]、增密减氮栽培技术[11-12]等绿色丰产栽培新模式，缓解了高产与高效、高产与优质、用地与养地之间的矛盾，协调了环境因素与高产、优质、安全之间的相互关系，基本实现了"少打农药、少施化肥、节水耐旱、优质高产"的目标。以"缓混一次基施技术"为例，该项技术可在节约肥料20%~30%的前提下，保证水稻产量，提高氮肥利用率15个百分点以上，减少施肥用工3~4次，提升食味品质6%左右，实现了减肥、节本、绿色、高效。"侧深施肥技术"则可以将养分准确地输送到植株根部，从而减少氨挥发和地表径流带来的氮流失，提高水稻根区供氮能力，使水稻秧苗在前期有足够的养分，促进水稻分蘖早生快发，从而实现水稻绿色高产栽培。"水稻增密减氮技术"可以在减少10%~20%氮肥投入的基础上，保证水稻不减产，并显著提高氮肥利用效率，减少氮肥损耗。

3. 再生稻机械化栽培

近年来，再生稻已在我国南方湖北、浙江、四川、福建、江西、安徽、湖南等15个省（市）种植，年生产面积约为130万公顷。彭少兵教授团队从高产优质再生稻品种筛选、再生稻机械化生产的农机农艺配套技术优化、肥水运筹管理及其优化、再生稻专用机械的研制、再生稻无公害化生产等关键技术开展研究，建立了"机收再生稻丰产高效栽培技术模式"，取得了显著的经济和社会效益[13-14]。唐启源教授团队按照再生稻大面积高产稳产的原则，构建了"机收再生稻'四防一增'高产高效栽培技术体系"，即防再生季抽穗遭遇寒露风，防头季高温危害，防纹枯病、稻飞虱等病虫危害，防倒伏以及增强再生出苗能力，对促进湖南省再生稻产量的稳步提高发挥了重要作用。林文雄教授团队研究提出采用人工收割高留桩栽培再生稻时，选择头季分蘖力较弱、再生季再生力强的重穗型杂交籼稻品种（组合）易获高产；采用机械化收割低留桩栽培再生稻时，选择具强低位芽再生力的杂交籼稻品种或感光性弱的重穗型杂交粳稻品种（组合）、籼粳杂交稻品种（组合）易获高产，同时，提出适时早播、畦栽沟灌、二次烤田、重施促芽肥、适高留桩的人工收割高留桩再生稻栽培技术。

4. 稻田多元多熟制种植

自2020年以来，构建了多元多熟的高效种植模式，形成了"种植层次化、作物搭配多样化、土地利用高效化"的新局面。例如，长江中下游稻区具有温光资源丰富、热量充足、雨量充沛、雨水集中和无霜期长等特点，是我国多熟种植最广泛的区域。近年来，在原有早稻-晚稻、单季稻-小麦、单季稻-油菜、单季稻-绿肥、单季稻-冬闲的基础上，发展了诸如早稻－晚稻－油菜、早稻－晚稻－马铃薯、早稻－鲜食大豆－油菜、早稻－鲜食玉米－马铃薯等多种一年三熟种植新模式，得到了广泛的应用。华南稻区的春烟－水稻－蔬菜、玉米－晚稻－蔬菜、花生－晚稻－马铃薯等经济高效多熟制种植模式，充分实现了集约利用土地、光、热以及劳动力资源。西南稻区则以成都平原为代表，发展出稳粮增效型和稳粮高效型两大类粮油多熟制种植制度。主要模式有水稻－秋冬菜－春菜、水稻－马铃薯、水稻－油菜、水稻－秋菜－小麦、水稻－秋菜－油菜等。

5. 稻田生态综合种养

近年来，我国稻田生态综合种养模式不断创新，把传统的稻田养殖推进到了"以渔促稻、稳粮增效、质量安全、生态环保"的新阶段，推广应用面积也迅速扩大，2021年全国稻田综合种养面积高达265万公顷。稻田生态综合种养技术可以实现水稻生产中有机与无机肥的配施，能有效解决如氮肥施用过多而导致养分利用率降低、养分流失、稻田综合收益低等问题。此外，该技术在一定程度上还能抑制稻田的病虫草害，丰富土壤中细菌群落多样性，提升了土壤微生物活跃度，改善稻田生态系统和农业生态环境，减少温室气体排放。例如，在"稻鱼共作"模式中，鱼排泄物中的氮有75%~85%以铵离子的形态存在，即鱼能够将环境中原本不易被水稻吸收利用的氮形式转变成易于被水稻吸收利用的有效氮形式。

6. 稻田低碳减排稻作

近年来，我国颁布了多项未来农业发展规划，明确提出建立低碳减排农业生产模式。遴选高产低排放水稻品种，可有效减少稻田 CH_4 排放，这些品种往往具备收获指数高、穗大粒重、茎秆输氧能力强、根系发达等生物学特征。施用缓控释化肥、添加脲酶/硝化抑制剂的稳定性肥料、侧深施肥可减少稻田 CH_4 排放13%~43%，协同减少 N_2O 排放和 NH_3 的挥发，提高肥料利用效率，在等养分投入条件下可提高水稻产量10%~28%。

（三）水稻分子生物学研究进展

1. 水稻泛基因组学

传统基因组学研究是基于一个参考基因组来获取一个物种的基因信息，但是不能同时体现一个物种中不同品种或种群之间的遗传变异情况。三代测序技术出现后，掀起了泛基因组（又称图形基因组）研究。李仕贵等利用PacBio长片段测序和Illumina测序，获得了31份水稻品种的长片段序列数据，开发了栽培稻泛基因组[15]。黄学辉团队提出了一个水稻数量性状核苷酸（QTN）的综合图谱，其等位基因频率变化与群体遗传的驯化、局部适应和杂种优势有关；开发了一个用于QTN聚合和育种路线优化的基因组导航系统RiceNavi，在日益增长的基因组知识和不同的水稻改良需求之间架起了一座桥梁[16]。商连光等通过地理分布来源、基因型和表型变异精心选择了具有高度代表性的251份栽培稻和野生稻，测序和构建了目前植物中群体规模最大的、基因组充分注释的、稻属超级泛基因组，将极大地促进水稻功能基因挖掘和水稻种质资源利用[17]。

2. 水稻氮高效利用

提高作物氮素利用效率以兼顾降低施肥和提高产量水平至关重要。储成才研究组利用全基因组关联分析技术鉴定到一个氮高效基因 *OsTCP19*，其启动子区域 29 bp 的 Indel 是决定不同水稻品种在低氮水平调控分蘖数的自然变异[18]。傅向东研究组发现含 APETALA2 结构域的转录因子 NGR5 表达受氮肥的诱导，通过 PRC2-H3K27me3 表观表达调控和 DELLA-NGR5-GID1 模块，调控分蘖、氮素利用和产量[19]。周文彬研究组从碳-氮协同调控作物产量出发，鉴定到一个重要转录因子 OsDREB1C，可同时提高水稻光合作用效率、氮素利用效率和产量[20]。此外，Ghd7-ARE1、GRF4-MYB61、OsNLP4-OsNiR 模块的揭示也极大丰富了水稻潜在的氮素利用机理。上述氮信号调控网络关键组分的挖掘与解析为现代水稻氮高效遗传改良提供持续性的助力，从而实现综合性氮素利用下的"减肥增效"。

3. 水稻逆境生物学

在水稻新型广谱抗病方面，何祖华研究组揭示了钙离子新感受子 ROD1 精细调控水稻免疫、平衡抗病性与生殖生长和产量性状的分子机制；通过降解活性氧分子（ROS）抑制植物的防卫反应；之后又揭示了一条广谱免疫代谢调控网络（PICI1-蛋氨酸-乙烯），既参与水稻的基础抗病性（PTI）又调控 NLR 介导的专化型抗病性（ETI）机制。还有研究揭示了一种维管束抗白叶枯病的特异免疫机制；揭示了水稻与种子内生菌响应病原菌胁迫的共进化规律，有利于新型微生物组"绿色农药"研发；从杂交水稻优质恢复系中发现一个多病害抗性、稳产新基因 *UMP1R2115*，揭示了一条解除植物免疫抑制的广谱抗病通路；揭示了水稻抗稻瘟病的新机制，即病原体入侵时，SH3P2 通过与 AvrPib 相互作用使 Pib 从 SH3P2-Pib 中解离出来发挥抗性功能，而正常情况下，Pib 与 SH3P2 结合保持静止状态。

在水稻温度抗性方面，林鸿宣团队继成功定位克隆了水稻首例抗热 QTL 位点 *TT1* 后，又克隆了水稻抗热 QTL 位点 *TT2*、*TT3*；*TT2* 编码一个 G 蛋白 γ 亚基，并且负向调控耐热性，揭示了一条联合 G 蛋白、钙信号、蜡质代谢等分子层面的水稻耐热调控新途径；*TT3* 是两个拮抗的基因 *TT3.1* 和 *TT3.2* 组成的遗传模块，能将热信号从质膜传递到叶绿体途径，为培育高耐热作物提供了策略。还有研究发现编码 β-酮脂酰载体蛋白还原酶的 HTS1 参与调控脂肪酸生物合成和热胁迫响应来赋予水稻耐热性；tRNA 硫醇化途径中的水稻关键基因 *SLG1* 具有抗高温功能；水稻转录因子 OsWRKY53 负调控花药赤霉酸含量，解除 OsSLR1 对 OsUDT1/OsTDR 的抑制，调控育性和孕穗期耐冷性；钙离子通道蛋白 OsCNGC9 调控低温胁迫诱导的胞外钙离子内流、胞内钙离子浓度上升和低温胁迫相关的基因表达。

在水稻耐盐耐旱方面，谢旗等联合十家机构从高粱克隆了耐碱基因 *AT1*，这是水稻 *GS3* 的同源基因，调控水通道蛋白的磷酸化，将活性氧物质泵到细胞外，降低过氧化氢应激，使作物耐盐碱，在 pH 值为 9.17 的盐碱地，敲除 *AT1* 同源基因 *GS3* 的水稻能增产约 22.4%[21]。研究还发现了 OsTb2 与 OsTb1 互作消除了 *OsTb1* 对 OsMADS57-D14 通路的抑制，调控分蘖数，扩展了自然选择和人工选择下适应旱地种植的水稻分枝进化的理论；揭示了 RST1-OsAS1 分子模块通过调控氮素利用效率来提高耐盐性和产量的分子机制；发现 *OsPRR73* 通过结合 *OsHKT2;1* 的启动子抑制其表达，特异性地正向调控水稻盐胁迫的响应；以及 AGO2 能够通过激活 *BG3* 来优化水稻体内细胞分裂素的空间分布，从而对高盐胁迫做出响应。

4. 水稻其他重要功能基因和分子机制挖掘

严建兵团队联合李建生和杨小红团队利用玉米和水稻同源基因 *OsKRN2*，编码 WD40 蛋白，与 DUF1644 互作，负调节籽粒数。基因敲除的水稻增产 8%，揭示了作物之间的趋同选择的程度可以大大改善育种计划。有研究从强休眠水稻品种 Kasalath 中克隆了控制种子休眠基因 *SD6*，负调控种子休眠性；发现有助于同时实现水稻耐镉富硒的硫酸盐 / 硒酸盐吸收和同化的负调控因子 OsCADT1；揭示了唾液鞘蛋白 LsSP1 与水稻免疫相关的半胱氨酸蛋白酶 PLCP 互作，抑制植物防御的作用，促进灰飞虱取食的新机制；挖掘到 13-LOX 基因 *OsRCI-1* 参与虫害诱导的茉莉酸合成，在水稻的生长发育和抗虫害中发挥平衡作用；在粳型杂草稻中克隆了低氧萌发与出苗相关基因 *OsGF14h*，提高直播稻的萌发率与成苗率；揭示了 SPX2 受体感受磷信号分子磷酸肌醇（InsP6）、传递磷信号进而调控水稻磷稳态的分子机制；以及还从一个自然突变的水稻温敏雌性不育材料中，克隆了首个水稻温敏雌性不育基因 *TFS1*（*AGO7*），解析了 miR390-AGO7 模块介导的温敏雌性不育调控的新机制，tfs1 显示出适合杂交水稻制种系统的雌性不育性状，有助于杂交水稻制种全程机械化。万建民团队揭示 OsARF18/RST1 通过直接结合生长素反应元件 AuxRE 或 SuRE 抑制 OsARF2 和 OsSUT1 的表达来调控蔗糖运输，这一现象表明生长素能够参与调控水稻光合产物源库分配和生殖器官发育。此外，OsNAC23-Tre6P-SnRK1a 前馈回路被发现通过感知糖来影响糖分从源到库的运输，从而维持糖稳态，进而协助实现水稻高产。在稻米品质方面，何予卿团队解析的 OsDOF17-WCR1-MT2b 模块有助于减少胚乳活性氧的积累以及延迟胚乳细胞程序性死亡，从而增加稻米贮藏物质的积累和降低垩白率。刘春明团队发现线粒体基因重组和能量供应的正常进程对水稻亚糊粉层细胞的命运起决定性作用，这可能由 TA1/OsmtSSB1 与 RECA3 和 TWINKLE 的相互作用所主导，通过 ta1 突变体的特性利用成功选育出糊粉层厚、营养品质高的紫米新品种（中紫 1 号）。

（四）水稻种业与种子科技发展

1. 水稻种业企业集中化

多年来，全国杂交水稻种子商品化率始终保持 100%，常规水稻种子商品化率在 74.6% 以上，水稻种子市场规模约 200 亿元。2020 年，我国水稻种子市场的头部 5 企业集中度（CR5）已达到31%，远高于种业的12%，其中，隆平高科市场份额为12%，荃银高科与垦丰种业的市场份额分别为8%与6%。13家种业企业入选国家强优势水稻种业阵型企业。随着种业领军企业商业化育种能力的快速提升，我国水稻种业的产学研合作已经由传统的"科研院校育种研发+企业营销"模式向"领军企业主导下，科研院校支持企业商业化育种"的方向转变。我国水稻种子出口量和金额在2020年比2019年增加30.9%和31%的基础上，2021年分别达到2.5万吨和9510.4万美元，比2020年分别增加9.6%和15.0%。

2. 水稻种子活力和成分检测

尉鑫等联合建立水稻个体种子活力光学无损检测的模型，率先研制出水稻种子活力无损检测分选样机，样机分选后的种子发芽率较分选前提高15%以上，成功实现不同活力水稻种子自动分选，助力水稻种子活力分级加工。吴跃进团队在单粒水稻成分分析技术方面获突破，基于前期自研的高通量单粒作物品质NIR检测平台（2~3粒/秒），开发水稻单粒成分模型，实现了在水稻单粒水平上进行品质性状遗传分析和品质育种中多品质性状的高效鉴定与筛选。

3. 杂交水稻种子制种、干燥技术标准

2020年，农业行业标准《杂交水稻机械化制种技术规程》（NY/T 3767—2020）、《杂交水稻种子机械干燥技术规程》（NY/T 3768—2020）颁布，对推进全程机械化制种技术的应用、加快杂交水稻种子生产技术升级和种子质量企业标准体系具有重要意义。

二、水稻科技国内外发展比较

（一）水稻遗传育种国内外研究进展比较

尽管我国在水稻新品种选育等领域不断创新实践，获得了一批具有育种价值的新基因，在部分重要作物杂种优势利用、分子育种等领域的研究达到国际领先水平，但我国种业科技研究原始创新能力与美国等发达国家还有较大差距，在基因编辑、全基因组选择等新兴交叉领域技术创新仍不足，缺乏国际竞争力。一是种质资源精准鉴定评价不足，且绝大部分已克隆的重要农艺性状基因仍停留在实验室使用阶段，育种利用率低，如何从中高效挖掘优异种质和优异基因，并应用于新种质创制，已成为种质资源工作的重点和难点。二是育成品种数量很多，但缺乏具有重大育种应用前景的优异种质和突破性品种，同质化问题较为严重。三是生物育种关键技术特别是在基因编辑、全基因组选择、分子设计和人工智能育种等新兴前沿交叉领域的技术研发与世界发达国家还存在较大差距。四是原始创新能力不足，缺少颠覆性突破的理论，标准化、程序化、信息化、规模化的商业育种体系尚待完善。在品质育种方面，国内往往注重于产量、品质、抗性、适应性"四性"的综合协调，而发达国家更加注重于水稻的理化品质和食味品质。在功能性稻米的研究及其产业

化方面，我国刚起步，而发达国家走在了前面。如日本针对特定疾病人群，开发了低球蛋白米、花粉症减敏稻米、糖尿病改善米、血清胆固醇减缓米、气喘减敏米、阿尔兹海默疫苗米、矿物质强化米、高氨基酸米、高维生素米等。

（二）水稻耕作栽培国内外研究进展比较

近年来，欧美等国在数智农业发展中取得了长足的进步，水稻生产逐步走向了计算机集成自适应生产，如美国在水稻种植过程中泛应用物联网技术，该技术可实时监测并查清水稻生长过程中田地的土壤性状与生产力状况，使用红外成像系统配合卫星鸟瞰和观察农作物的长势情况，配合生物量地图系统及时判断作物是否缺少营养素，获得当下最适合作物生长的肥料配方，从而通过变量施肥技术动态调节耕作过程中的水、肥等生产要素投入量，生产更趋向智慧化、自动化。

国外在控制稻田温室气体排放方面也做了大量的工作。欧盟提出了农业减排行动措施，包括建立生命周期 CH_4 排放核算方法，编制控制 CH_4 排放的最佳做法和可用技术清单，建立农场通用的温室气体排放核算模板和指南，以及通过欧盟共同农业政策促进农业减排技术的推广应用。日本将秸秆堆肥完全腐解后再还田，并大力发展堆肥设备，或者将秸秆作为饲料喂养牲畜过腹后堆肥还田，这些措施均能显著减少秸秆直接还田后导致的 CH_4 大量排放。印度、越南、泰国等亚洲稻米主产国，相继提出通过水稻集约化生产、推广直播稻、旱稻栽培技术来降低 CH_4 排放，并将干湿交替、间歇性灌溉等作为减排技术进行应用示范。

（三）水稻分子生物学国内外研究进展比较

近三年，中国在 *Cell*、*Nature*、*Science* 三大国际顶尖期刊上发表水稻生物学论文 9 篇，而国外只有 2 篇，中国的水稻分子生物学研究已遥遥领先。国外在 BBM1-MiMe 基因编辑无融合生殖克隆杂交水稻种子、利用全基因组序列重建亚洲水稻多环境扩散历史、籼粳亚种间衰老模式调控机制，以及植物激素拮抗调节水稻节间生长与环境适应性的作用机制等方面取得了突破性进展，其较国内较为先进。

（四）水稻种业与种子科技研发国内外进展比较

国内杂交水稻育种技术尤其是三系、两系法杂交稻育种技术领先于国外，杂交稻推广面积大。目前，亚洲、非洲和美洲等地已经有 40 多个国家引种、研究和推广杂交水稻，杂交水稻国外年推广面积超 700 万公顷。

三、水稻科技发展趋势与展望

今后,面对国内外百年未有之变局,保障我国口粮绝对安全仍然是水稻学科发展的重要使命。在"十四五"国家科技重大专项、国家重点研发计划等项目的引领下,水稻相关学科也将不断取得更好的发展。

(一)水稻遗传育种学科发展趋势与展望

今后我国水稻育种的主要方向是培育环境友好型优质、高产新品种。把水稻基因组研究与分子育种结合起来,促进传统育种技术与现代生物技术的完美结合,持续保持我国水稻育种技术的国际领先优势,特别是要加强资源共享与协作攻关。一是针对新时期水稻产业发展战略需求,在精准智能设计育种等原创基础理论,以及基因编辑、全基因组选择、合成生物技术等战略必争领域抢占科技制高点,夯实水稻产业原始创新基础。二是在技术路线上以全基因组选择为主线,完善水稻分子设计育种技术,推动水稻育种逐渐向高效、精准、定向的方向转变。三是在新品种培育上,针对水稻轻简高效、绿色安全、高产耐逆新品种培育的迫切需求,培育具有优质、高产、多抗、广适、耐逆、耐盐碱、短生育期、再生性强、重金属低吸附等特性的绿色、安全、宜轻简化种植的突破性水稻新品种。

(二)水稻耕作栽培学科发展趋势与展望

今后我国水稻耕作栽培学科的发展是更加注重品质、安全与健康。主要方向:一是丰产与优质并重,绿色与高效兼顾,在水稻丰产优质协同规律探索及其调控技术上取得重大突破;二是绿色栽培措施的研究与应用,驱动我国水稻生产由资源消耗型向绿色高效型转变,筛选绿色丰产优质水稻新品种,研发精准高效施肥施药以及减控污染的新理论与新技术,构建稻田绿色生态系统和水稻优质丰产绿色发展新模式;三是以水稻低碳可持续发展为核心,研究稻田固碳减排关键技术,构建水稻低碳绿色栽培新模式与新技术体系;四是全方位研究数字感知、智能决策、精准作业和智慧管理的农艺、农机、信息融合的关键技术及其整合应用,构建水稻耕、种、管、收全过程智能化、无人化栽培模式与技术体系,实现水稻栽培技术里程碑式的更新换代;五是基于冠层结构的光学图像分析、作物非生物胁迫识别和耐逆栽培研究与应用。

(三)水稻分子生物学研究趋势与展望

今后,将会更好发展应用基因组技术和基因编辑技术加快水稻功能基因组研究成果向育种应用转化,并将所有研究成果加快落实为具体的综合应用研究技术。重视发掘新的重要基因以及合理改良优异等位基因,深入解析水稻高产优质基因功能,挖掘高温抗性基因资源、探究植物高温与寒冷信号感知、响应与转导机制，进一步开展包括抗病虫草盐碱等的水稻逆境生物学相关研究，为设计育种提供丰富的元件，探究利用水稻生长－代谢平衡来实现产量－抗性综合优化的分子机理，研究利用先进的基因编辑和无融合生殖特性固定杂种优势方法的实际应用，将会促进育种技术获得前瞻性、革命性、颠覆性突破。

（四）水稻种业发展趋势与展望

水稻种业发展如今面临着创新能力加强、核心竞争力提升、产出优化等挑战。在国家种业振兴政策的密集加持下，将加快打造具有核心研发能力、产业带动能力、综合生产能力、国际竞争能力的航母型水稻领军企业，水稻种业领军企业核心竞争力进一步提升。以现有的水稻种业发展模式为稳定基石，并吸收各个种业先进的发展经验与知识成果，坚持水稻种业芯片式发展，争取磨砺精密、尖端、多元化种业发展技术。在水稻种业发展日趋成熟下，杂交水稻种业也将进一步走向国际市场，提高国外本土化研发实力。

参考文献

［1］ YU H, LIN T, MENG X, et al. A route to de novo domestication of wild allotetraploid rice［J］. Cell, 2021, 184：1156-1170.

［2］ YU Q, LIU S, YU L, et al. RNA demethylation increases the yield and biomass of rice and potato plants in field trials［J］. Nature Biotechnology, 2021, 39：1581-1588.

［3］ WANG S X, ZONG Y, LIN Q P. et al. Precise, predictable multi-nucleotide deletions in rice and wheat using APOBEC-Cas9［J］. Nature Biotechnology, 2020, 38：1460-1465.

［4］ WEI X, LIU C, CHEN X, et al. Synthetic apomixis with normal hybrid rice seed production［J］. Molecular Plant, 2023, 16：489-492.

［5］ 张洪程，胡雅杰，杨建昌，等．中国特色水稻栽培学发展与展望［J］．中国农业科学，2021，54：1301-1321.

［6］ LIU Y D, MA C, LI G H, et al. Lower dose of controlled/slow release fertilizer with higher rice yield and N utilization in paddies：Evidence from a meta-analysis［J］. Field Crops Research, 2023, 294：108879.

［7］ WU Q, WANG Y H, DING Y F, et al. Effects of different types of slow- and controlled-release fertilizers on rice yield［J］. Journal of Integrative Agriculture, 2021, 20：1503-1514.

［8］ 张晨晖，章岩，李国辉，等．侧深施肥下水稻高产形成的根系形态及其生理变化特征［J］．作物学报，2023，49：1039-1051.

［9］ ZHONG X M, PENG J W, KANG X R, et al. Optimizing agronomic traits and increasing economic returns of machine-transplanted rice with side-deep fertilization of double-cropping rice system in southern China［J］. Field Crops Research, 2021, 270：108191.

［10］ ZHONFG X M, ZHOU X, FEI J C, et al. Reducing ammonia volatilization and increasing nitrogen use efficiency in machine-transplanted rice with side-deep fertilization in a double-cropping rice system in Southern China［J］.

Agriculture, Ecosystems and Environment, 2021, 306: 107183.

［11］尹彩侠, 刘志全, 孔丽丽, 等. 减氮增密提高寒地水稻产量与氮素吸收利用［J］. 农业资源与环境学报, 2022, 39: 1124-1132.

［12］CHEN J, ZHU X C, XIE J, et al. Reducing nitrogen application with dense planting increases nitrogen use efficiency by maintaining root growth in a double-rice cropping system［J］. The Crop Journal, 2021, 9: 805-815.

［13］HE A B, JIANG M, NIE L X, et al. Effects of source-sink regulation and nodal position of the main crop on the sprouting of regenerated buds and grain yield of ratoon rice［J］. Journal of Integrative Agriculture, 2021, 20: 1503-1514.

［14］王飞, 黄见良, 彭少兵. 机收再生稻丰产优质高效栽培技术研究进展［J］. 中国稻米, 2021, 27（1）: 1-6.

［15］QIN P, LU H, DU H, et al. Pan-genome analysis of 33 genetically diverse rice accessions reveals hidden genomic variations［J］. Cell, 2021, 184: 3542-3558.

［16］WEI X, QIU J, YONG K, et al. quantitative genomics map of rice provides genetic insights and guides breeding［J］. Nature Genetics, 2021, 53: 243-253.

［17］SHANG L, LI X, HE H, et al. A super pan-genomic landscape of rice［J］. Cell Research, 2022, 32（10）: 878-896.

［18］LIU Y, WANG H, JIANG Z, et al. Author correction: genomic basis of geographical adaptation to soil nitrogen in rice［J］. Nature, 2021, 590: 600-605.

［19］WU K, WANG S, SONG W, et al. Enhanced sustainable green revolution yield via nitrogen-responsive chromatin modulation in rice［J］. Science, 2020, 367: eaaz2046.

［20］WEI S, LI X, LU Z, et al. A transcriptional regulator that boosts grain yields and shortens the growth duration of rice［J］. Science, 2022, 377: abi8455.

［21］ZHANG H, YU F, XIE P, et al. A G γ protein regulates alkaline sensitivity in crops［J］. Science, 2023, 379: eade8416.

撰稿人: 胡培松　曹立勇　褚　光　郭龙彪　庞乾林　占小登　章秀福　王　凯

小麦科技发展报告

小麦是我国主要粮食作物，常年播种面积3.5亿亩左右，约占全国粮食作物种植面积的22%，总产连续8年超过1.3亿吨。从生产形势来看，近年来，小麦播种面积基本稳定，单产和总产呈小幅增加趋势。例如，2022年，我国小麦生产克服了播期推迟、农资价格上涨等不利因素，在播种面积较上年降低74.9万亩的情况下，单产达到390.4千克/亩，增长0.78%，总产1.38亿吨，增长0.57%，实现了增产丰收。同时，针对赤霉病、茎基腐病、纹枯病、叶锈病等常发病害，新品种抗性逐步提高，为我国小麦产业绿色发展提供了重要科技支撑[1]。新时期，我国小麦育种目标将由单一追求高产向高产、优质、高效、绿色、专用等多元化方向转变，通过种业科技创新，为保障国家粮食安全做出重要贡献。

一、我国小麦科技最新研究进展

（一）小麦遗传基础研究进展

利用自主开发的660K高密度与55K中密度小麦SNP芯片，国内多家小麦科研与育种单位完成了近万份小麦种质基因型鉴定，重要功能基因挖掘效率显著提升。结合多年大规模田间表型开展的遗传基础解析，鉴定到调控小麦产量、品质、抗病、抗逆等重要性状的遗传位点1000余个。克隆了一批具有重要育种应用价值的功能基因[2]，如小麦矮秆基因 *Rht8*[3]，小穗数调控基因 *TaCOL-B5*[4]，长颖/长粒基因 *P1*，分蘖调控基因 *TN1*，根系形态调控基因 *TaVSR1-B* 和 *TaMOR*[5]，抗赤霉病基因 *Fhb1* 和 *Fhb7*[6]，抗条锈病基因 *YrAS2388*[7]，隐性抗病毒基因 *TaPDIL5-1*，抗旱基因 *TaNAC071-A*、*TaDTG6-B* 和 *TaSnRK2.10*，品质调控基因 *TaNAC019-BI*[8]，抗病调控基因 *HvbZIP10*[9]，穗型调控基因 *tae-miR172*[10]，影响小麦氮效率的基因 *Ta NRT2.1-6B*[11] 等。抗病鉴定结果表明，利用抗赤霉病关键基因 *Fhb1*，可将小麦赤霉病抗扩展能力提高76%[12]。

（二）小麦种质创制与新品种选育进展

中国农业科学院作物科学研究所历时 30 年成功获得小麦与冰草属间杂种，将冰草携带的多花多实、高千粒重、广谱病基因、株型改良性状、氮素高效利用等优异基因导入小麦，利用小麦－冰草多粒渐渗系创制出多份较对照增产 15.3%～22.8% 以上的新品系。山东农业大学孔令让团队利用远缘杂交将长穗偃麦草抗赤霉病基因 *Fhb7* 转育到小麦中，培育出"山农 48"等小麦新品种，为攻克小麦赤霉病抗性难题奠定了重要的基础。南京农业大学王秀娥团队利用远缘杂交和染色体工程技术，创制出小麦－簇毛麦抗黄花叶病易位系和抗赤霉病小麦－纤毛鹅观草易位系，命名了抗赤霉病新基因 *FhbRc1*。江苏里下河地区农业科学研究所利用分子聚合育种技术，成功选育出高抗赤霉病和白粉病的"双抗"高产小麦新品种"扬麦 33 号"，其赤霉病抗性与"苏麦 3 号"相当，区试产量较对照品种增产 5%～7%。

（三）小麦栽培技术研究进展

我国小麦耕种收综合机械化程度已达 97% 以上，是机械化耕作程度最高主要农作物。农业农村部根据不同地区生态特点，发布了小麦赤霉病综合防控技术、冬小麦节水省肥高产技术、小麦立体匀播机械化栽培、冬小麦精播半精播高产栽培及西北旱地小麦蓄水保墒与监控施肥等主要栽培技术。围绕小麦前茬秸秆处理、耕作整地、播种、田间管理、收获储藏等五大环节的机械化技术及装备取得一系列创新成果。针对前茬作物秸秆粉碎质量不理想、抛撒不均匀和腐解慢等问题，研发出可调节式秸秆粉碎抛撒还田机、秸秆捡拾粉碎掩埋复式还田机等系列农机具，提出了机械化秸秆粉碎与催腐剂喷施相结合加快秸秆腐解的新思路[13]。小麦产业高质量发展需协调解决各环节关键技术难题，各项技术相互配合，实现宽幅作业、自动化智能化控制，绿色节能高效安全和可持续发展是未来小麦全程机械化的主要发展方向[14-15]。

（四）小麦表型鉴定技术研究进展

田间精准表型鉴定是解释基因功能及其与环境互作效应的重要环节。高通量表型鉴定技术有助于解析作物产量生理遗传机制、加速育种选择效率和进程，且可在评估品种适应性表现过程中发挥重要作用。无人机搭载的光学系统作为传统生理性状测定的有力补充，可快速获取作物冠层光谱信息，应用优势突出。在基于高光谱反射率的产量表型性状研究中提出了一种基于冠层高光谱反射率的小麦产量预测框架，通过集成贝叶斯模型平均建模框架能够获得比单一算法显著提高的产量预测精度，为植物育种试验中的谷物产量预测提供了一种替代方法[16]。将遥感与机器学习结合，可用于小麦育种决策制定和作物产量潜在遗传基础解析[17]。在基于 AI 技术的田间小麦群体穗数鉴定识别研究中，构建高质量的麦穗识别数据集，建立单位面积穗数鉴定识别系统，定位到与单位面积穗数相关的QTL位点[18]。

二、小麦科技国内外发展比较

（一）遗传育种学科发展的国内外比较

我国小麦种子商品化率约为76.5%，生产用种的种子质量合格率稳定在98%以上，小麦新品种主要来自涉农教学和科研机构，由企业主导品种推广与种子经营。育种技术方面，欧美等发达国家正在由常规策略大跨步走向"常规育种+生物技术+信息技术+人工智能"的智慧育种模式，例如，美国依据其积累的海量育种数据，可以进行作物性状模拟，每一个育种环节都能够通过大数据驱动辅助育种家筛选材料进行杂交组配，推动育种技术进入4.0时代。我国整体育种模式与之相比仍有差距，但在生物技术和数据模型分析等科学研究方面已跻身世界先进行列。例如，高彩霞[19]团队通过多重"基因剪刀"实现对小麦感病基因MLO的精准操控，可使主栽小麦品种快速获得广谱抗白粉病的优异性状。

（二）品种资源研究的国内外比较

利用种质资源寻求小麦产量突破受到全世界的重视[20-21]，各国及研究机构纷纷启动了小麦种质资源大规模鉴定的基础性研究工作，例如，英国的小麦2020计划、法国BredWheat计划、美国Wheat-CAP计划、国际玉米小麦改良中心（CIMMYT）WYN计划等。这些计划目标都是通过大规模、多年多点的表型鉴定，结合高密度的基因型分析，从小麦及其近缘种属中鉴定优异种质资源，挖掘调控高产、抗病、抗逆等重要性状的功能基因并应用于育种。分析2010年以来全球小麦鉴定评价结果可知，其突出特点是启动种质资源鉴定评价的国家和规模逐年提升，但距育种及生产需求仍有差距。主要表现：一是表型鉴定在鉴定材料数量、性状覆盖度、方法的规范化上缺乏系统性的综合评价；二是基因型鉴定以固相SNP芯片、外显子捕获、GBS测序等技术为主；三是优异性状与综合性状协调表达的遗传基础研究不足。"十四五"期间，我国先后启动了国家重点研发计划和农业农村部项目，高度重视小麦种质资源精准鉴定的基础研究[22]。

（三）栽培技术学科发展的国内外比较

我国作为小麦生产和消费大国，单产居世界先进水平，比美国、加拿大、澳大利亚、俄罗斯等小麦出口大国高70%，但低于英国、法国、德国等单季种植国家[23]。其中，法国小麦产量平均亩产425~465千克，比我国高10%~20%。可见，我国与高产国的小麦单产存在明显差距，产量提升空间巨大。究其原因，一是法国农场的专业化水平高，因地制宜建成了粮食农场、果蔬农场、畜牧农场，充分发掘了各类型耕地的潜力，其全年降雨量700~800毫米，气候温和湿润，热量充足，为小麦的生长提供了优越的条件；二是在栽培技术方面，与发达国家相比，我国农作物在种植、病虫害防治和灾害预警等主要环节的机械化水平仍较低[24]。

（四）表型技术学科发展的国内外比较

目前全球植物表型鉴定设施共有113个，其中，正在建设的9个。69%以上的表型鉴定设施分布在欧洲国家，12%的设施在美国，5%的设施在澳大利亚。当前，美、英、法等主要发达国家都在积极布局，相继出台国家级表型鉴定研究计划，例如：美国国家科学基金会已将"理解生命规律，通过基因型的鉴定来预测表型"作为六大科学前沿之一；法国重视室内外植物环境动态互作分析和生长预测模型；英国精于遥感技术和基于机器学习的计算机视觉、图像分析的表型研究；澳大利亚开发了一系列检测各类田间作物生长表型的技术手段等。我国的表型组鉴定平台分布在教学、科研、企业等不同机构，设备中所用的核心传感器大都依赖进口，这导致我国表型组鉴定平台研发被国外断供核心传感器的风险较大。未来加强田间表型鉴定机械设备研发，特别是行走式个体和群体表型鉴定设备研发，将成为实现表型、基因型和模型设计融合的关键。

三、小麦科技发展趋势与对策

（一）小麦遗传育种发展趋势与对策

小麦遗传育种技术与现代分子遗传学研究同步发展。20世纪30—50年代，美国科学家利用小麦非整倍体进行的基因定位工作、50—60年代英国科学家在小麦统计遗传学方面的工作，以及21世纪发展起来的分子遗传学研究，极大地促进了小麦从"经验育种"向"精准育种"发展。基因测序技术经历了三次大变革，目前已经可以实现规模化小麦种质全基因组进行高通量、高精度测序，并构建DNA指纹图谱、单倍型图谱。截至2023年底，已完成了矮抗58、藏1817等小麦品种的基因组测序与组装，获得了多个高质量参考基因组，同时对多个小麦群体进行了简化基因组测序，初步建立了小麦基因组变异数据库（WheatUnion），为高效发掘小麦优异基因提供了丰富的基因组信息[25]。在此基础上，我国的小麦研究工作者构建了多组学联合分析平台（WheatOmics）和Wheat Gmap、wGRN、Wheat-RegNet等小麦基因发掘和调控网络分析平台，其中，小麦基因定位与基因组研究平台（Wheat Gmap）整合了超过3500份小麦的全基因组、外显子组和转录组数据，兼容四种集群分离分析模型，有助于研究者利用集群分离分析方法定位并克隆小麦复杂性状调控基因[26]。

随着小麦基因组信息的不断扩充以及泛基因组的构建完成，高通量小麦基因资源发掘平台建设将更加完善，通过搭载更多的表型与基因型关联分析模型，将推动小麦基因资源高效发掘和智慧育种策略的优化，整体推进小麦育种理论研究服务育种实践，进一步促进小麦重大新品种的培育，充分发挥小麦高产稳产潜力。

（二）小麦品种资源发展趋势与对策

加强我国收集和保存的地方品种与野生近缘植物鉴定评价、新基因挖掘与创新利用，从源头上解决小麦品种培育遗传基础狭窄的问题，是我国小麦资源研究的重要方向。我国种质资源库中，地方品种保存量占全部保存资源的26%，例如，云南铁壳麦、西藏半野生小麦等地方品种为世界独有，是未来小麦抗条锈病育种和小麦进化研究中的宝贵资源。同时，应重视国外资源引进，实践证明，引入国外品种是加快我国品种选育进程、拓宽国内育种遗传基础的重要途径[27]。我国国家库保存国外资源数量仍显不足，加大引种力度，收集世界各国重要的育成品种资源和不同时期骨干亲本资源成为迫切需要解决的问题，急需从日本引进抗赤霉病、耐湿抗性资源，从美国引进面包烘烤品质的强筋品种资源和抗条锈病、叶锈病、土传花叶病、抗穗发芽等多抗资源，从澳大利亚引进面条加工品质优异的软麦资源和抗茎基腐病、抗穗发芽资源，从英国和法国引进超高产资源，从伊朗引进耐热资源，以解决我国小麦育种中可利用亲本资源稀缺的问题。

在技术创新支撑下，利用远缘杂交与染色体工程技术创制小麦新种质的周期越来越短。随着现代生物技术的不断发展，各类新型、定向、高效的变异创制和聚合技术，开始广泛用于种质创新，有助于提高小麦种质创新的效率，已经成为作物种质创新的重要方向。基于转基因和CRISPR/Cas9的小麦基因编辑技术日趋成熟，利用外源基因导入和基因编辑技术定向创制优异种质资源，将是小麦资源研究的一项重要工作内容。"从头驯化"和"再驯化"成为农业科技创新领域的研究热点，前者的优势在于可以直接利用已经适应种植环境的、处于半驯化状态的野生或半野生物种，"从头驯化"可通过传统人为选择、基因编辑等技术，创制之前未有的、新的作物。随着高效、精准和定向种质创新技术的不断成熟和规模化应用，从头驯化、高效创制新种质将逐渐成为种质创新工作的重要途径。

（三）小麦栽培科技发展趋势与对策

我国小麦生产的主要目标正在从以产量为主转向产量和品质协同提升。我国优质麦进口呈快速增长态势，2020年进口超800万吨，2021年进口972万吨，2022年进口量达到996万吨，且小麦进口价格不断上涨。据不完全统计，近十年，小麦主产区优质强筋小麦品种仅占同期本区域推广品种总数的8%[28-29]。目前，小麦种植应加强"稳定产能、优化结构、降本增效、延链增值、绿色安全"的理念，积极推进更高质量、更有效率、更可持续、更加绿色发展[30]。持续加大科技研发投入，加快优良品种繁育和推广，集成推广优质高产栽培及田间管理技术并推广应用，从根本上提高我国小麦综合生产能力[31]。加强农田水利设施建设，进一步加大农田水利等基础设施投入力度，加快中低产田改造，建设高标准粮田，有效提高盐碱地小麦产能，打好粮食增产的基础。小麦生产过程中，通过采用栽培技术与生物技术、化工技术、信息技术等精确化技术相结合的方式，在选种、播种、施肥、喷药、灌溉、收割等生产环节实现精准化操作，大幅度提高土地资源和水资源的利用效率[32]。

树牢绿色发展理念，搞好健康种植。随着人们生活水平的逐步提高，对小麦等农产品的消费观逐步向"质量型"要求过渡，不仅要"吃饱"而且要"吃好""吃得健康"。小麦作为我国最重要的粮食作物之一，种植过程将趋向科学和安全，合理使用化肥、农药等投入品，结合传统种植技术，运用生态系统工程学方法组织生产，减少对土壤、水体的污染，维护生态平衡，提供安全健康的农产品。

（四）小麦表型技术发展趋势与对策

田间表型鉴定是解释基因功能及其与环境互作效应的关键技术[33]。高通量表型鉴定技术不仅有利于解析作物产量形成的生理遗传机理，加速育种选择效率和进程，而且可在评估品种适应性上发挥重要作用。无人机搭载的光学系统可快速获取冠层光谱信息，动态解析发育特征，是传统生理性状测定的有力补充。表型组研究方面，高通量高精准表型鉴定技术快速发展，相关光谱和自动化行业加快突破，我国应加速人工智能、影像识别等表型组相关技术融合步伐，强化学科建设，加快推动基因型鉴定技术和表型鉴定技术在小麦育种改良中的应用。

参考文献

［1］毛长青. 新时代粮食安全观的理论内涵与实践路径［D］. 长春：吉林大学，2022.
［2］张兴平，钱前，张嘉楠，等. 分子植物育种助推南繁种业转型升级［J］. 中国农业科学，2021，54：3789-3804.
［3］XIONG H C, ZHOU C Y, FU M Y, et al, Cloning and functional characterization of Rht8, a "Green Revolution" replacement gene in wheat［J］. Molecular Plant，2022，15：373-376.
［4］ZHANG X Y, JIA H Y, LI T, et al. TaCol-B5 modifies spike architecture and enhances grain yield in wheat［J］. Science，2022，376：180-183.
［5］王景一，景蕊莲，李龙，等. 小麦孕穗期根深相关基因 TaVSR1-B 及其编码蛋白与应用：CN202010993871.3［P］. 2023-08-02.
［6］姜朋，张旭，吴磊，等. 同时检测小麦抗赤霉病基因 Fhb1 与 Fhb7 的多重 PCR 标记引物组及其应用：202210833713［P］. 2023-08-02.
［7］黄林，胡燕灵，王芳，等. 抗条锈病基因 YrAS2388R 的 KASP 分子标记及引物，试剂盒和应用：

CN202110932690.4［P］. 2023-08-02.

［8］ GAO Y J, AN K X, GUO W W, et al. The endosperm-specific transcription factor TaNAC019 regulates glutenin and starch accumulation and its elite allele improves wheat grain quality［J］. Oxford Academic，2021（3）. DOI：10.1093/plcell/koaa040.

［9］ 苏君, 李欢鹏, 赵淑清, 等. 小麦广谱抗病遗传改良：以大麦系统获得抗性关键转录因子 HvbZIP10 为例［C］// 中国植物病理学会. 植物病理科技创新与绿色防控——中国植物病理学会 2021 年学术年会论文集. 北京：中国农业科学技术出版社, 2021：1. DOI:10.26914/c.cnkihy.2021.064057.

［10］ 刘盼. 小麦穗型发育关键基因 Q 的分子遗传调控机理研究［D］. 北京：中国农业科学院，2019.

［11］ 张新钵. 不同氮效率小麦碳氮代谢关键酶活性与基因表达差异及氮肥响应［D］. 扬州：扬州大学，2023.

［12］ 马正强. 找到抵抗小麦"癌症"关键基因［J］. 农业科技与信息，2020（14）：20.

［13］ 农业农村部关于印发《"十四五"全国种植业发展规划》的通知［J］. 中华人民共和国农业农村部公报，2022（2）：26-43.

［14］ 何进, 李洪文, 陈海涛, 等. 保护性耕作技术与机具研究进展［J］. 农业机械学报，2018, 49（4）：1-19.

［15］ 杨建仓. 我国小麦生产发展及其科技支撑研究［D］. 北京：中国农业科学院，2008.

［16］ FEI S, CHEN Z, LI L, et al. Bayesian model averaging to improve the yield prediction in wheat breeding trials［J］. Agricultural and Forest Meteorology，2023，328：109237.

［17］ FEI S, HASSAN M A, XIAO Y, et al. Application of multi-layer neural network and hyperspectral reflectance in genome-wide association study for grain yield in bread wheat［J］. Field Crops Research，2022，289：108730.

［18］ LI L, HASSAN M A, YANG S. Development of image-based wheat spike counter through a Faster R-CNN algorithm and application for genetic studies［J］. The Crop Journal，2022，10：1303-1313.

［19］ 单奇伟, 高彩霞. 植物基因组编辑及衍生技术最新研究进展［J］. 遗传，2015，37：953-973.

［20］ JULIANA P, POLAND J, HUERTA-ESPINO J, et al. Improving grain yield, stress resilience and quality of bread wheat using large-scale genomics［J］. Nature Genetics，2019，51：1530-1539.

［21］ SANSALONI C, FRANCO J, SANTOS B, et al. Diversity analysis of 80,000 wheat accessions reveals consequences and opportunities of selection footprints［J］. Nature Communications，2020，11：4572.

［22］ 范可昕, 孙坦, 赵瑞雪, 等. 农作物种质资源知识服务平台比较研究与启示［J］. 农业图书情报学报，2023，35（5）：64-73.

［23］ 王一杰, 辛岭, 胡志全, 等. 我国小麦生产、消费和贸易的现状分析［J］. 中国农业资源与区划，2018，39（5）：10.

［24］ 郑怀国, 赵静娟, 秦晓婧, 等. 全球作物种业发展概况及对我国种业发展的战略思考［J］. 中国工程科学，2021，23（4）：11.

［25］ 王文熙, 王梓豪, 李欣桐, 等. 小麦及其祖先种基因组变异大数据在线分析及可视化平台［C］//第十届全国小麦基因组学及分子育种大会. 2023.

［26］ 张婷. 基于 RNA-Seq 的小麦穗部转录组分析及小麦可变剪接图谱分析［D］. 咸阳：西北农林科技大学，2019.

［27］ 郭伟. 高效引进与利用种质资源提高我国农作物育种水平——"本地与引进种质资源高效结合与利用研究"项目成果简介［J］. 科技成果管理与研究，2019（2）：71-72.

［28］ 郑国富. 中国小麦进口贸易发展的格局演进与路径优化［J］. 农业展望，2020，16（1）：5.

［29］ 苏洋. 优质小麦品种短缺成麦业持续发展瓶颈［J］. 北京农业：中旬刊，2011（9）：1.

［30］ 刘为民. 实施创新驱动发展战略推进农业供给侧结构性改革加快培育农业农村发展新动能［J］. 山东经济战略研究，2017（3）：6.

［31］ 高佳佳. 我国小麦生产技术进步路径与规律［D］. 北京：中国农业科学院，2023.

［32］ 曹宏鑫. 农业信息技术在小麦生产中成功应用［J］. 农业知识，2002（16）：1.

[33] SADRAS V O. Effective Phenotyping Applications Require Matching Trait and Platform and More Attention to Theory [J]. Frontiers in plant science，2019，10：1339.

撰稿人： 肖永贵　谢永盾　张锦鹏　刘希伟　李　龙　刘金栋　陈　旭　刘　成　鲍印广　付雪丽

玉米科技发展报告

玉米是我国重要的饲料和粮食作物，同时也是重要的工业原料。2022年，我国玉米的播种面积达到4310万公顷，总产量2.77亿吨，面积和总产量均居农作物首位。近三年来，我国玉米种质资源收集与创新取得显著进展，形成了一批具有自主知识产权的种质材料，丰富了我国玉米种质资源的遗传基础。随着生命科学和信息技术的飞速发展，玉米生物学研究进入一个新的发展时期。通过核心种质资源的规模化测序和高通量组学技术的应用，优良基因资源的挖掘和利用效率得到了显著提高。综合运用遗传学、细胞生物学和分子生物学等技术深入探索性状形成分子机制，取得了重要进展。以全基因组选择、双单倍体技术和分子标记辅助选择为底盘技术的玉米工程育种体系促进了复杂性状的定向改良，提高了育种效率，培育了一批高产、抗逆、适合机械化并适应玉米主产区的突破性品种。进一步探索高产潜力，各地不断创造新的玉米高产纪录。通过密植高产理论和关键技术研究，推动了全国玉米种植密度和单产水平的提升。同时，突出绿色高效的保护性耕作、抗逆稳产等关键技术，提高了玉米农田的综合生产能力。总之，我国玉米科学的进步显著提升了玉米生产的科技水平，促进了玉米产业的发展。

一、我国玉米科技最新研究进展

（一）玉米遗传及分子遗传学研究进展

1. 玉米基因组测序及演变规律

基因组及其演变规律的解析是玉米遗传和育种改良的基础科学问题。近年来，在新一代单分子测序等技术的推动下，玉米基因组学和群体演化等研究有了快速的进展。获得了首个玉米Mo17染色体从端粒到端粒（T2T）的真正意义上的完整基因组[1]。完成了"郑58""京724"等14份玉米核心自交系和一批具有代表性玉米种质的完整基因组组装[2]。

完成了7个玉米野生亚种共计237份材料的基因组测序,构建了玉蜀黍属的遗传变异图谱,揭示其适应性进化的调控机制[3]。同时,完成了350份现代玉米自交系、1604份不同杂种优势群自交系、721份玉蜀黍属多样化种质等群体测序分析,解析了现代玉米耐密的"育种选择指纹"、玉米杂种优势群"和而不同"的形成和演化规律,以及玉蜀黍属种质的基因组特征和驯化规律[4-5]。还建立了玉米的三维互作组分析方法,构建了第一代多组学整合网络图谱,开发了基于生物组学的快速功能基因挖掘方法[6]。

2. 玉米株型及产量建成的遗传调控研究

克隆了控制玉米株高基因 *ZmGA3ox2*,证实 *ZmGA3ox2* 的功能缺失导致矮秆突变,而转录因子 ZmSPL12 能抑制 *ZmGA3ox2* 的表达,降低玉米节间中赤霉素的含量,导致矮化[7]。分离了穗行数 QTL 基因 *KRN4*,揭示了一个非编码区通过染色质互作精确调控花序发育关键基因 *UB3* 的表达及其调控穗行数的分子机制[8]。鉴定并分离了穗长和行粒数基因 *KNR6*、*ZmACO2*、*EAD1* 和 *YIGE1*,探讨了它们在玉米雌穗花序发育、高产育种及杂种优势利用上的应用价值[9-10]。从大刍草中分离了叶夹角关键基因 *UPA1* 和 *UPA2*,揭示了它们通过油菜素内酯信号通路调控叶夹角的分子途径,以及在耐密高产育种中的应用价值[11]。克隆了穗行数基因 *KRN2*,利用基因编辑敲除该基因可提高玉米穗粒数和籽粒产量[12]。克隆了源于大刍草的高蛋白等位基因 *THP9*,将其导入现代玉米能显著改良氮利用率和蛋白质含量[13]。同时,精准编辑花序发育关键基因 *ZmCLE7* 和 *ZmFCP1* 的启动子,获得的弱突变体其穗行数、穗粒数和单穗产量均增加[14]。

3. 玉米籽粒发育的遗传调控研究

利用籽粒灌浆特异转录因子 Opaque2(O2)的启动子筛选到了一个含 B3 结构域的上游转录因子 ZmABI19。在隐性纯合突变体 *zmabi19* 中,O2 基因的 mRNA 和蛋白水平显著下降,导致下游醇溶蛋白基因表达也同步下降[15]。发现 *ZmECR1* 主要影响籽粒发育过程中激素信号转导、细胞周期进程和淀粉积累相关过程,而 *SMK501* 的突变导致胚和胚乳细胞数量减少,籽粒变小[16]。证实 EMB15 蛋白定位于叶绿体,作为核糖体组装因子发挥功能[17]。在籽粒发育过程中,ZmnMAT3 对线粒体复合体 I 的组装至关重要,其功能丧失会导致各种线粒体内含子的剪接效率降低,特别是 *Nad1* 内含子 1、3 和 4 的反式剪接,进而严重损害了线粒体复合体 I 的组装和活性[18]。籽粒扩张蛋白 ZmEXPB15 和两个 NAC 转录因子促进早期籽粒发育过程中珠心组织的降解,进而调控玉米籽粒大小及粒重[19]。玉米在胚乳转移层特异表达的转运体蛋白 ZmSUGCAR1 可以直接介导蔗糖进入胚乳,从而调控籽粒灌浆[20]。

4. 玉米养分高效利用的遗传调控研究

在氮素高效利用方面,挖掘到控制玉米根系构型的两个新基因,并初步解析其功能。利用电感耦合等离子体质谱(ICP-MS),发现氮素能够通过 miR528-LAC3 调控玉米根系凯氏带的形成,进而影响玉米体内离子的平衡[21]。挖掘到玉米氮效率相关性状的关键位点，并筛选出一个氮高效利用的玉米自交系。在玉米磷肥高效利用研究方面，鉴定出玉米叶片中的两个缺磷诱导的甘油磷酸二酯酶基因 *ZmGPX-PDE1* 和 *ZmGPX-PDE5*，二者的转录均受低磷响应转录因子 ZmPHR1 的调控[22]。

5. 玉米响应生物胁迫的遗传调控研究

克隆到玉米粗缩病隐性抗病基因 *ZmGDIα-hel*，由于转座子插入引起的外显子替代，其编码的蛋白不易被病毒蛋白 P7-1 招募，表现出数量抗性[23]。克隆了抗南方锈病基因 *RppM*、*RppC* 和 *RppK*，均编码典型的 NLR 抗病蛋白，并从病原菌 *P. polysora* 中鉴定出了相应的无毒效应子 AvrRppC 和 AvrRppK[24-25]。目前，这两个基因已经应用于玉米抗南方锈病育种。克隆了小斑病主效隐性抗病位点的功能基因 *ZmChSK1*，该基因通过抑制植物基础防御反应调控小斑病抗性。克隆到一个来源于大刍草的基因 *ZmMM1*，该基因编码的转录抑制因子负调控免疫因子 ZmMT3，引发玉米类病斑表型，进而显示出对灰斑病和大斑病等的抗性[26]。

6. 玉米响应非生物胁迫的遗传调控研究

利用全基因组关联分析、突变体库筛选与基因定位等多种手段，在玉米中克隆了大量抗逆相关基因[27-36]。这些基因分别编码转录因子（ZmGLK44、ZmICE1、ZmMYB39、ZmDREB2.7、ZmNAC111、ZmEXPA4 和 ZmDRO1），磷酸激酶（ZmMPK8、ZmPP2C、ZmPP2C-A10、ZmCDPKs 和 ZmCPK28），其他酶类（如 ZmcPGM2、ZmFAB1a、Bx12、ZmPTPN 等），离子转运相关蛋白（ZmHAK4、ZmVPP1 和 ZmNSA1），SOS 通路蛋白（ZmSOS1 和 ZmCBL8），ROS 信号通路相关酶（ZmSRO1d），以及下游木质素合成途径相关酶等。此外，在玉米非编码 RNA 响应非生物胁迫中也取得了一些进展。例如，玉米中 Gypsy 转座元件产生的 siRNA 通过介导下游靶标 mRNA 的切割来平衡植物的耐旱性与产量[37]；miR169q 和 ZmNF-YA8 通过激活过氧化氢酶的表达来增强玉米的耐盐性[38]；miR408 通过靶向 laccase 负调节玉米的耐盐性[39]；自然反义转录本 *cis-NATZ$_{mNAC48}$* 调控其宿主基因 *ZmNAC48* 的表达，从而影响玉米耐旱性[40]；*ZmRtn16* 编码的网状蛋白通过促进液泡 H$^+$-ATP 酶活性促进抗旱[41]。

7. 玉米生物育种关键基因的克隆和应用

玉米单倍体育种技术近年来发展迅速，继单倍体诱导关键基因 *ZmPLA1* 后，又克隆了第二个和第三个关键基因 *ZmDMP* 和 *ZmPLD3*，并深入解析了玉米单倍诱导的遗传和分子机制[42]。这些基因的利用能大幅提升单倍体诱导的能力[42-44]。基于玉米的单倍体诱导基因，先后在水稻、小麦、番茄、油菜、苜蓿、谷子、烟草等物种中获得了同源基因，并建立起成熟的单倍体育种技术体系。克隆了玉米单向杂交不亲和的基因，提出三基因模型解释玉米杂交不亲和的遗传机制[45-46]。在基因编辑研究上，先后开发了 Cas12a、Cas12b 等基因编辑元件，并证明在玉米上具有良好的编辑效率。开发单倍体基因编辑技术 IMGE，为玉米基因编辑和定点改良奠定了重要基础。在转基因技术研究方面，华中农业大学与多家单位合作初步建立了不依赖基因型的高效玉米遗传转化体系;在应用方面,我国目前有5家研发单位获得了玉米转基因安全证书,并在特定生态区开展了规模化种植试验,为转基因玉米在全国推广创造条件。

(二)玉米育种研究进展

1. 种质资源研究进展

为了拓宽我国玉米种质资源,创制了中综群(中国农业科学院作物科学研究所)、辽旅综群(辽宁省农业科学院)、吉综A(吉林省农业科学院)、龙早群(黑龙江省农业科学院)、东农群(东北农业大学)、金群(山西省农业科学院)、"苏兰""墨瑞"群体(贵州省农业科学院)等综合群体。各大主产区基于已有杂优利用模式,以本土核心种质为基础,引入欧美优良种质改良利用的循环选系研究,加快了商业化育种进程。北京市农林科学院利用"高大严"育种体系对具有脱水快、高配合力特点的X群进行优化升级。同时,继续发挥传统优异骨干杂种优势"塘四平头"群的特点,将旅大红骨杂种优势群的基因资源导入,创制出"京2416"等一系列优异黄改系[47]。利用"京24"及其衍生系组配选育出的玉米新品种已超过20个。广西壮族自治区农业科学院玉米研究所利用CIMMYT热带群体ZNC4为基础材料,选育了突破性热带种质自交系ZNC442,利用该自交系组配选育了近20个杂交种[48]。华中农业大学以(S7913×Suwan1)F_2为基础材料选育了高配合力自交系DSQ4,对西南中高海拔区域玉米叶斑病、穗腐病等主要病害均具有突出的抗性[49]。以ZNC442和DSQ4为代表的热带种质资源创新利用是近年来西南地区玉米种质资源研究的最突出案例,为保障西南地区玉米育种进一步发展奠定了重要种质基础。

2. 育种方法与技术研究进展

我国玉米育种围绕全基因组选择、双单倍体和分子标记辅助等选择技术取得新的进展。中国农业大学、华中农业大学、中国农业科学院作物科学研究所、四川农业大学等单位对全基因组选择的理论和方法做了新的改进和优化。中国农业大学、北大荒垦丰种业、黑龙江省农业科学院、吉林省农业科学院等以双单倍体育种技术作为玉米工程化育种体系突破口,突破了单倍体育种技术瓶颈,形成了玉米工程化育种的发展格局,成为当前育种的主要技术手段。

玉米分子标记辅助选择技术也在过去几年中取得了新的突破。吉林省农业科学院利用分子标记辅助育成抗丝黑穗病系列品种,累计推广面积达400万亩;北京市农林科学院以骨干黄改系"京24"为受体材料,基于中国农业大学开发的丝黑穗病、茎腐病和南方锈病分子标记,快速获得了单抗系、双抗系和三抗系。2022年,中国农业大学和华中农业大学合作挖掘出同时控制玉米和水稻产量性状基因 KRN2 和 OsKRN2,玉米 KRN2 敲除系和水稻 OsKRN2 敲除系可分别提高10%的玉米产量和8%的水稻产量,开发的分子标记已应用于玉米穗行数的定向改良[12]。河南农业大学和华中农业大学分别克隆了 RppC 和

RppK 两个南方锈病抗性基因[24-25]，对大面积推广的玉米杂交种"京科968"的亲本进行抗病的分子标记辅助选择，组配出抗南方锈病的改良品种，抗病性显著提高且产量增加11.9%～17.1%。利用机器学习和生物大数据，华中农业大学研发出一套以目标为导向的多性状协同优选技术，可实现整体性状与对照相似基础上，产量增加达8.66%[50]。

3. 新品种选育研究进展

随着品种审定标准的修订以及联合体、绿色通道等品种试验渠道的拓宽，近年来玉米审定品种数量显著增加，2021年国家审定品种数量为919个，2022年国家级审定品种为827个。

随着新种质和新技术的应用，东华北春玉米区以早熟、矮秆、耐密、高抗、脱水快等性状为目标，育成"京农科728""吉单66""龙单90""龙单128"等机收品种通过审定。2020—2022年，"龙单90"年度推广面积超过200万亩。黄淮海夏播玉米区，"中科玉505""NK718""天泰619""MC121"等新品种年推广面积超过200万亩，并逐渐引领该地区的品种更新换代。西南山地丘陵玉米区，由四川农业大学选育的玉米新品种"川单99"是目前西南地区年推广面积最大的玉米单一品种。由华中农业大学选育的"敦玉735"和"敦玉810"，成功解决了西南高海拔山地长期缺乏抗穗腐病、灰斑病和籽粒脱水快中大穗型玉米品种的难题。

北方甜玉米以"万甜537""京科甜608""华耐甜782"等速冻玉米粒加工型新品种表现较优异，种植面积迅速增加。南方鲜穗供应市场的品种主要包括"广良甜27号""粤甜28号"等品种。糯玉米种植面积有所减少，甜加糯品种增加较快。生产上糯玉米品种主要为"万糯2000"和"京科糯2000"。"万黑糯109""京紫糯219"等黑色糯玉米品种受到市场较高的关注度，需求增加明显。甜加糯品种需求增产快，生产上使用的品种包括"天贵糯932""农科糯336""美玉7号"等。

（三）玉米栽培研究进展

1. 高产栽培理论与关键技术研究

如何进一步提升玉米产量，保障粮食安全，实现资源高效利用和环境友好，是当前全球面临的严峻挑战。通过对比分析中国玉米高产突破历程与全球高产研究数据，分析了玉米单产1.0～25.0吨/公顷突破过程中的物质生产及分配特征，玉米花后生育期占全生育期的比例显著增加（40.1%～51.8%），而花前营养物转移率显著下降。收获指数随产量增加显著增加，收获指数在0.52～0.55达到稳定，提升群体生物量是持续增产的关键动力[51]。针对籽粒败育"秃尖"的关键生产问题，解析了开花/授粉时间差对籽粒糖卸载及籽粒间糖分竞争的影响机制，提出果穗不同小花或子房的开花/授粉时间差是诱导果穗选择性败育的诱因[52]。

2. 抗逆生理机制研究

生态联网研究揭示昼夜温差和累积光合有效辐射是区域间玉米产量差异的主导环境因素。平均温度升高，夜间升温特别是昼夜温差缩小与产量下降密切相关。累积光合有效辐射降低也显著影响玉米产量。品种对气候变暖的反应存在显著差异，是应对气候变化影响的重要缓解策略。在升温造成的极端高温干旱胁迫研究方面，玉米的热敏时期为吐丝至吐丝后一周，而玉米雄穗小穗数增加至700小穗/穗以上，可在不同环境下维持70%以上的结实率。干旱胁迫抑制了籽粒糖卸载和外运过程，但同时促进了其内运过程。干旱通过对籽粒同化物供应的调节影响了籽粒糖卸载和运输过程，对于干旱胁迫造成籽粒败育提供了新的思路。在阴雨渍涝胁迫研究方面，夏玉米雌穗对同化物的竞争能力较雄穗弱，进一步加剧了渍涝胁迫对雌穗生长发育的影响，导致雌穗吐丝困难，雌雄间隔延长，阻碍小花受精结实过程，显著降低夏玉米产量。而外源6-BA可促进碳水化合物转运，从而改善雌穗发育，夏玉米耐受涝渍胁迫稳定籽粒产量的关键途径[53]。

3. 保护性耕作技术研究

在耕作理论研究方面，针对黄淮南部砂姜黑土耕层浅薄、犁底层增厚和紧实度增大等关键障碍因子，构建了麦玉两熟高产的适宜耕层指标，解析了深松（耕）调土扩库增容耕层结构改良机理、秸秆还田培肥调温保墒机理及小麦玉米强根壮株延衰促穗重的生理生态机制，提出了"合理耕作深耕层，秸秆还田培地力，生物炭调土壤结构"为核心的耕层调控途径。创新了秋季耕旋交替轮耕和夏季深松分层施肥的关键技术，集成了以2～3年为一个周期的"秋季耕旋交替轮耕，夏季侧位深松分层施肥，秸秆秋埋夏覆"的小麦玉米两熟区土壤耕层保育与质量提升技术模式。创新玉米秸秆机械化直注集中深埋还田技术，将多行玉米秸秆集中深埋还田至20～38厘米，秸秆地面捡拾率可达95%，扰动土壤少，不影响整地和后茬作物播种，同时可以打破犁底层、加厚耕层，实现土壤深层培肥，有效提高下茬作物播种出苗质量，解决秸秆腐解与作物争氮、秸秆还田病虫害发生率高、深层土壤"碳饥饿"等问题，促进玉米秸秆还田实施，实现耕层增厚扩容与深厚肥沃耕层培育和根系调控[54]。

4. 玉米高产高效关键技术研究

面向玉米生产问题，以栽培耕作理论研究为基础，凝练形成了玉米水肥一体化密植高产粒收技术、玉米密植高产低水分籽粒直收技术、玉米地膜替代绿色生产技术、条带耕作密植增产增效技术、玉米品种互补增抗生产技术、测墒精准灌溉技术等全国农业主推技术，在玉米增产增效、抗逆减损等方面发挥了关键作用[55-56]。

二、玉米科技国内外发展比较

（一）玉米遗传及分子遗传学研究进展比较

涉及玉米基因组测序及演变规律研究的数据收集及针对性分析方面我国已领先于国外同行，但在数据挖掘和分析的深度、利用既有数据解析重要科学问题的能力等方面有待加强。我国在玉米株型、籽粒发育和产量形成的遗传基础、关键基因鉴定、优异等位基因挖掘与利用等方面具有明显的优势，且在作用机理和分子调控网络等方面取得了重要进展，处于与国外同行相当的研究水平。但在株型和产量性状形成的干细胞命运决定与分化、组织器官发育与环境互作等基础生物学研究领域与国外研究水平仍有差距。

在玉米抗病研究方面，我国在抗病遗传、基因挖掘、分子机制研究等多个方面取得了重要进展，处于全球领先地位。然而，我国学者对一些新出现的病害，如细菌性病害和虫害的关注度不够高，对于玉米多抗位点的研究也相对较少，且在原创性发现方面也有欠缺。

近年来，我国在玉米抗逆基因挖掘方面成效显著，但在一些领域与国际水平尚有一定的差距。首先，国外研究更注重原创性发现，如植物中氧化三甲胺的发现；其次，目前我们开展的逆境胁迫研究多集中于急性胁迫处理，但对长时间微量变化积累的关注较少；再次，国外相关研究与计算机人工智能结合更紧密，数据分析和模拟模型的精度和效率较高。

我国在单倍体育种技术研发和应用上取得了较多的原创性技术，总体处于领跑地位。在基因编辑研发和应用上，我国也取得了一定的原创性成果，整体与美国等发达国家处于并跑状态。在转基因研究和应用方面，我国起步较晚，与欧美等早在20世纪90年代已经开始了规模化种植相比，我国仍处于跟跑状态。与国外大型生物育种公司相比，我国在基因聚合、多性状协同改良、全基因组选择育种的理论与实践上也存在差距。

（二）玉米育种研究进展比较

欧美国际种业巨头在玉米育种方面代表着全球领先水平。拜尔、科迪华等国际种业公司玉米种质遗传背景清晰，单倍体育种技术、生物育种技术应用已经成熟，转基因玉米品种的种植面积已达到95%以上，全基因组选择育种技术已经在玉米抗病和品质育种中得到应用。我国在单倍体技术应用与跨国公司处于同一水平，单倍体结合分子预测、基因编辑、合成生物、全基因组选择、分子设计和人工智能育种等新兴交叉领域技术研发正处于快速发展阶段。但存在基础研究与育种应用结合不紧密，重大育种利用价值的新基因不多，复杂性状形成的机理解析尚不深入，育种理论方法创新能力偏弱，多维组学数据类型和规模不足，机器学习模型和生物学过程融合不够，核心算法与模型创新缺乏等。隆平高科、大北农、中国农业大学、中国农业科学院等先后研发出了具有自主知识产权的基因，目前处于市场应用前的储备阶段。

欧美玉米品种具有耐密、抗倒、籽粒脱水快、适宜机械化等特点，在我国推广应用的"先玉"和"迪卡"等系列品种引领了我国玉米生产的趋势。目前，我国玉米育种在产品创新方面与发达国家种业企业还存在较大差距，同质化严重、原始创新不足，在抗病虫、抗旱、适宜机械化新品种选育方面有待提高。国内的糯玉米和甜加糯鲜食玉米育种有一定优势。甜玉米方面，美国、泰国等仍然领先于国内，热带"泰系"的商品性优于我国品种，温带加工型及水果型品种的食用品质、加工出籽率等性状优势明显。

（三）玉米栽培研究进展比较

2021年我国玉米平均亩产约为429千克，约为美国玉米平均单产的60%，单产水平仍存在较大差距。因此我国玉米栽培研究长期以来坚持以高产为目标，探索通过栽培管理实现玉米单产快速提升的途径并阐明理论基础。而美国、欧洲、南美等玉米生产先进国家，在较高单产的基础上，更加注重劳动生产效率、化学投入品与资源利用效率等，以追求玉米生产效益的最大化为目标。同时也关注玉米生产对农田及环境的影响，追求发展环境友好的可持续发展农业。

美国自1914年开始，组织全国玉米高产竞赛，2021年创出新的高产纪录为2533千克/亩，然而高产竞赛以农场主自发参与和自身经验为基础，在产量提升过程缺乏栽培理论的深入研究，没有阐明产量持续突破的核心机理问题。我国玉米高产探索在西北高光照资源的灌溉农业区以密植高质量群体构建和调控为核心途径，不断突破高产纪录，至2020年达到亩产1663千克，并连续六年将单产稳定在1500千克以上。在玉米单产突破过程中产生的密植栽培理论和关键生产技术在西北广泛应用，促进了区域生产密度和产量水平的显著提升。近年来，在东北春播玉米区、黄淮海夏播玉米区以及西南玉米区等地示范推广，增产增效和抗逆稳产能力突出，形成了一条具有中国特色的单产提升途径。

由于我国玉米栽培面积广阔加之全球气候变化导致极端气象事件发生的频度和强度不断增加，玉米生产面临的干旱、高温、涝渍等气候逆境问题日益突出。因此，我国在抗逆生理和栽培应对措施等方面的研究更为丰富，许多研究结合作物生理学及分子生物学手段，促进了抗逆栽培生理研究更为深入细致并取得了丰硕成果。

三、玉米科技发展趋势与对策

（一）玉米遗传及分子遗传学发展趋势与对策

整合生物组学的数据和方法，深度解析玉米重要性状形成的遗传基础及演化过程，深度挖掘多组学数据并用于重要性状的预测，强化育种服务能力是未来的重点发展方向。继续深入挖掘株型和产量关键新基因，特别是外源种质中的优异基因，优化和定向创制具有育种价值的优异等位基因，解析性状发育与环境互作的生物学基础，揭示分子调控网络和多性状协同改良的分子机制与耦合效应，为突破性种源创制提供新理论、新基因和新材料。为适应我国玉米全程机械化收获需要，深入系统挖掘调控玉米灌浆和脱水性状的关键基因，快速提升籽粒灌浆速率、后期籽粒脱水速率。发掘氮磷高效利用的基因，选育出养分高效利用玉米新品种，显著提升养分利用效率，减少化肥过量施用带来的不良影响。关注抗病抗逆与产量品质之间的耦合，平衡两者的关系。在单倍体育种、基因编辑和转基因等领域，加速创新仍然是当前提升我国种业研发能力的重要内容，需要加大投入力度。

（二）玉米育种发展趋势与对策

我国玉米生产将向机械化、优质化、绿色化方向发展，需要强化核心种源创制，为培育突破性品种奠定基础。制约玉米生产的主要因素，一是气候变化导致的自然灾害影响；二是区域多发的病虫害影响，包括南方锈病、茎腐病、玉米螟等；三是遗传基础狭窄，缺乏突破性适宜机收品种，难以满足生产需求。因此，强化高产抗逆适宜机械化新种质创制，突破核心种源，打赢种业翻身仗，确保国家粮食安全具有重要意义。凝聚国内优势育种单位和科研力量，加强科企合作，通过将双单倍体、全基因组选择、分子标记辅助定向改良、基因编辑等技术与常规育种技术有机融合，从种质资源创新、突破性自交系创制及适宜机械化玉米新品种选育等方面进行原始创新。

（三）玉米栽培发展趋势与对策

我国耕地资源数量有限的现实约束限制了玉米通过继续扩大面积提升产能的发展途径。消费结构升级带动玉米需求刚性增长，玉米进口总量和国内销售价格不断攀升，使得我国玉米产业发展供需矛盾日益凸显。着力提高我国玉米单产水平，对于稳定粮食产能、确保粮食安全具有重大意义。2023年"中央一号文件"明确提出，实施新一轮千亿斤粮食产能提升行动，实施玉米单产提升工程。建议加强密植高产栽培理论和关键技术研究，通过玉米密植滴灌高产关键技术，提升单产水平、提高水肥利用效率、增加农民种粮收益。针对不同生产区域的气候资源、土壤条件、生产力水平等基础，综合运用集成技术，解决密植群体倒伏、整齐度差和植株早衰等关键生产问题，切实提高种植密度，发挥密植增产效应。

参考文献

[1] CHEN J, WANG Z J, TAN K W, et al. A complete telomere-to-telomere assembly of the maize genome [J]. Nature Genetics, 2023, 55: 1221-1231.

[2] WANG B B, HOU M, SHI J P, et al. De novo genome assembly and analyses of 12 founder inbred lines provide insights into maize heterosis [J]. Nature Genetics, 2023, 55: 312-323.

[3] CHEN L, LUO J Y, JIN M L, et al. Genome sequencing reveals evidence of adaptive variation in the genus Zea [J]. Nature Genetics, 2022, 54: 1736-1745.

[4] LI C H, GUAN H H, JING X, et al. Genomic insights into historical improvement of heterotic groups during modern hybrid maize breeding [J]. Nature Plants, 2022, 8: 750-763.

[5] GUI S T, WEI W J, JIANG C L, et al. A pan-Zea genome map for enhancing maize improvement [J]. Genome Biology, 2022, 23: 178.

[6] HAN L Q, ZHONG W S, QIAN J, et al. A multi-omics integrative network map of maize [J]. Nature Genetics, 2023, 55: 144-153.

[7] ZHAO B B, XU M Y, ZHAO Y P, et al. Overexpression of *ZmSPL12* confers enhanced lodging resistance through transcriptional regulation of D1 in maize [J]. Plant Biotechnology Journal, 2022, 20: 622-624.

[8] DU Y F, LIU L, PENG Y, et al. *UNBRANCHED3* expression and inflorescence development is mediated by *UNBRANCHED2* and the distal enhancer, *KRN4*, in maize [J]. PLoS Genetics, 2020, 16: e1008764.

[9] LUO Y, ZHANG M L, LIU Y, et al. Genetic variation in *YIGE1* contributes to ear length and grain yield in maize [J]. New Phytologist, 2022, 234: 513-526.

[10] PEI Y R, DENG Y N, ZAHNG H R, et al. *EAR APICAL DEGENERATION1* regulates maize ear development by maintaining malate supply for apical inflorescence [J]. Plant Cell, 2022, 34: 2222-2241.

[11] TIAN J G, WANG C L, XIA J L, et al. Teosinte ligule allele narrows plant architecture and enhances high-density maize yields [J]. Science, 2019, 365: 658-664.

[12] CHEN W K, CHEN L, ZHANG X, et al. Convergent selection of a WD40 protein that enhances grain yield in maize and rice [J]. Science, 2022, 375: eabg7985.

[13] HUANG Y C, WANG H H, ZHU Y D, et al. *THP9* enhances seed protein content and nitrogen-use efficiency in maize [J]. Nature, 2022, 612: 292-300.

[14] LIU L, GALLAGHER J, AREVALO E D, et al. Enhancing grain-yield-related traits by CRISPR-Cas9 promoter editing of maize CLE genes [J]. Nature Plants, 2021, 7: 287-294.

[15] YANG T, GUO L X, JI C, et al. The B3 domain-containing transcription factor *ZmABI19* coordinates expression of key factors required for maize seed development and grain filling [J]. Plant Cell, 2021, 33: 104-128.

[16] CHEN Q Q, ZHANG J, WANG J, et al. *Small kernel 501* (*smk501*) encodes the RUBylation activating enzyme E1 subunit ECR1 (E1 C-TERMINAL RELATED 1) and is essential for multiple aspects of cellular events during kernel development in maize [J]. New Phytologist, 2021, 230: 2337-2354.

[17] XU C H, SHEN Y, LI C L, et al. *Emb15* encodes a plastid ribosomal assembly factor essential for embryogenesis in maize [J]. Plant Journal, 2021, 106: 214-227.

[18] CHEN W W, CUI Y, WANG Z Y, et al. Nuclear-Encoded Maturase Protein 3 is required for the splicing

of various group Ⅱ introns in mitochondria during maize (*Zea mays* L.) Seed Development [J]. Plant Cell Physiology, 2021, 62: 293-305.

[19] SUN Q, LI Y F, GONG D M, et al. A NAC-EXPANSIN module enhances maize kernel size by controlling nucellus elimination [J]. Nature Communications, 2022, 13: 5708.

[20] YANG B, WANG J, YU M, et al. The sugar transporter ZmSUGCAR1 of the nitrate transporter 1/peptide transporter family is critical for maize grain filling [J]. Plant Cell, 2022, 34: 4232-4254.

[21] GUO Y, WANG Y F, CHEN H, et al. Nitrogen supply affects ion homeostasis by modifying root Casparian strip formation through the miR528-LAC3 module in maize [J]. Plant Communications, 2023, 4: 100553.

[22] WANG R F, ZHONG Y T, LIU X T, et al. *Cis*-regulation of the amino acid transporter genes *ZmAAP2* and *ZmLHT1* by *ZmPHR1* transcription factors in maize ear under phosphate limitation [J]. Journal of Experimental Botany, 2021, 72: 3846-3863.

[23] LIU Q C, DENG S N, LIU B S, et al. A helitron-induced RabGDIα variant causes quantitative recessive resistance to maize rough dwarf disease [J]. Nature Communications, 2020, 11: 495.

[24] CHEN G S, ZHANG B, DING J Q, et al. Cloning southern corn rust resistant gene *RppK* and its cognate gene *AvrRppK* from Puccinia polysora [J]. Nature Communications, 2022, 13: 4392.

[25] DENG C, LEONARD A, CAHILL J, et al. The RppC-AvrRppC NLR-effector interaction mediates the resistance to southern corn rust in maize [J]. Molecular Plant, 2022, 15: 904-912.

[26] WANG H Z, HOU J B, YE P, et al. A teosinte-derived allele of a MYB transcription repressor confers multiple disease resistance in maize [J]. Molecular Plant, 2021, 14: 1846-1863.

[27] ZHANG F, WU J F, SADE N, et al. Genomic basis underlying the metabolome-mediated drought adaptation of maize [J]. Genome Biology, 2021, 22: 260.

[28] JIANG H F, SHI Y T, LIU J Y, et al. Natural polymorphism of *ZmICE1* contributes to amino acid metabolism that impacts cold tolerance in maize [J]. Nature Plants, 2022, 8: 1176-1190.

[29] LIU S X, LIU X H, ZHANG X M, et al. Co-Expression of *ZmVPP1* with *ZmNAC111* confers robust drought resistance in maize [J]. Genes, 2022, 14: 8.

[30] LIU B X, ZHANG B, YANG Z R, et al. Manipulating *ZmEXPA4* expression ameliorates the drought-induced prolonged anthesis and silking interval in maize [J]. Plant Cell, 2021, 33: 2058-2071.

[31] FENG X J, JIA L, CAI Y T, et al. ABA-inducible DEEPER ROOTING 1 improves adaptation of maize to water deficiency [J]. Plant Biotechnology Journal, 2022, 20: 2077-2088.

[32] ZENG R, LI Z Y, SHI Y T, et al. Natural variation in a type-A response regulator confers maize chilling tolerance [J]. Nature Communications, 2021, 12: 4713.

[33] XIANG Y L, SUN X P, GAO S, et al. Deletion of an endoplasmic reticulum stress response element in a *ZmPP2C-A* gene facilitates drought tolerance of maize seedlings [J]. Molecular Plant, 2017, 10: 456-469.

[34] DU H W, CHEN J J, ZAHN H Y, et al. The roles of CDPKs as a convergence point of different signaling pathways in maize adaptation to abiotic stress [J]. International Journal of Molecular Science, 2023, 24: 2325.

[35] WU X, FENG H, WU D, et al. Using high-throughput multiple optical phenotyping to decipher the genetic architecture of maize drought tolerance [J]. Genome Biology, 2021, 22: 185.

[36] ZHANG H, XIANG Y L, HE N, et al. Enhanced vitamin C production mediated by an ABA-induced PTP-like nucleotidase improves plant drought tolerance in *Arabidopsis* and maize [J]. Molecular Plant, 2020, 13: 760-776.

[37] SUN X P, XIANG Y L, DOU N N, et al. The role of transposon inverted repeats in balancing drought tolerance and yield-related traits in maize [J]. Nature Biotechnology, 2023, 41: 120-127.

[38] XING L J, ZHU M, LUAN M D, et al. miR169q and NUCLEAR FACTOR YA8 enhance salt tolerance by

activating PEROXIDASE1 expression in response to ROS [J]. Plant Physiology, 2022, 188: 608-623.

[39] QIN R D, HU Y M, CHEN H, et al. MicroRNA408 negatively regulates salt tolerance by affecting secondary cell wall development in maize [J]. Plant Physiology, 2023, 192: 1569-1583.

[40] MAO Y, XU J, WANG Q, et al. A natural antisense transcript acts as a negative regulator for the maize drought stress response gene *ZmNAC48* [J]. Journal of Experimental Botany, 2021, 72: 2790-2806.

[41] TIAN T, WANG S H, YANG S P, et al. Genome assembly and genetic dissection of a prominent drought-resistant maize germplasm [J]. Nature Genetics, 2023, 55: 496-506.

[42] JIANG C L, SUN J, LI R, et al. A reactive oxygen species burst causes haploid induction in maize [J]. Molecular Plant, 2022, 15: 943-955.

[43] ZHONG Y, LIU C X, QI X L, et al. Mutation of *ZmDMP* enhances haploid induction in maize [J]. Nature Plants, 2019, 5: 575-580.

[44] LI Y, LIN Z, YUE Y, et al. Loss-of-function alleles of *ZmPLD3* cause haploid induction in maize [J]. Nature Plants, 2021, 7: 1579-1588.

[45] WANG Y B, LI W Q, WANG L X, et al. Three types of genes underlying the Gametophyte factor1 locus cause unilateral cross incompatibility in maize [J]. Nature Communication, 2022, 13: 4498.

[46] CHEN Z B, ZHANG Z G, ZHANG H R, et al. A pair of non-Mendelian genes at the *Ga2* locus confer unilateral cross-incompatibility in maize [J]. Nature Communication, 2022, 13: 1993.

[47] 赵久然,李春辉,宋伟,等. 玉米骨干自交系京2416杂种优势及遗传重组解析[J]. 中国农业科学, 2020, 53: 4527-4536.

[48] 兰海,向勇,李芦江,等. 玉米新品种川单99的选育与推广[J]. 玉米科学, 2023, 31: 25-29.

[49] 余长平,周华平,叶青松,等. 玉米新品种郧单25的选育、综合分析及高产栽培技术[J]. 湖北农业科学, 2023, 62: 6-11.

[50] YANG W Y, GUO T T, LUO J Y, et al. Target-oriented prioritization: targeted selection strategy by integrating organismal and molecular traits through predictive analytics in breeding [J]. Genome Biology, 2022, 23: 80.

[51] LIU G Z, YANG Y S, GUO X X, et al. A global analysis of dry matter accumulation and allocation for maize yield breakthrough from 1.0 to 25.0 Mg ha^{-1} [J]. Resources Conservation and Recycling, 2023, 188: 106656.

[52] SHEN S, MA S, WU L M, et al. Winners take all: competition for carbon resource determines grain fate [J]. Trends Plant Science, 2023, 28: 893-901.

[53] YANG Z R, CAO Y B, SHI Y T, et al. Genetic and molecular exploration of maize environmental stress resilience: Toward sustainable agriculture [J]. Molecular Plant, 2023, 16: 1496-1517.

[54] 李少昆,赵久然,董树亭,等. 中国玉米栽培研究进展与展望[J]. 中国农业科学, 2017, 50: 1941-1959.

[55] 韩波,李坤山,刘立春,等. 玉米高产高效关键技术[J/CD]. 农技推广, 2015.

[56] 刘美洲,杨海龙. 玉米促脱水宜机收绿色高产高效生产关键技术对产量及效益的影响[J/CD]. 基层农技推广, 2023, 11: 7.

撰稿人: 徐明良　黄长玲　李建生　刘晨旭　李　坤　宋伟彬　张祖新　汤继华
　　　　卢艳丽　兰　海　张建国　王海洋　胡建广　李少昆　明　博

油料作物科技发展报告

　　油料是人类三大营养素中植物油脂和蛋白的重要来源，富含天然功能活性物质，对保障国家食物安全和满足人民美好生活向往与健康中国战略意义重大。我国是油料生产、消费和进口大国。2022 年，我国油料生产面积和产量总体呈稳定增长趋势。全国油料作物（含油菜、花生、向日葵、芝麻、胡麻）年均种植面积 1.97 亿亩，总产 3618 万吨，与前四年相比，种植面积基本持平，总产提高 5.6%。油料籽和植物油消费量开始下降，2022 年国内油料消费总量 1.53 亿吨；国内植物油消费总量 3425 万吨，较 2021 年降低 283 万吨，降幅 8.3%。人均消费食用油 26.6 千克，较 2021 年降低 3.5 千克，降幅 11.6%。这表明消费者开始逐步接受健康用油、节约用油的观念，并在餐饮业和家庭用油上得到体现。油料油脂进口量下降、自给率显著提升。2022 年国内进口油料 9610 万吨，较上年度少进口 594 万吨，下降 5.8%；进口食用油 801 万吨，较上年度下降 412 万吨，降幅 33.9%。消费总量下降、国产产能提升加上进口总量减少，推动我国食用植物油自给率从 2021 年的 29.0% 提高到 35.9%，提高了 6.9 个百分点，创近十年新高。然而，我国油料产业仍然存在着油料籽、植物油产能不足，不合理的过量消费，土地资源利用不足等现象。提升我国油料产能的主要思路：一是攻克重要性状遗传机理等科学问题，抢占分子育种技术制高点；二是突破适宜双季稻区和盐碱地等种植的油料作物专用品种，形成系列优势品种和配套高效生产技术集成的绿色高效生产模式，在全国适宜区域推广应用。

一、我国油料作物科技最新研究进展

（一）油料作物种质资源与重要基因挖掘

　　建成了国内唯一、全球最大的油料作物种质资源中期库，以及国家野生花生种质资源圃、多个省级作物种质资源库。安全保存 20 世纪 50 年代以来不同育种年代、不同地域、不同生态类型、不同用途的油菜种质资源 9763 份，为我国油菜产业和种业的发展奠定了坚实的物质基础；国家野生花生种质资源圃收集保存的栽培种资源增加到 10861 份、保存的野生资源增加到 316 份，成为仅次于国际半干旱研究所和美国的全球三大花生种质资源中心；芝麻等特色油料种质资源增加至 19131 份，其中芝麻 8960 份，蓖麻 2969 份，红花 3431 份，向日葵 3186 份，苏子 585 份。

1. 建成了全球最大的油料作物种质资源库，永久性地支撑油料产业良好持续发展

运用"油菜、花生、芝麻、特油等优异种质保真繁殖技术"，繁殖入库或更新挽救来源于我国 1076 个县（市、区）的原产或原创种质近 2 万份，国外 63 个国家的优异种质 8000 余份，包括我国首次引进具有重大育种价值的欧洲野生甘蓝 139 份，全部进入现代化低温库保存。

2. 系统性开展了油料作物种质资源精准鉴定，为油料产业的发展提供了关键性种质资源

利用油料作物精准鉴定评价技术对中期库 2 万余份种质开展了系统性的评价鉴定，挖掘到育种和产业亟需的高产、高油、抗逆、抗病、特殊功能性组分等关键性种质资源近千余份，向全国相关育种和科研单位分发利用各类油料作物优异种质资源 4 万余份次，显著支撑了油料作物遗传育种、栽培生理等学科和产业的持续性发展。例如，利用中期库提供的优异种质，育成了我国近十年来冬油菜和春油菜区推广面积最大的油菜新品种（沣油 737 和青杂 5 号），选育出"丰油 730""阳光 131""沣油 320""圣光 127""希望 988""青杂 3 号""青杂 7 号"等我国南方三熟制地区和北方春油菜区生产应用的主栽早熟和极早熟油菜品种。通过中期库提供的优异种质支撑育成芝麻新品种 97 个，占同时期全国的 74%。

3. 开展了油料作物及其祖先种和近缘种物种的基因组组装，为油料作物种质资源基因分型和关键基因挖掘提供了重要支撑

主导完成了甘蓝型油菜、白菜、芥菜型油菜、C_4 植物白花菜和 C_3-C_4 中间型雄性不育的全基因组测序以及起源、进化分析，首次揭示甘蓝型油菜的起源祖先、芥菜型油菜的起源和驯化过程，阐明了冬油菜、半冬油菜和春油菜三个生态型分化的分子机制[1]，提出了油菜育种过程中产量提升和适应性改良的分子基础。提出通过芸薹属近缘物种的亚基因组重构创建新型甘蓝型油菜并实现"亚基因组间杂种优势利用"的理论构想[2]，培育了导入三大油菜泛基因组变异包含约 10 万份株系的新型甘蓝型油菜种质资源库 1 个，支撑选育的油研 50 等高产优质油菜杂交新品种得到大面积推广应用。通过 de novo 组装，构建了由 18 个代表性白菜组成的白菜泛基因组，并基于此构建了白菜物种变异库，鉴定到了与白菜形态型驯化相关的重要候选基因。通过整合 PacBio 测序、Illumina 测序、Hi-C 技术和 Bio-nano 光学图谱的数据，对 8 个代表三种生态型的甘蓝型油菜进行了组装和注释，构建了油菜泛基因组，并以此为基础解析了油菜生态型分化的遗传和分子基础，对油菜功能基因组研究和遗传改良具有重要意义。

4. 系统性开展油料作物重要育种性状关键基因挖掘，为油料作物重要性状的遗传改良提供了关键基因资源和新技术途径

建立了油菜、花生、芝麻等油料作物种质资源核心群体，利用核心群体挖掘到产量、品质、抗性、特殊功能性组分等关键遗传位点1000余个，鉴定到控制油菜千粒重、每角果粒数、高含油量，花生高油酸，芝麻高油酸、含油量、芝麻素含量等关键基因10余个，为油料作物重要性状的遗传改良提供了关键基因资源和新技术途径。相关研究成果发表在 Nature Genetics、Genome Biology、Nature Communications、Plant Biotechnology Journal 等国际著名期刊上，在国内外产生了广泛的影响，显著提升了我国油料作物种质资源学科的国际影响力。在国际上首次克隆并鉴定了与含油量正相关的农作物种子性状细胞质调控基因 orf188，进一步探明了我国半冬性油菜高含油量形成机理。首次发现油菜粒重的母体调控现象（93%），并揭示了油菜角果皮面积正调控粒重的新途径，提出油菜密植高产的株型改良策略，获得首个多分枝、多角果种质，单株产量提高约30%；敲除油菜 BnA03.BP 基因获得首个耐密植种质。研究结果为油菜密植高产育种提供了新基因、新种质和新策略。

（二）遗传改良技术与新品种培育

1. 油菜遗传改良技术与新品种培育

集成油菜综合快速育种技术，实现了甘蓝型油菜快速育种体系的优化，推动了快速育种技术与分子育种技术的有机结合，育种效率得到进一步提升[3]。建立油菜双（单）倍体生产技术，极大地促成了一批聚合了多个优良性状如高含油量、高油酸、大粒、抗根肿病、抗除草剂、早熟等的核心亲本系的快速改良。目前大面积推广利用的中油杂和华油杂系列杂交种的亲本系均是结合小孢子培养技术选育而成的。

近年来，先后育成"中双11号""中油杂19""华油杂50""圣光50""湘杂油787""宁杂127"等含油量在47%以上油菜新品种30多个，培育具有"耐密植、高产、高油、抗病、抗倒、适合机械化"等优点的油菜品种"中油杂501"，筛选了适合盐碱地种植的"中油杂46""华油杂62"等为代表的优异耐盐碱品种。华中农业大学通过分子标记辅助选育技术，选育出了第一个抗根肿病的油菜常规种"华双5R"和油菜杂交种"华油杂62R"；湖南农业大学通过芥甘种间杂交，结合分子标记辅助选择技术和种皮组织化学染色技术，选育出第一个纯黄稳定的油菜核心种质"黄矮早"和黄籽高油常规种"醇湘油272"。各育种单位利用与抗除草剂基因的分子标记，选育出了"宁杂""惠农油"系列等抗磺酰脲类除草剂的油菜新品种；利用与高油酸基因连锁的分子标记，选育出了"华油2133""康油3号""清湘油168"等高油酸油菜品种。

2. 花生遗传改良技术与新品种培育

建立了重要品质和抗病抗逆性的表型鉴定技术，基于图像扫描和计算机分析的花生荚果、籽仁的高效考种技术，荚果大小、含油量、蔗糖含量、抗青枯病、抗黄曲霉等重要性状的分子标记辅助选择技术，优化建立了青枯病抗性水培、白绢病田间接种、黄曲霉侵染抗性图像识别等重要抗病性的鉴定方法。花生转基因和基因编辑取得突破，遗传转化效率显著提升，已成功获得低长链脂肪酸、抗除草剂、亚麻酸含量超过 0.7% 的花生转基因材料。建立了完善的基于分子标记辅助选择的花生高油酸回交、杂交后代高效选择的育种技术体系，加速了我国花生品种的高油酸化进程。

在优异种质发掘、高效育种技术等的支撑下，花生新品种培育取得显著进展，2019年以来全国登记花生品种 808 个，年均超过 200 个。高油酸品种数量和主要品种的推广速度迅猛发展，尤其是黄淮产区的河北、山东、河南等省份的高油酸品种占比已超过 25%。优质专用品种开始在生产上批量种植，如高含油量的油用型品种、高蔗糖高蛋白的食用型品种等，有力推动了加工业发展。品种的抗病性、抗逆性、高产、稳产性显著提高，区域试验中高产品种的亩产已达到 450 千克以上，平均亩产比五年前增长超过 10%，且高产品种的抗旱性、兼抗多种病害的抗病性普遍提升。

3. 特色油料遗传改良技术与新品种培育

据不完全统计，2016—2022 年全国选育芝麻等特色油料品种 231 个，产量增产幅度 10% 以上的 80 个，显著提升了特油作物单产和品质。其中：①向日葵 91 个，丰产潜力大：油葵 180 千克/亩；食葵 260 千克/亩，最高单产 325 千克/亩。品质优良：油葵含油 > 45%；食葵籽粒大、皮色亮、适口性好。突破性成果：引进向日葵不育系，建立了食葵三系杂交制种技术体系，实现了杂交种国产化；培育出优质、抗黄萎病、抗列当向日葵新品种 HZ2399。②芝麻 111 个，丰产潜力大：白芝麻 150 千克/亩；黑芝麻 100 千克/亩。抗病抗逆性增强：抗枯萎病、抗茎点枯病、耐渍性显著提高。籽粒品质优：高油（含油量 > 58%）、高蛋白（蛋白含量 > 24%）、高芝麻素（芝麻素含量 > 8 毫克/克）。培育出首批抗落粒宜机收新品种"豫芝 ND837""豫芝 NS610"，解决了传统芝麻品种不适于机收的技术难题；培育出首个高芝麻素黑芝麻和白芝麻新品种"中黑芝 8 号"和"中特芝 1 号"，芝麻素含量均在 10 毫克/克以上。③胡麻 49 个，丰产潜力 150 千克/亩以上；最高单产 260 千克/亩。籽粒品质优：含油量 > 42%、高亚麻酸含量 > 55%。其中，培育的"坝亚 21 号"，亚麻酸含量达 65%。

（三）高产高效栽培技术

1. 油菜高产高效栽培技术

以提高油料产能、产业提质增效为导向，在高产高效栽培技术上，以耐密高产高含油品种为核心，集成 3 万~4 万株/亩增密缩行播种技术[4-5]、45~50 千克/亩专用配方肥（N-P$_2$O$_5$-K$_2$O 为 25-7-8，含 B、Mg、Zn 等中微量元素）精准施用[6]、生化调控防病抗倒伏[7]、机收减损全程机械化技术[8]，在湖北襄阳、荆州等地建立"双超"（超高产超高含油量）油菜培育技术模式，单产达到300~350千克，含油量超50%，亩产油量150千克以上，实现菜籽产量和产油量倍增。在长江流域两熟制区域，明确了在相同的目标产量下，与旱地油菜相比，水田油菜种植需注重氮肥和钾肥的施用，而旱地油菜较水田油菜则需适当增施磷肥[9]，镁肥对油菜籽粒品质具有促进作用[10]。建立高产高油品种"五密"栽培技术，化肥用量减少10%，杂草生物量降低20%，大面积超过180千克，每年在各科技示范县推广100万亩以上[11]。

选用中油早1号、阳光131、中油988、圣光127、赣油杂906、沣油730等高产早熟油菜品种，采用种子包衣[12-13]、深沟窄厢起垄抗渍、无人机免耕飞播[14]、大壮苗机械移栽等技术[15]，30~35千克/亩（N-P$_2$O$_5$-K$_2$O为20-7-9，含B、Mg、Zn等中微量元素）精准施用，根据苗情补施氮肥和钾肥、冬前化控防冻、花期菌核病防治和机械分段收获等轻简高效技术，水稻季通过品种优化配置、大苗机械移栽和抛栽技术、肥料侧深施用等技术[16]，两季单产超过900千克，油菜单产超过130千克，效益增加300~400元/亩。集成适合各区域的高产优品种、技术和肥料等物化产品，菜、花、油、肥、蜜等多功能利用技术，建立平原、丘陵、山地、三熟区油菜绿色高质高效技术模式，促进产业发展，助力乡村振兴。

油菜养分需求及管理技术研究范围更为广阔。中国农业科学院油料作物研究所结合油菜品种特性，明确高含油量油菜相比普通含油量品种需要更多的钾镁养分，而氮养分的供应可适当降低[17]。湖南农业大学探究了南方三熟制早熟油菜养分积累与晚熟品种的差别[18]。中微量元素对油菜提质增效促产的作用得到关注，硼、镁营养配施提高氮磷养分的吸收利用，镁肥施用具有提高油菜籽粒品质和含油量的作用[10]。营养生理研究取得新进展，解析了钾素营养调控油菜叶片和角果光合能力从而促进油菜生物量的生理生化机制[19]；挖掘了油菜氮磷养分高效的调控位点和基因，与氮低效油菜相比，氮高效油菜与氮利用效率相关的基因多样性更大，参与光合作用和C/N代谢的基因与氮素利用效率有关[20]；通过开展油菜种质低磷条件下根系结构、籽粒产量及磷效率系数的全基因组关联分析，确定了五个可用于遗传改良培育磷高效油菜品种的候选基因[21-22]。营养调控生理机制及养分精准施用的研究，优化了油菜养分管理措施，为提高肥料利用效率，实现我国油菜化肥减量增产具有重要意义。

2. 花生高产高效栽培技术

我国花生产区生态类型多样，现就各产区高产栽培技术中的共性技术简单阐述，所有环节技术基于农机农艺融合的机械化操作开展。①品种选择：黄河流域产区为中间型和普通型大粒型花生为主，其他产区以中小果的珍珠豆型、多粒型为主。②整地：前作收获后及早施有机肥，深耕25~30厘米，播种前旋耕土壤1次，达到土壤深浅一致、土壤细、土面平。③种子处理：播前进行晒果、剥壳、种子分级、发芽率测试。对种子药剂拌种和包衣处理。④播种方式：覆膜或露地。露地栽培播种深度3~7厘米，覆膜栽培

3~5厘米。双粒穴播：每穴2粒种子，普通型品种为6000~9000穴每亩，珍珠豆型品种为9000~10000穴每亩；单粒精播：每穴1粒种子，每亩13000~16000穴。⑤栽培措施：推荐起垄，分为单行垄和双行垄，以及单粒播和双粒播。⑥施肥：有机肥、农家肥与花生专用复合肥采用种肥同播，推荐测土配方施肥及前茬重肥，推荐生物有机肥以及复合菌剂。⑦田间管理：精准化控防徒长、提早用药，防病保叶，叶面追肥，防后期早衰。⑧成熟与收获：适期收获，及时收获，保证丰产。

3. 特色油料作物高产高效栽培技术

芝麻、胡麻、向日葵等特色油料因科技研发不足、种植环境不良等原因产量长期低而不稳、机械化程度低、劳动力投入大。特油学组和特色油料体系相关团队对芝麻、胡麻、向日葵产量形成规律、需水需肥规律以及机械化种植技术开展了研究。明确了芝麻亩产100千克、150千克、200千克产量水平下干物质积累规律和需水需肥规律。明确了胡麻灌水1800立方米/公顷、施氮120千克/公顷可获得较高胡麻产量，胡麻膜下施80千克/公顷化学氮肥和40千克/公顷有机肥氮肥，是旱地胡麻比较适宜的栽培管理方式。研制出胡麻高产高效专用肥配方2个。开展了向日葵配套控肥增效施肥技术研发，制定了食用向日葵控肥增效技术规程及施肥模式。改良了芝麻播种机，显著提高了播种质量和出苗率。研制出多功能全覆膜芝麻精量播种机、芝麻精量播种机械和联合收获机械。发明了防胡麻茎秆缠绕低损收获割台，解决了胡麻机械化收获易缠绕、含杂高的作业难题。攻克了食葵机械化收获关键技术，研制出4ZXRKS-4型自走式食葵联合收获机装备。

（四）油料病虫害绿色防控技术

1. 油菜病虫害绿色防控技术

在菌核病防控方面，针对植物抗病机制和核盘菌致病机制的研究取得新进展；开展了菌核病绿色高效综合防控技术试验示范，取得显著经济效益。在根肿病防控方面，发掘多个抗根肿病位点，并对候选基因展开功能验证；创制抗病新种质20余份；根肿菌致病机制取得新进展；普查了全国根肿菌生理小种；优化完善了根肿病绿色高效防控技术。在黑胫病防控方面，阐明了黑胫病发生、流行规律、病菌致病型种类和分布；优化了以检疫和轮作为基础，在监测/检测指导下以化学防治为应急措施的油菜黑胫病综合防控技术体系。在虫害防控方面，明确了过去五年危害油菜害虫种类与分布；在抗蚜虫基因筛选、植物源害虫诱引物质研发，油菜叶露尾甲全基因组分析方向上取得重要进展。

2. 花生病虫害绿色防控技术

近年来研究出一系列的防控技术，并集成了综合绿色防控技术。①培育出高油酸抗病的花生品种，如高油酸抗青枯病的"中花29""中花30""高油酸远杂9102"等。②采用了生物防控技术，如在田间种植蓖麻可诱杀金龟子；放置性诱剂诱捕装置，诱捕金龟子、夜蛾类的成虫；放置食诱剂或者糖醋液诱捕害虫成虫。③应用了物理防控技术，田间放置黄、蓝板，诱捕蚜虫和蓟马；设立黑光灯、频振灯等诱杀金龟子、夜蛾类的成虫；利用杨树枝、榆树枝捆扎成束后浸泡杀虫剂后立于田头诱杀金龟子。④利用了农业防治措施，如深翻、轮作、间作、起垄种植、清洁田园等。⑤科学用药，利用飞机或高杆喷雾提高作业效率，在病虫害大发生前及时进行药剂防治，控制发病程度。筛选获得一批高效低毒防控苗期病虫害的拌种剂（如40%萎锈灵·福美双、27%噻虫·咯·霜灵等）和防控中后期病虫害的高效低毒药剂（如吡唑醚菌酯、苯甲嘧菌酯、噻呋酰胺、吡虫啉、噻虫嗪等），可分别有效防治中后期的叶部和土传病害、地上和地下害虫。

3. 特色油料病虫害绿色防控技术

在向日葵上，研究建立了向日葵水膜盖沙种植技术、盐碱地开沟起垄保苗技术、膜下滴灌水肥一体化种植技术、旱地全覆膜双垄种植技术，研究了向日葵黄萎病发生规律，研制出向日葵黄萎病和向日葵螟综合防控技术，防控效果达到95%。

在芝麻上，研究建立了芝麻黄淮江淮区麦茬油茬免耕直播技术、长江流域深沟窄厢种植技术、华南主产区秋芝麻高密度栽培技术、西北主产区旱地地膜覆盖保苗技术、东北主产区深种浅出种植技术、新疆主产区膜下滴灌机械化种植技术。

在胡麻上，研究建立了胡麻膜侧种植技术、微垄+地膜覆盖栽培技术、全膜双垄沟播栽培技术、胡麻间作套种种植技术、旧膜重复利用胡麻免耕穴播技术。

（五）油料营养与产品加工利用

1. 高品质菜籽油绿色高效加工技术

针对油菜籽加工产业面临的低效高耗、品质低、资源利用率低等技术难题，中国农业科学院油料作物研究所创新性地建立了高品质菜籽油绿色高效加工技术；新技术实现了油菜籽的安全、营养、低耗、高效及高值化加工，促进了全民食用油消费的供给侧结构性提质升级，构建了"种、加、养"循环生态农业与资源化多层次利用途径，为油菜"三产"融合发展和优质食用油的供给提供有力的科技支撑[23]。

2. 食用油传统精炼加工关键技术的创新

针对传统油脂精炼技术存在过度加工等问题，武汉轻工大学、中粮营养研究院等开展了食用油适度加工技术研究，采用了酶法脱胶工艺、废白土预脱色–低活性凹凸棒土再脱色工艺、低温短时两级捕集回流脱臭工艺，提高油脂精炼率和品质，提升油脂附加值，实现了节能降耗并保障了油脂食用安全性和稳定性[24]。

3. 食品工业专用油脂升级制造关键技术

针对我国食品工业专用油脂制造基础理论体系不完善、自主加工技术缺乏、装备依赖进口等制约产业发展瓶颈，江南大学牵头创新完善了我国食品工业专用油脂基础理论体系，提出了油脂结晶网络、油脂结晶相容性理论，攻克了核心加工技术难题，开发出具有自主知识产权的关键装备，实现了系列食品专用油脂产品的创新制造[25]。

（六）质量安全控制技术

1. 花生黄曲霉毒素污染早期分子预警技术

创建了基于黄曲霉毒素前体化合物的花生黄曲霉毒素污染早期分子预警技术，为"防控关口前移"保障花生质量提供关键技术支撑。建立黄曲霉毒素及其生物合成前体化合物液相色谱高分辨质谱"一测多评"检测方法，实现了黄曲霉毒素生物合成通路上主要前体化合物的精确定量分析。

2. 花生黄曲霉毒素污染大尺度预警技术

创建了花生黄曲霉毒素污染平衡取样–随机森林风险预警模型，实现了花生黄曲霉毒素污染大尺度预警。以筛选得到的 4 个主要气候因子为模型输入参数，预测我国 153 个花生主产县黄曲霉毒素污染水平，成功预报 15 个花生黄曲霉毒素污染区域，为在收获时锁定我国花生黄曲霉毒素污染区域，科学指导产后花生收储，减少黄曲霉毒素污染损失和保障花生质量安全提供技术支撑。

二、油料作物科技国内外发展比较

1. 油料作物种质资源

我国油料作物中期库保存的资源中来自国外的资源仅占总量的 23%，远低于发达国家 80% 的水平。其中，由于花生起源于南美洲，各国加强种质资源保护后，导致我国保存的赤道型和秘鲁型种质以及野生种数量较少。因此需要加大对国外资源的引进力度，进一步增加我国油料种质资源的多样性水平。目前中期库安全保存资源中系统开展了表型精准鉴定的比例不足 17%。其中，花生种质资源因其地上开花、地下结果的特性导致鉴定难度大，完成精准鉴定的种质不到 10%。安全保存的优特异种质资源未得到充分有效利用，需要进一步加大对种质资源精准鉴定的支持力度。与国外油菜主产区相比，我国油菜在单产、含油量、机械化水平等方面还存在较大差距，而这部分资源在目前库存资源中也较为匮乏，优异种质多样性不足。

在特色油料方面，目前世界上保存芝麻等特色油料资源较多的国家包括印度、韩国、美国等。从特色油料作物保存总量上，我国特色油料作物中期库收集保存芝麻、向日葵、苏子、红花、蓖麻等 19131 份，居世界首位。但是在具体单个作物方面，印度凭借驯化中心优势，收集保存芝麻资源最多，达 10508 份。在对种质资源的系统研究方面，我国芝麻资源的研究深度和广度都居世界领先。

2. 遗传改良技术与新品种培育

我国油菜生物育种进展缓慢，核心技术创新不足，缺乏强劲的国际市场竞争力。①全基因组选择技术：华中农业大学 2019 年研制出覆盖油菜全基因组的 50K SNP 芯片；西南大学 2022 年研制出首款油菜液相育种芯片，可实现育种材料的高效分型、遗传距离鉴定、种群分类及真实性检测，通过其推广应用可以有效降低风险；湖南农业大学开发出用于育种选择的液相育种芯片。但油菜定位克隆的基因少，对育种目标基因的变异知之更少，能用基因芯片进行全基因组选择的重要农艺性状有待加强研究。②基因编辑技术：基因编辑的核心技术受到专利保护，在当前全球生物育种竞争日趋激烈的情况下给我国油菜分子育种带来重大风险挑战，亟需加大研发力度，开发和探索新的替代技术以确保我国在油菜基因编辑领域占有一席之地。③转基因技术：当前国际上转基因技术在油菜产业化中应用广泛，转基因油菜播种面积占全部油菜播种面积 27%，而我国相关抗除草剂和抗虫转基因油菜进展仅停留在试验阶段，受政策影响和对转基因安全的担忧，尚没有生产应用，且相当一部分基因资源受国外专利保护，存在一定技术风险，还需继续加强相关外源基因的挖掘与利用。④杂种优势利用技术：我国波里马细胞质雄性不育（polCMS）系统的发现和应用率先开启了油菜杂种优势利用，但由于 polCMS 不育性不彻底，制种难度偏大。oguCMS 相关专利由日本和欧洲掌握，使得我国 oguCMS 商业化应用受到限制。

作为全球最大的花生生产国，我国花生遗传改良与新品种培育领域的研究居于国际先进水平；我国在高产育种、抗青枯病、抗黄曲霉、高油酸、高含油量、高蔗糖等重要品质和抗病性育种研究上处于国际领先水平；育种技术和品种培育相关的基础研究，如高质量参考基因组组装、泛基因组测序、重要性状功能基因挖掘、分子标记开发等研究方向总体上处于国际先进水平。

我国特色油料作物新品种良种覆盖率达到 90% 以上，芝麻平均单产较 2011 年提高了 20.0%、胡麻提高 17.0%、向日葵提高 8.0%，生产成本降低 15% 以上。我国特色油料生产总体技术水平处于世界前列。芝麻生产技术居国际领先水平，平均单产 102.3 千克 / 亩，居世界前十主产国首位，为世界平均单产的 2 倍；胡麻平均单产 85.2 千克 / 亩，居前十主产国第五位；向日葵平均单产 175.8 千克 / 亩，居世界前十主产国（总产）第二位，为世界平均单产的 1.7 倍。

3. 高产高效栽培技术

随着现代作物栽培学与新兴信息科学的交叉融合，作物栽培管理逐渐从传统的模式化、规范化向信息化转变，作物高产高效栽培技术研究的数字化和智能化程度不断提高。近年来，遥感、物联网、大数据、云计算和人工智能等新一代信息技术迅猛发展，美国、加拿大、荷兰、英国、法国和德国等发达国家，针对作物高产高效栽培技术研究的主要需求，建立了以数据流为驱动的数字化农业生产管理系统，通过推广应用获得了突出的社会、经济和生态效益。我国高度重视农业信息化发展，在作物生长遥感监测、作物管理专家系统、作物智慧栽培等方面开展了大量研究，并处于国际领先水平。

4. 病虫害绿色防控技术

国际上所研究的油菜病害重点仍然是菌核病、根肿病和黑胫病 / 茎基溃疡病。通过与拟南芥抗病基因进行比较，从油菜全基因组层面挖掘油菜的抗病基因资源，研究十字花科植物 R 基因的进化以及非专化型脂质转移蛋白在抗逆和抗病中的功能。围绕油菜健康，国际上开展了油菜微生物组研究，发现油菜种子中微生物群组成与油菜品种有关并可通过亲本传播，表型依赖型根细菌提高甘蓝型油菜产量，微生物群可以促进油菜在正常环境及盐碱地中生长等。①油菜菌核病的研究集中在核盘菌分子生物学特性及其致病机理深度解析以及病害的绿色防控等方面。我国学者和加拿大学者利用紫外诱变和二代基因组测序技术建立了研究核盘菌遗传学的技术平台。②油菜根肿病研究的热点主要集中在抗病基因挖掘、植物抗病机理以及根肿菌致病机理解析等方面。加拿大研究团队利用全基因组关联分析挖掘到 13 个与 4 种加拿大新生理小种抗病相关的 SNP 位点，在其上下游鉴定获得 13 个抗病相关基因。我国科学家完成了根肿病重要芜菁抗源材料 ECD04 的基因组组装并提出抗病基因的进化理论。③油菜黑胫病研究的热点主要集中在病原群体结构分析、病原与寄主互作以及病害防治技术等方面。法国研究小组在油菜茎基溃疡病菌中发现了新的无毒基因 $AvrLm14$，在花椰菜鉴定出新的抗茎基溃疡病资源。英国研究小组发现抗病品种与丙硫菌唑组合使用能有效抑制油菜黑胫病菌产生子囊孢子，在英国首次发现油黑胫病菌加拿大亚种。④油菜虫害研究的热点主要集中在害虫的抗药性治理、可持续绿色防控以及抗虫品种的应用等方面。澳大利亚科学家 Perran Stott-Ross 研究了利用蚜虫内共生细菌防治害虫；爱沙尼亚科学家 Eve Veromann 和比利时科学家 Guy Smagghe 探索利用 RNAi 技术和其他新型杀虫剂控制花露尾甲等害虫；印度旁遮普农业大学选育出多个抗（耐）蚜虫的芥菜型油菜品种。

由于生态条件的差异，我国与世界上其他花生主产国在主要病虫害种类存在一些差异。如花生青枯病主要发生在我国和东南亚国家，而美国、印度并无大面积发生的报道；在美国发生严重的番茄斑萎病毒病、在南美发生严重的花生黑粉病在我国尚无危害的报道。相同的病害主要有叶斑病、锈病和白绢病等。针对叶斑病和锈病的防控，美国早期主要采用药剂防治，一年进行 7 次以上的防治，近年通过综合利用农业措施和抗病品种减少了药剂施用的频次；我国早年对花生叶部病害基本不防治，认为是花生成熟的标志，21 世纪以后大部分花生生产区普遍采用三遍药防治中后期叶部病害。针对白绢病的防治，美国从 20 世纪就开展了白绢病抗病育种，已经培育出多个抗病品种在生产上广泛应用。相对而言，我国白绢病抗病育种滞后，近些年才开展抗病材料的筛选工作，白绢病的防治主要采用药剂防治措施。

胡麻、向日葵主要种植在欧洲和北美洲，芝麻主要种植于亚洲和非洲。我国芝麻、胡麻、向日葵等特色油料作物种植环境较差，生产易受病害、虫害、列当、草害、渍涝、干旱等胁迫条件影响，导致单产和品质不稳。例如，向日葵菌核病、黄萎病、列当、籽粒锈斑、向日葵螟等常导致内蒙古、黑龙江等主产区向日葵生产发生毁灭性灾害。芝麻枯萎病、茎点枯病、叶斑病等病害对芝麻生产常年造成 15%～30% 的减产。枯萎病、白粉病是胡麻种植过程中突出的病害，并严重影响着胡麻产量和品质。2008年国家现代农业产业技术体系建立后，充分发挥了大协同、大攻关的作用，从抗病抗逆资源发掘创制、抗病抗逆品种选育、种植模式、药剂防治、生物防治等方面开展了大量研究，取得了系列进展，在芝麻茎点枯病防治、向日葵列当防治等方面成效尤为显著。

5. 产品加工技术与装备

国际研究重点是油料蛋白加工和油脂绿色制备技术。荷兰瓦赫宁根大学利用菜籽浓缩蛋白加工出了人造肉，利用细胞剪切技术系统评价了菜籽浓缩蛋白作为新型肉类类似物蛋白质来源的潜力[26]。加拿大萨斯喀彻温大学研究发现静电场处理降低了油脂的悬浮颗粒和磷脂、游离脂肪酸、过氧化物含量，且未显著改变油中类胡萝卜素含量和脂肪酸组成，中性油的损失量可以忽略不计[27]。

我国在油料深加工领域还是相对落后于发达国家，目前在油料蛋白深加工方面也取得了一些进展。中国农科院农产品加工所突破了花生蛋白难以形成纤维结构的难题，制备的高水分挤压花生蛋白质地与动物肉接近。河南省农科院创制了高效定向油料活性多肽制备技术，采用计算机辅助筛选、固定化酶解、膜分离等技术创新耦合，利用油料低温饼粕中蛋白资源开发植物蛋白与活性多肽产品。

我国油料产品加工技术与装备与国际发展水平相比，在大型工业化制油机械的研发和制造水平已经达到国际同等水平，如日处理6000吨大豆制油装置、日处理1200吨植物油全精炼装置等。目前我国在油脂装备制造业自主创新的发展重点放在大型化、智能化和专用化上。在油料产地加工技术方面，我国在部分领域也已取得领先地位。如油料产地加工技术装备方面，中国农科院油料所研制出了油料产地干燥、微波提质预处理、低残油低温压榨和物理精炼技术装备，并建立了高品质食用油与优质饼粕绿色高效联产新型工艺技术，实现了传统制油工艺的变革和提质增效。

6. 质量安全控制技术

国际上油料生物毒素污染程度及消费风险的事前警示技术的研究主要集中在生物毒素识别技术、生物毒素监测预警技术与生物毒素污染程度模型预警技术等。生物毒素监测预警技术是国际通行技术。以欧洲为例，根据欧盟条例178/2002/EC的规定，欧洲食品安全局（EFSA）主办了食品和饲料快速警报系统（RASFF），主要目标是保护消费者免受不安全食品和饲料危害。生物毒素污染程度模型预警技术近年来在我国和美国、澳大利亚等国家均已有研究报道。产毒真菌在田间玉米、花生等作物上的初始定殖、产毒力、气候条件、收获损伤、储存环境条件等因素，直接影响产毒真菌的生长及其毒素的产生，美国等研究机构通过研究霉菌数量变化、外部环境因素变化与产后真菌毒素污染程度之间的关系，建立了多元罗吉斯蒂回归分析、叠加高斯处理、平衡取样－随机森林等预警模型，主要用于评估产后玉米、花生等农产品真菌毒素污染程度与消费风险，为指导油料产后科学利用提供科学依据。

三、油料作物科技发展趋势与对策

（一）建成全球油料作物种质资源研究利用中心

在未来 5~10 年，力争通过进一步对油料作物在我国主栽地区、偏远山区等地系统性、持续性开展油料作物种质资源的搜集保护与繁殖更新，使油料作物种质资源安全保存数量突破 5 万份。同时针对国外种质资源占比低等问题，对油料作物及其近缘种在其起源地、主栽地区引进关键性种质资源与育种骨干种质，使中期库中保存的国外种质资源突破 1.3 万份，将中期库国外资源占比提升至 26% 以上，显著提升我国油料作物种质资源的遗传多样性。

（二）建成全球最大、最全的油料作物信息库

进一步加大对中期库中保存资源的基因型与表型精准鉴定力度。力争通过 5~10 年的努力，使中期库中种质资源表型和基因型精准鉴定的比例提升至 80%，达 4 万份以上，获得各类基因型序列超过 100 亿条、表型数据超过 400 万条，建成全球最大、最全的油料作物信息库，将显著促进油料作物相关学科人才培养、科学研究、种业创新等领域的发展，将产生广泛的社会经济效益。

（三）建立传统和现代育种高效融合的育种技术体系

围绕产业发展扩面积、提单产的总体要求，提高品种抗病抗逆性以充分利用边际土地扩大种植面积，培育超早熟品种以扩大复种面积，提升单产以增加总产，提升品质和机械化作业效率以推进优质和高效生产。重点任务主要是：聚焦重要性状的遗传基础解析和形成机制，建立重要抗病性、抗逆性、品质性状的精准高效鉴定技术，挖掘重要性状的功能基因并开发成分子标记，建立完善的基因编辑、全基因组选择等现代育种技术，构建传统和现代育种高效融合的育种技术体系。

（四）促进新技术、新材料、新装备等在栽培学科的应用

加强油料高产优质性状形成机理与应用研究，明确逆境胁迫对油料产量品质影响及应对机理，形成油料抗灾减灾栽培理论与技术体系；加强油菜高产养分高效机理研究，明确盐碱地、迟发早熟油菜品种的生长和养分需求规律，攻克南方冬闲田油菜扩种的养分调控和栽培技术瓶颈；加强油料作物标准化生产的信息化、机械化、轻简化，构建一批适宜不同生态区域的周年系统栽培生产技术模式。

（五）加快构建绿色、轻简、高效的病虫草害监测预警与防控机制

加大力度开展重要病虫害生物学特性、生态学特性以及分子致害机理研究，基于植物免疫机制和有害生物致害机制创制抗性材料用于高产多抗油菜品种培育，利用分子标记辅助加快花生抗病虫育种（尤其是土传病害的抗病育种）。利用最先进智能装备和信息技术，进一步完善油料作物病虫草害监测预警技术体系，积极开展相关预测预报，并通过各种途径及时发布相关预警信息与防控措施。在政策层面加大对植保无人机等新型植保机械的补贴力度以及高效低毒化学药剂的推广力度，扩大统防统治的覆盖面积，着力提升农药精准施用的技术水平以及农药的利用率，大力支持生物防治、物理防治、生态调控等绿色防控技术的研发、示范和推广工作。加强对国外进口油菜籽的病虫草害检验检疫，严防检疫性有害生物的传入。

（六）发展全资源全价值链利用的油料加工技术

提高油料综合利用程度，开发利用油料脂类伴随物、油料蛋白、多糖、低分子活性物质等产品，通过延长油料产业链，促进油料精深加工和多功能利用。拓展多样化、营养化、方便化、安全化、优质化的油用制品开发，以油料生产基地为基础，以科学技术为先导，以合作经济组织为依托，根据市场需求和消费趋势，开发具有高附加值的工业品、化妆品、药用品，实现产业增值增效，实现油料产业可持续发展。

（七）油料质量安全检测领域

油料高质量发展重大关切问题——生物危害预警与控制技术，严重制约油料产业高质量发展，事关国家粮食安全和食品安全。需以当前重大迫切需求为导向，着力攻克油料生物危害预警与控制科技领域重大基础理论，创建一批迫切需求油料生物危害预警与控制革命性颠覆性前沿新技术，研究制定一批产业急需的油料生物危害预警与控制技术标准，建立健全油料生物危害相关科技普及与例行监测体系，在原创基础理论、重要基因挖掘、重大制剂与装备研制等战略必争领域抢占油料质量安全科技制高点；形成自主技术和自主产品的国际竞争力，实现前移防控关口、及时精准防控、从农田到餐桌全程防控，有力支撑我国油料产业高质量发展，为保障国家粮食安全、食品安全、农业生态安全提供关键核心技术支撑。

参考文献

[1] WU D, LIANG Z, YAN T, et al. Whole-genome resequencing of a worldwide collection of rapeseed accessions reveals the genetic basis of ecotype divergence [J]. Molecular Plant, 2019, 12: 30-43.

[2] QIAN W, CHEN X, FU D, et al. Intersubgenomic heterosis in seed yield potential observed in a new type of Brassica napus introgressed with partial Brassica rapa genome [J]. Theoretical and Applied Genetics, 2005, 110: 1187-1194.

[3] SONG J M, GUAN Z, HU J, et al. Eight high-quality genomes reveal pan-genome architecture and ecotype differentiation of Brassica napus [J]. Nature Plants, 2020, 6: 34-45.

[4] 蒯婕, 李真, 汪波, 等. 密度和行距配置对油菜苗期性状及产量形成的影响 [J]. 中国农业科学, 2021, 54: 2319-2332.

[5] LI M, NAEEM M S, ALI S, et al. Leaf senescence, root morphology, and seed yield of winter oilseed rape (Brassica napus L.) at varying plant densities [J]. Biomed Research International, 2017, 2017: 8581072.

[6] 鲁剑巍, 任涛, 丛日环, 等. 我国油菜施肥状况及施肥技术研究展望. 中国油料作物学报, 2018, 40 (5): 712-720.

[7] 胥剑雯, 金刚, 宋幼春, 等. 氟唑菌酰羟胺和戊唑醇·咪鲜胺对油菜菌核病防治效果研究 [J]. 湖北植保, 2023 (1): 41-43.

[8] MA N, ZHANG C L, LI J, et al. Mechanical harvesting effects on seed yield loss, quality traits and profitability of winter oilseed rape (Brassica napus L.) [J]. Journal of Integrative Agriculture, 2012, 11: 1297-1304.

[9] 方娅婷, 任涛, 张顺涛, 等. 氮磷钾肥对旱地和水田油菜产量及养分利用的影响差异 [J]. 作物学报, 2023, 49: 772-783.

[10] GENG G, CAKMAK I, REN T, et al. Effect of magnesium fertilization on seed yield, seed quality, carbon assimilation and nutrient uptake of rapeseed plants [J]. Field Crops Research, 2021, 264: 108082.

[11] 蒯婕, 王积军, 左青松, 等. 长江流域直播油菜密植效应及其机理研究进展 [J]. 中国农业科学, 2018, 51: 4625-4632.

[12] 梅少华, 毕险平, 周中全, 等. 2019—2020 年度新美洲星在武穴市油菜上的示范应用效果 [J]. 现代农业科技, 2020 (19): 266.

[13] GU C M, LI Y S, YU C B, et al. Soaking seed with paclobutrazol increased tolerance of juvenile oilseed rape to waterlogging [J]. Oil Crop Science, 2019, 4: 183-193.

[14] 陈玲英, 任涛, 周志华, 等. 鄂东稻田油菜免耕飞播技术模式的产量及效益评价 [J]. 湖北农业科学, 2022, 61 (9): 8-12.

[15] 冯云艳, 冷锁虎, 冯倩南, 等. 油菜毯苗移栽与直播对比研究 [J]. 广东农业科学, 2019, 46 (2): 9-15.

[16] 白洁瑞, 沈家禾, 沈鑫, 等. 不同侧深施肥模式对水稻产量及氮肥利用率的影响 [J]. 中国土壤与肥料, 2022 (10): 190-194.

[17] 胡文诗, 李银水, 顾炽明, 等. 不同油菜品种产量与含油量形成的矿质营养调控研究 [J]. 中国油料作物学报, 2023, 45: 756-765

[18] 胡宇倩, 张振华, 熊廷浩, 等. 南方三熟区早熟油菜品种养分需求特性 [J]. 植物营养与肥料学报, 2020, 26: 1339-1348.

［19］LU K，WEI L，LI X，et al. Whole-genome resequencing reveals Brassica napus origin and genetic loci involved in its improvement［J］. Nature Communication，2019，10：1154.

［20］陈敬东. 基于GWAS与RNA-Seq技术挖掘甘蓝型油菜氮高效相关QTLs与候选基因［D］. 武汉：江汉大学，2022.

［21］YUAN P，LIU H，WANG X，et al. Genome-wide association study reveals candidate genes controlling root system architecture under low phosphorus supply at seedling stage in *Brassica napus*［J］. Molure Breeding，2023，43：63.

［22］LIU H J，PAN Y，CUI R，et al. Integrating genome-wide association studies with selective sweep reveals genetic loci associated with tolerance to low phosphate availability in *Brassica napus*［J］. Molure Breeding，2023，43：53.

［23］刘成，冯中朝，肖唐华，等. 我国油菜产业发展现状、潜力及对策［J］. 中国油料作物学报，2019，41（4）：485-489.

［24］洪坤强，罗质，叶展，等. 菜籽油脱胶和脱臭工艺优化研究［J］. 中国油脂，2023，7：27.

［25］李慧灵，孟宗，刘元法. 零反式脂肪酸酥皮油基料油的理化性质研究［J］. 中国油脂，2017，42（8）：17-21.

［26］JIA W Q，CURUBETO N，RODRIGUEZ-ALONSO E，et al. Rapeseed protein concentrate as a potential ingredient for meat analogues［J］. Innovative Food Science and Emerging Technologies，2021，72：102758.

［27］ZHOU L，SHEN J H，TSE T J，et al. Electrostatic field treatment as a novel and efficient method for refining crude canola oil［J］. Journal of Cleaner Production，2022，360：131905.

撰稿人：黄凤洪　王新发　雷　永　王林海　蔡光勤　刘立江　马　霓　秦　璐　李文林　张良晓　顿小玲　罗怀勇　晏立英　陈玉宁　李先容　夏　婧

大豆科技发展报告

一、我国大豆科技最新研究进展

(一)大豆种质资源

1. 种质资源收集保存进入新阶段

第三次全国作物种质资源普查启动以来,收集大豆资源8000余份。其中,2019—2022年收集1233份,包括遗传材料49份、育成大豆品种730份、国外种质454份。从野生大豆资源较少的内蒙古、甘肃等省市补充收集野生大豆资源300份。由于疫情和国际形势等因素的影响,国内地方种质资源收集数量明显减少,国外大豆种质资源的收集难度加大。

2. 种质资源精准鉴定稳步推进

搭建了高通量表型采集、分析平台,建立和完善了大豆种质资源重要性状一体化精准鉴定体系,丰富了种质资源表型数据类型[1]。构建了大豆代表性种质资源的表型数据库,明确了大豆种质资源脂肪酸组分和异黄酮含量等重要性状的地理分布特点。

3. 基因资源挖掘不断深入

利用大豆种质资源基因组重测序数据,绘制了野生和栽培大豆的进化路线;结合表型组学,挖掘了产量、开花期等性状关键基因。利用全基因组测序建立的SNP基因型数据库,开发了高通量大豆功能性"中豆芯"系列SNP芯片,用于种质资源鉴定、亲本遗传基础解析、挖掘新基因等研究领域。发掘开花期、蛋白含量、脂肪含量、株高、粒重、胞囊线虫抗性、耐盐等性状关联位点,阐明了优异等位基因的地理分布特点及携带优异等位基因的种质资源,建立了集大豆表型、基因型查询和数据分析于一体的SoyFGB v2.0数据共享平台(https://sfgb.rmbreeding.cn)[2]。

4. 种质创新不断拓展

充分利用野生大豆、地方品种和国外种质等优异资源创制新种质，应用杂交、回交、诱变以及分子标记辅助相结合的方法，创制目标性状突出且综合性状较好的优异大豆新种质 129 份。利用 CRISPR/Cas9 技术创建了开花、株型、抗病等性状相关的新种质。利用辐射和甲基磺酸乙酯（EMS）等理化诱变手段构建突变体库，并对 EMS 诱变的 1044 份大豆突变体进行了全基因组测序，绘制了大豆全基因组突变图谱，建立了基因型和突变体共享平台 iSoybean（www.isoybean.org）[3]。

（二）大豆遗传育种

1. 大豆育种技术创新

依托大豆基因编辑体系创制了一批具有产业化前景的优异种质。如"不胀气"的 *RS2/RS3* 双基因突变体 *rfo-2m-A*[4]、高产突变体 *gmjap* 等[5]，为功能基因组研究以及生物技术育种提供了技术支持。通过计算生物学模型预测和高通量基因型分析鉴定了一批重要性状的关键基因以及全基因组选择模型。如大豆花期调节基因 *GmSPA3c* 以及百粒重与荚形的全基因组选择模型等[6-7]，为规模化挖掘优异基因资源、定向培育新品种奠定了基础。通过构建农艺性状及其关联基因的遗传网络，使不同农艺性状通过枢纽节点实现耦合，为新品种选育提供了重要基础。

2. 大豆转基因育种产业化试点成效显著

2021 年，我国开始对已获得生产应用安全证书的耐除草剂转基因大豆开展产业化试点，转基因大豆除草效果在 95% 以上，可降低除草成本 50%，增产 3%～12%。

2020—2022 年度，我国不同生态区域开展了抗除草剂转基因大豆区域适应性封闭试验，并最终有 11 个抗除草剂转基因品种达到审定标准。

3. 大豆分子标记育种实践正在拓展

通过解析大豆基因组，建立了分子标记育种技术体系，创制优质新种质 20 余个。开发了"中豆芯 1 号"（ZDX1）功能芯片，该芯片包含了 158959 个 SNP，覆盖了 90.92% 的大豆基因组和与重要性状相关的位点；通过将四粒荚优异等位变异 ln-C 分子模块导入主推底盘品种，培育出 5 个四粒荚比例和产量都明显增加的夏大豆新品系和新品种；将早熟模块 *e1-as* 导入底盘品种中，选育了中早熟、高油、高光效、高产品种"东生"系列，在黑龙江省的大豆主产区进行推广，取得了较大的成效。

4. 大豆育种协作攻关成效显著

一是建立区域性大豆育种协作网，吸纳育繁推一体化种业、科研育种事业单位、生物育种协作企业等大豆育种领域先进团体。二是建立生物育种人才培养体系，加强我国大豆生物育种人才的培养和历练。三是建立知识产权保护机制，充分尊重品种选育者对科研成果支配权。四是选育推广一批优良大豆新品种，特别是高产稳产品种。

5. 融合育种"4.0时代"最新技术促进高效育种成果应用

生物技术的应用正深刻改变着全球农产品生产和贸易格局，世界种业进入育种"4.0时代"。种子产业迎来以全基因组选择、基因编辑、合成生物及人工智能等技术融合发展为标志的新一轮科技革命。要抓住机遇，通过协作方式充分发挥各育种研究单位优势，加快大豆生物育种产业化进程，加强大豆生物育种研究，充分挖掘利用优良技术，提升分子育种和基因组设计育种水平，有效提高大豆单产水平。为了加快生物育种产业化，要加快生物技术产品创新，挖掘育种价值新基因，攻克关键核心技术制约，面向产业发展需求，研发多基因叠加、多性状复合新产品；鼓励企业开展生物育种科技创新，通过组建科企协作创新联合体，推进绿色高产高效大豆生产技术研发，促进生物育种成果加速应用。

（三）大豆栽培技术

1. 大豆轻简化高产高效栽培技术日趋成熟

根据不同生态区特点，构建了轻简化高产高效栽培技术体系。东北逐步形成了大豆垄上三行栽培为主的技术模式，发挥大型农机作业效率，实现了垄平结合、宽窄结合、旱涝综防的大豆高产高效栽培。西北新疆地区光热资源丰富，通过宽窄行条播、浅埋滴灌水肥一体化技术、化学调控、叶面施肥，获得6000千克/公顷左右产量。黄淮海产区种植制度为小麦－大豆一年两熟制，以高产稳产大豆新品种为核心，结合免耕覆秸精量播种技术和大豆"症青"防控技术，有效提高了播种质量，降低了生产成本，增加了种植效益。

2022年"中央一号文件"提出"大力实施大豆和油料产能提升工程"，全国大豆面积显著增加，随着大豆油料扩种持续推进，中国大豆自给率正稳步提升。为有效破解耕地资源约束问题，2022年以来，我国开始在黄淮海、西北、西南地区大面积示范推广大豆玉米带状复合种植，年推广面积超过1500万亩。通过制定以"选配良种、扩间增光、缩株保密"核心技术，以"减量一体化施肥、化控抗倒、绿色防控"为配套技术体系，结合配套农机装备，显著提升了玉米－大豆带状复合种植面积和总产量。该技术的应用充分利用了大豆和玉米之间的养分互补效应，有助于更高效地利用土地、水资源和肥料，从而增加了两者的产量；同时，在一块地里实现玉米、大豆轮作倒茬，有利于培肥地力和农业绿色可持续发展。

随着农业物联网、农业机械、精准水肥调控、无人机飞防及监测等各种智能化技术在农业生产中的应用，各生态区也逐渐形成具有地区特色的轻简化高产高效栽培技术体系，在提高农业生产效率、降低成本、减少资源浪费，以及实现更可持续的农业生产中发挥着重要作用。

2. 大豆绿色增产增效技术研发取得进展

在大豆种植过程中采用生态、环保、可持续的方式，通过优化施肥、病虫害综合防治、土壤改良等技术手段，提高大豆的产量和品质，同时减少对环境的污染，保护土地资源，促进农业可持续发展。优化施肥与微量元素肥料配合施用（NPK+Mo+B+Zn）显著提高大豆根瘤数量，增加大豆产量，改善大豆农艺性状。大豆种子包衣或拌种是预防大豆种传、土传病害和地下及苗期害虫的关键措施。苗期至分枝期，可采用杀虫灯结合性信息素和食诱剂进行防治。开花至鼓粒期，通过喷施杀虫剂加强对点蜂缘蝽及烟粉虱等刺吸类害虫的统防。在病虫害防治设备上，无人机在施药效果、节水节药能力、作业效率、调度转场和环境条件适用性等方面具有显著优势。

（四）大豆分子生物学

1. 大豆基因组解析逐步深入

随着测序技术的发展和分析手段的成熟，越来越多的大豆单个品种基因组被解析，泛基因组研究也更为深入。对 26 个最具代表性的大豆种质材料进行基于三代测序数据的组装和注释，构建了基于图形结构泛基因组，发现结构变异在重要农艺性状调控中发挥作用[8]。对 5 个代表性的 Glycine 种质和 1 个自然形成的异源四倍体多年生大豆构建了 Glycine 泛基因组。通过比较，鉴定出 109827 个多年生大豆中的非冗余基因位点，为大豆育种提供了丰富的遗传多样性基础[9]。

基于 424 份大豆品种的测序数据，挖掘了大豆光周期响应及纬度适应性相关的一系列遗传位点[10-11]。对中国三个大豆主栽农业区域内 185 份野生大豆种质资源进行了全基因测序，阐述了野生大豆的种群分化历史和区域适应性[12]。选取 2214 份具有代表性的大豆种质资源，并利用遗传变异信息进行系统发育树、种群结构和历史分析，提出了四阶段式大豆演化途径[6]。

通过 Hi-C 技术构建了 27 个大豆品种的三维泛基因组，探索了三维基因组多样性和基因表达的关系以及大豆驯化过程中三维基因组的选择历程[13]。整合野生大豆和栽培大豆的三维基因组、染色质可及性、组蛋白修饰、DNA 甲基化和转录组信息，深入解析在大豆多倍化、二倍化与人工驯化过程中，三维基因组结构重塑如何协同表观遗传修饰调控基因表达[14]。

组学数据催生了一系列大豆数据库的建成和更新，SoyFGB v2.0 也于 2022 年上线，该数据库收录了大规模大豆基因型数据和表型数据，提供了全基因组关联分析等实用工具，为大豆遗传育种研究提供了便捷的应用平台[2]。另外 SoyOmics 收录了大豆从头组装基因组、表型数据，以及转录组、甲基化等数据，为大豆基础研究和育种工作提供了数据支撑[15]。

2. 大豆生物固氮调控机制解析

大豆与根瘤菌共生互作将空气中的氮气转化成植物可以直接吸收利用的氮素，从而提高大豆固氮效率、减少化肥使用，促进绿色农业发展。针对根瘤发育过程，发现了 GmSHR5 通过调控根组织皮层细胞的分裂影响根瘤原基和维管组织形成的机理[16]，揭示了 GmRR11d 通过调控细胞分裂素（CK）的敏感性从而调控大豆结瘤的机制[17]；针对植物在共生过程中的碳氮平衡，解析了 GmNAS1 和 GmNAP1 通过感知细胞 AMP 水平从而平衡大豆根瘤碳源的分子机理[18]，鉴定了 GmMGTs 通过调控镁的输入从而调控大豆根瘤碳－氮交换的重要分子机理[19]；针对共生与环境互作方向，解析了 GmGSK3 和 GmNAC181 作为网络节点协调盐胁迫条件下共生结瘤的新适应性机制[20-21]，阐述了 miR169c-GmNFYAc-GmEnod40 模块协同调控大豆结瘤 "氮阻遏" 的分子机制[22]；在宿主植物识别根瘤菌的机理方面，证明了 R 基因编码蛋白 GmNNL1 通过与根瘤菌三型分泌系统效应蛋白 NopP 相互作用，从而通过免疫系统调控大豆共生结瘤的分子机理[23]。

3. 大豆特异的光周期调控开花遗传网络解析

大豆是典型短日照作物，单个品种或种质资源一般只适宜种植于纬度跨度较小的区域内，因此光周期调控开花遗传网络解析对于大豆育种极为重要。Tof11 和 Tof12 基因的逐步进化促进了大豆对中高维度区域适应[24-25]；ft2a 和 ft5a 双突变体增强了长童期表型，在短日照条件下增加产量[26]；大豆开花基因 Tof8 和 Tof16 通过 E1 影响开花时间和成熟[27]；E2 的功能缺失变异能够促进大豆早花早熟的现象；QNE1 和 Tof18 通过激活 FT2a/FT5a 的转录调节大豆开花[28-29]；LUX1 和 LUX2 与 J 作用形成大豆夜间复合体（soybean evening complex，SEC），通过结合 E1 及其两个同源基因 E1La 和 E1Lb 的启动子而抑制其表达，进而释放 E1 对 FT2a/FT5a 的转录抑制，促进开花[30]；GmMDE06 通过调控 E1-GmMDEs-GmFT2a/FT5a-Dt1 信号通路调节开花时间和开花后结荚习性来响应光周期[31]。

4. 大豆抗逆性状遗传机制解析

在盐胁迫方面，利用小肽 N7 融合到衰老负调节因子 SSPP，通过增强 ROS 清除能力而有效提高植物对高盐胁迫的耐受性[32]；鉴定了 GsERD15B 通过增加脱落酸信号转导、脯氨酸含量等相关基因的表达量来增强大豆的耐盐性[33]。在耐旱方面，证明了干旱和耐盐胁迫响应基因 GmCOL1a 通过促进 GmLEA 和 GmP5CS 的表达并增加脯氨酸含量来参与逆境调控反应的机制[34]；验证了核运输因子 GmNTF2B-1 与 GmOXR17 的相互作用从而增强核内 ROS 清除能力，提高了大豆对干旱的耐受性[35]。在抗病害方面，发现了 GmCAL 是抗大豆花叶病毒（SMV）过程中的关键调控因子，可正向调控大豆对 SMV 的抗性[36]。鉴定了 GmDRR1 与 GmDRR2 互作，通过调控松脂醇的水平来增强大豆对疫霉菌的防御反应能力[37]。

5. 大豆产量、品质等性状遗传机制解析

在产量方面，过表达突变基因 Gmsss1 使百粒重和单株产量显著增加[38]；GmGA3ox1 敲除株系中光合作用增强，通过分枝、荚果和种子数量的增加提高了植株的产量[39]；GmCOL2b 通过直接结合到 GmAP2-1 和 GmAP2-2 启动子区，抑制后者的表达，正向调控大豆籽粒大小[40]；DT2 通过影响大豆分枝和籽粒大小从而提高大豆产量[41]。

在品质方面，GmWRI1a 可以提高大豆油含量，同时对蛋白质含量和产量没有显著影

响[42]；*GmZF392* 通过激活脂质生物合成途径中的基因表达，促进转基因大豆植物种子中的油脂积累[43]。*GmST1* 正调控大豆籽粒大小和油含量[44]；*GmSWEET10b* 通过介导蔗糖、葡萄糖及果糖从种皮向胚的运输，提高种子百粒重和油脂含量[45]。

二、大豆科技国内外发展比较

（一）国外大豆优异资源鉴定与种质创新不断深化，我国尚有很大差距

美国通过对20087份大豆资源的检测，共发掘出在部分染色体区间杂合的资源870份，覆盖99%的预测基因，为大豆重要基因克隆及遗传改良提供了新视角。日本鉴定出具有高效的二氧化碳供应和光高效收集系统的大豆种质 GmJMC47；印度鉴定出 6 份同时高抗炭疽病和黄花叶病毒病的大豆种质；印尼发掘了两份抗锈病大豆种质。

与国外的研究相比，我国大豆种质资源的基因型鉴定比例不足 10%，新种质创制目标不够明确，仍需持续资助完成种质资源的基因型鉴定与分析，迫切需要加大国外优异种质引进力度，利用这些优异种质加强针对我国不同产区新种质的创制，丰富我国种质资源的多样性，推动我国优异种质的创新。

（二）国外育种技术研发创新进展显著，我国原始创新明显不足

近年来，生物技术、计算机技术的进步带动了育种技术的飞速发展，农业发达国家已进入以"生物技术 + 人工智能 + 大数据"为特征的育种4.0时代。美国爱荷华州立大学研究人员利用深度学习架构开发了一个基于多视图图像的产量估算框架用于估算大豆产量，然后对大豆基因型进行分析，以便在育种决策中应用[46]；美国密苏里大学研究人员使用基于无人机的图像和深度学习鉴定大豆对洪涝胁迫的响应，为后期解析大豆耐涝育种提供分子靶点[47]；巴西圣保罗州立大学研究人员通过高通量表型分析方法选择大豆早熟和高产的基因型，该方法不仅可以节省时间和精力，同时也可以用于大规模基因型分选来提高大豆育种效率[48]。

据美国农业部 2021 年数据统计显示，巴西是世界大豆市场份额最高的国家，占世界大豆总产量的 37.71%，其次是美国（30.97%）、阿根廷（12.66%）、中国（5.39%）、印度（2.87%）、巴拉圭（2.72%）和加拿大（1.74%）[49]。但与农业发达国家相比，我国大豆育种技术原始创新明显不足，因此我国迫切需要在大豆育种过程中融合应用现代生物技术、大数据技术、智能化技术，使大豆产业向着更高产、更优质、更高附加值的方向发展，实现产业增效，农民增收。

（三）国外转基因大豆新产品不断涌现，我国转基因大豆应用任重道远

据不完全统计，全球共计有 40 个大豆转化体已获得 31 个国家或地区的审批，这些转

化体中除32个具有抗不同类型除草剂的转化体外，还包括2个抗旱、1个提高大豆光合产量、1个抗大豆孢囊线虫、6个抗鳞翅目昆虫和9个提高单不饱和脂肪酸的转化体。这些转化体主要由巴斯夫、拜耳、科迪华农业科技和Verdeca等国际公司掌握。我国转基因大豆领域仍处于起步阶段，截至2023年12月，我国仅有中国农业科学院研发的"中黄6106"、上海交通大学研发的"SHZD3201"、大北农集团研发的"DBN9004"3个耐除草剂大豆，以及杭州瑞丰研发的抗虫大豆"CAL16"这4个转化体获批转基因大豆安全证书。

（四）先进生产技术助力美洲大豆发展，我国传统生产方式急需更新换代

美洲大豆的发展得益于先进的生产技术和耐除草剂转基因品种，采用土壤监测、智能农业、精准农业技术，农民可以监测土壤水分、温度、营养及植株生长等情况，针对性地进行精准灌水、施肥及病虫草害防治，更好地管理农田，减少资源浪费，降低成本。在美国，大田作物生产执行严格的轮作制度，呈现出高度规模化、集约化、机械化、标准化在内的完善栽培体系。在巴西和阿根廷，70%以上区域大豆采用免耕种植，实现了栽培技术、病虫害防治和全程机械化三者的统一，使大豆生产的成本不断降低，显著提升了产业竞争力。

我国除黑龙江农垦系统的大豆生产与美洲差距较小外，大部分区域大豆生产还仍然以农户为主，规模较小，不能采用大型机械，技术到位率低，管理水平仍比较粗放，人工成本较高。种植品种为非转基因大豆，除草成本高；大豆播种、植保机械质量欠佳，基于免耕节本增效栽培体系应用较少；监测与精准施肥技术还未得到应用。因此，我国急需从传统农业生产方式向现代化、科技化方面转变。

三、大豆科技发展趋势与对策

（一）未来5年大豆发展战略需求与方向

1. 大豆产业技术

我国大豆产业发展迫切需要提升大豆产量和油分，兼顾压榨用蛋白综合效益的品种及绿色高效生产技术。技术体系的创新和生产技术的改革是解决当前困境的两个重要因素：一方面加强基础前沿研究和生物育种技术创新，建立规模化高效育种技术体系，强化资源鉴定挖掘和优异种质创制，加快培育突破性高油高产大豆新品种；另一方面推进发展绿色高产高效生产技术，将支撑大豆产能的提升和种植空间的拓展。

2. 大豆种业技术

大豆育种技术分为3个方面：创造变异技术、选择变异技术、固定变异技术。在创造变异方面除传统自然变异外，推动物理化学诱变，人工杂交基因重组、染色体加倍、杂交、转基因、基因编辑等手段创造变异；通过自然选择和人工选择、系谱法选择、分子技

术辅助选择变异；通过自交、群体内杂交、回交、单倍体加倍等技术固定变异。开发大豆高效多基因编辑载体，利用优异底盘品种，实现优异大豆品种的定制化。利用最新的表型鉴定技术，加大对种质资源的重要性状精准鉴定和遗传研究，利用多组学技术对种质资源进行基因型精准鉴定研究，发掘和梳理控制重要农艺性状的关键基因，探明其遗传基础和调控网络，为突破性大豆新品种选育提供重要种质资源和基因资源，逐步建成大豆种质资源表型和基因型联合精准鉴定体系。另外，大豆农艺、产量及品质性状多数为复杂的数量性状，受多基因控制，并受环境影响较大[50]，健全试验网点，针对不同生态区主要育种目标，建立区域化的种质资源性状信息、分子数据和载体品种等信息数据库，实现平台共享至关重要。除此之外，我国现已成功挖掘一些具有自主知识产权和生产应用价值的功能基因，利用这些基因推动我国生物育种产业，加速推动抗虫、耐不同除草剂、抗旱等多优异性状聚合的新种质创制体系，推动我国"常规育种 + 现代生物技术育种 + 信息化育种"的 4.0 时代。

（二）研究目标和重点任务

1. 大豆新品种培育及产业化

研究目标：突破大豆育种关键核心技术，培育重大突破性新品种。其中，高油高产大豆新品种油分含量超过 21.5% 以上，比现有品种增产 5%～10% 以上；高蛋白高产大豆新品种蛋白含量在 43.5% 以上，比现有品种增产 5%～10% 以上；杂交大豆产量比现有品种增产 20% 以上；抗除草剂抗虫转基因大豆新品种的转化应用，高油酸等功能型大豆新品种可提高附加值。

重点任务：搭建大豆育种和生产等全产业链的公益性技术服务平台，集成常规育种与全基因组选择、基因编辑、转基因等育种技术，促进大豆产量和油分含量、产量和蛋白质含量协同提高，培育适于机械化栽培的耐密植、抗倒伏的高产高油大豆，高产高蛋白大豆、杂交大豆、抗除草剂/抗虫转基因大豆、高油酸大豆等新品种。

2. 绿色高产高效生产技术研究

研究目标：根据产区生态特征，围绕绿色优质、高产高效生产目标，建立以合理轮作为核心，以优良品种和智能机械为技术载体，以秸秆还田、保护性耕作和有机质含量提升为耕层保育手段，以绿色防控为植保措施的生产技术体系，实现栽培的轻简化、智能化、精准化，使单产增加 10% 以上，成本降低 10% 以上。

重点任务：以优质食用、油用大豆生产为目标，集成优质高产多抗品种选育、轮作模式优化、少免耕精量播种、精准施肥和控水、高效安全除草、病虫害综合防治、管理及收获机械化精准化和智能化等关键技术，建立大豆绿色高产高效生产技术体系。

3. 优异种质资源挖掘与利用

研究目标：引进优异种质资源，创新完善种质资源精准鉴定技术体系；挖掘高油、高产、耐密、耐逆、抗病虫、营养高效利用等大豆种质资源，明确其携带的优异基因；创制优异基因聚合的新种质；构建种质资源综合数据库，建立和健全种质资源展示、共享平台，实现大豆数据共享和高效利用。

重点任务：多维度引进国外优异大豆种质资源；持续开展种质资源精准鉴定，特别是密植和逆境条件下优异资源鉴定，发掘控制油分、产量、耐密、耐逆、抗病虫、共生固氮等重要性状相关基因，解析其分子机理；深入研究代表性大豆种质资源，解析重要性状形成、演化规律和传播路径；建立优异种质创新网络，搭建多功能整合的大数据、种质资源展示、共享平台，实现种质资源高效利用。

4. 大豆基础研究

研究目标：聚焦大豆生产面临的重大理论瓶颈问题，以需求导向、问题导向、应用导向为指导原则，重点突破优异种质资源演化规律、重要性状协同调控机理、代谢调控网络与合成机制，构筑大豆生物精准设计育种的遗传理论体系。

重点任务：构建微核心种质和重大品种系谱材料的全景多维组学特征，系统研究重要单倍型、结构变异、表观变异在驯化和重大品种培育过程中的演变路径，挖掘重要育种性状（产量、品种、抗逆等）形成的关键调控基因，阐明对目标性状以及其他综合性状的遗传效应，解析其分子调控网络，通过多维组学、大数据科学、人工智能、遗传学等多学科深度融合，探索智能设计育种理论模型。

参考文献

[1] LI D, BAI D, TIAN Y, et al. Time series canopy phenotyping enables the identification of genetic variants controlling dynamic phenotypes in soybean [J]. Journal of Integrative Plant Biology, 2023, 65: 117-132.

[2] ZHENG T, LI Y, LI Y, et al. A general model for "germplasm-omics" data sharing and mining: a case study of SoyFGB v2.0 [J]. Science Bulletin, 2022, 67: 1716-1719.

[3] ZHANG M, ZHANG X, JIANG X, et al. iSoybean: a database for the mutational fingerprints of soybean [J]. Plant Biotechnology Journal, 2022, 20: 1435-1437.

[4] LIN W, KUANG H, BAI M, et al. Multiplex genome editing targeting soybean with ultra-low anti-nutritive oligosaccharides [J]. The Crop Journal, 2023, 11: 825-831.

[5] CAI Z, XIAN P, CHENG Y, et al. CRISPR/Cas9-mediated gene editing of *GmJAGGED1* increased yield in the low-latitude soybean variety Huachun 6 [J]. Plant Biotechnology Journal, 2021, 19: 1898-1900.

[6] LI Y H, QIN C, WANG L, et al. Genome-wide signatures of the geographic expansion and breeding of soybean [J]. Science China Life Sciences, 2023, 66: 350-365.

［7］ CHEN Y, XIONG Y, HONG H, et al. Genetic dissection of and genomic selection for seed weight, pod length, and pod width in soybean［J］. The Crop Journal, 2022, 11: 832–841.

［8］ LIU Y, DU H, LI P, et al. Pan-genome of wild and cultivated soybeans［J］. Cell, 2020, 182: 162–176.

［9］ ZHUANG Y, WANG X, LI X, et al. Phylogenomics of the genus *Glycine* sheds light on polyploid evolution and life-strategy transition［J］. Nature Plants, 2022, 8: 233–244.

［10］ LU S, DONG L, FANG C, et al. Stepwise selection on homeologous *PRR* genes controlling flowering and maturity during soybean domestication［J］. Nature Genetics, 2020, 52: 428–436.

［11］ DONG L, FANG C, CHENG Q, et al. Genetic basis and adaptation trajectory of soybean from its temperate origin to tropics［J］. Nature Communications, 2021, 12: 5445.

［12］ WANG J, HU Z, LIAO X, et al. Whole-genome resequencing reveals signature of local adaptation and divergence in wild soybean［J］. Evolutionary Applications, 2022, 15: 1820–1833.

［13］ NI L, LIU Y, MA X, et al. Pan-3D genome analysis reveals structural and functional differentiation of soybean genomes［J］. Genome Biology, 2023, 24: 12.

［14］ WANG L, JIA G, JIANG X, et al. Altered chromatin architecture and gene expression during polyploidization and domestication of soybean［J］. Plant Cell, 2021, 33: 1430–1446.

［15］ LIU Y, ZHANG Y, LIU X, et al. SoyOmics: a deeply integrated database on soybean multi-omics［J］. Molecular Plant, 2023, 16（5）: 794–797.

［16］ WANG C, LI M, ZHAO Y, et al. *SHORT-ROOT* paralogs mediate feedforward regulation of D-type cyclin to promote nodule formation in soybean［J］. Proceedings of the National Academy of Sciences, 2022, 119: e2108641119.

［17］ CHEN J, WANG Z, WANG L, et al. The B-type response regulator GmRR11d mediates systemic inhibition of symbiotic nodulation［J］. Nature Communications, 2022, 13: 7661.

［18］ KE X, XIAO H, PENG Y, et al. Phosphoenolpyruvate reallocation links nitrogen fixation rates to root nodule energy state［J］. Science, 2022, 378: 971–977.

［19］ CAO H R, PENG W T, NIE M M, et al. Carbon-nitrogen trading in symbiotic nodules depends on magnesium import［J］. Current Biology, 2022, 32: 4337–4349.

［20］ HE C, GAO H, WANG H, et al. GSK3-mediated stress signaling inhibits legume-rhizobium symbiosis by phosphorylating GmNSP1 in soybean［J］. Molecular Plant, 2021, 14: 488–502.

［21］ WANG X, CHEN K, ZHOU M, et al. GmNAC181 promotes symbiotic nodulation and salt tolerance of nodulation by directly regulating *GmNINa* expression in soybean［J］. New Phytologist, 2022, 236: 656–670.

［22］ XU H, LI Y, ZHANG K, et al. miR169c-NFYA-C-ENOD40 modulates nitrogen inhibitory effects in soybean nodulation［J］. New Phytologist, 2021, 229: 3377–3392.

［23］ ZHANG B, WANG M, SUN Y, et al. *Glycine max NNL1* restricts symbiotic compatibility with widely distributed bradyrhizobia via root hair infection［J］. Nature Plants, 2021, 7: 73–86.

［24］ WANG L W, SUN S, WU T T, et al. Natural variation and CRISPR/Cas9-mediated mutation in GmPRR37 affect photoperiodic flowering and contribute to regional adaptation of soybean［J］. Plant Biotechnology Journal, 2020, 18: 1869–1881.

［25］ LU S, DONG L, FANG C, et al. Stepwise selection on homeologous *PRR* genes controlling flowering and maturity during soybean domestication［J］. Nature Genetics, 2020, 52: 428–436.

［26］ LI X M, FANG C, YANG Y Q, et al. Overcoming the genetic compensation response of soybean florigens to improve adaptation and yield at low latitudes［J］. Current Biology, 2021, 31: 3755–3767.

［27］ LI H Y, DU H P, HE M L, et al. Natural variation of *FKF1* controls flowering and adaptation during soybean domestication and improvement［J］. New Phytologist, 2023, 238: 1671–1684.

[28] XIA Z, ZHAI H, ZHANG Y, et al. *QNE1* is a key flowering regulator determining the length of the vegetative period in soybean cultivars [J]. Science China Life Sciences, 2022, 65: 2472-2490.

[29] KOU K, YANG H, LI H, et al. A functionally divergent *SOC1* homolog improves soybean yield and latitudinal adaptation [J]. Current Biology, 2022, 32: 1728-1742.

[30] BU T, LU S, WANG K, et al. A critical role of the soybean evening complex in the control of photoperiod sensitivity and adaptation [J]. Proceedings of the National Academy of Sciences, 2021, 118: e2010241118.

[31] ZHAI H, WAN Z, JIAO S, et al. GmMDE genes bridge the maturity gene *E1* and florigens in photoperiodic regulation of flowering in soybean [J]. Plant Physiology, 2022, 189: 1021-1036.

[32] YOU X, NASRULLAH, WANG D, et al. *N-7-SSPP* fusion gene improves salt stress tolerance in transgenic *Arabidopsis* and soybean through ROS scavenging [J]. Plant Cell and Environment, 2022, 45(9): 2794-2809.

[33] JIN T, SUN Y Y, SHAN Z, et al. Natural variation in the promoter of *GsERD15B* affects salt tolerance in soybean [J]. Plant Biotechnology Journal, 2021, 19: 1155-1169.

[34] XU C J, SHAN J M, LIU T M, et al. CONSTANS-LIKE 1a positively regulates salt and drought tolerance in soybean [J]. Plant Physiology, 2022, 191: 2427-2446.

[35] CHEN K, SU C, TANG W S, et al. Nuclear transport factor *GmNTF2B-1* enhances soybean drought tolerance by interacting with oxidoreductase GmOXR17 to reduce reactive oxygen species content [J]. Plant Journal, 2021, 107: 740-759.

[36] REN Q Y, JIANG H, XIANG W Y, et al. A MADS-box gene is involved in soybean resistance to multiple Soybean mosaic virus strains [J]. The Crop Journal, 2022, 10: 802-808.

[37] YU G L, ZOU J N, WANG J H, et al. A soybean *NAC* homolog contributes to resistance to *Phytophthora sojae* mediated by dirigent proteins [J]. The Crop Journal, 2022, 10: 332-341.

[38] ZHU W W, YANG C, YONG B, et al. An enhancing effect attributed to a nonsynonymous mutation in *SOYBEAN SEED SIZE 1*, a SPINDLY-like gene, is exploited in soybean domestication and improvement [J]. New Phytologist, 2022, 236: 1375-1392.

[39] HU D, LI X, YANG Z, et al. Downregulation of a gibberellin 3beta-hydroxylase enhances photosynthesis and increases seed yield in soybean [J]. New Phytologist, 2022, 235: 502-517.

[40] YU B, HE X, TANG Y, et al. Photoperiod controls plant seed size in a CONSTANS-dependent manner [J]. Nature Plants, 2023, 9: 343-354.

[41] LIANG Q, CHEN L, YANG X, et al. Natural variation of *Dt2* determines branching in soybean [J]. Nature Communications, 2022, 13: 6429.

[42] WANG Z, WANG Y, SHANG P, et al. Overexpression of soybean *GmWRI1a* stably increases the seed oil content in soybean [J]. International Journal of Molecular Sciences, 2022, 23: 5084.

[43] LU L, WEI W, LI Q T, et al. A transcriptional regulatory module controls lipid accumulation in soybean [J]. New Phytologist, 2021, 231: 661-678.

[44] LI J, ZHANG Y, MA R, et al. Identification of *ST1* reveals a selection involving hitchhiking of seed morphology and oil content during soybean domestication [J]. Plant Biotechnology Journal, 2022, 20: 1110-1121.

[45] WANG S D, LIU S L, WANG J, et al. Simultaneous changes in seed size, oil content and protein content driven by selection of *SWEET* homologues during soybean domestication [J]. National Science Review, 2020, 7: 1776-1786.

[46] RIERA L G, CARROLL M E, ZHANG Z S, et al. Deep multiview image fusion for soybean yield estimation in breeding applications [J]. Plant Phenomics, 2021, 3: 286-297.

[47] ZHOU J, MOU H W, ZHOU J F, et al. Qualification of soybean responses to flooding stress using UAV-rased

imagery and deep learning［J］. Plant Phenomics，2021，3：365-377.
［48］SANTANA D C, CUNHA M P D, DOS SANTOS R G, et al. High-throughput phenotyping allows the selection of soybean genotypes for earliness and high grain yield［J］. Plant Methods, 2022, 18：13.
［49］RANI A, KUMAR V. Soybean breeding［M］//Fundamentals of Field Crop Breeding. Singapore：Springer Nature Singapore, 2022：907-944.
［50］于凤瑶，辛秀珺，张代军，等. 抗灰斑病大豆品种农艺性状、品质性状与产量性状的典型相关分析［J］. 农业现代化研究，2012, 33：372-375.

撰稿人：邱丽娟　关荣霞　田志喜　王晓波　陈庆山　张　伟　吴存祥　阎　哲

棉花科技发展报告

棉花是我国重要大宗农产品，棉纤维和棉籽总产值约 1500 亿元，棉纺行业产值逾 1.6 万亿元，涉及千万人就业。棉花是我国第四大植物油来源，棉籽蛋白是重要的饲料蛋白源，在国家食用油品供应和养殖业中发挥着重要作用。2020 年以来，我国棉花生产和科技呈高质量发展态势。2020—2022 年均植棉面积 4600 万亩，比 2019 年减少 8.3%；平均单产 127.8 千克/亩，比 2019 年提高 8.7%；全国棉花年均总产 587.3 万吨，与 2019 年 588.9 万吨的总产基本持平。共有 321 个棉花品种通过国家和省级审定，其中国家审定的 114 个品种中 Ⅱ 型优质品种超过 50%；在棉花种植制度变革、轻简高效等方面形成一批农业主推技术，新模式、新技术大面积应用；在棉花纤维发育、抗病机制等基础研究领域取得显著进展，在 *Nature Genetics*、PNAS、*Molecular Plant*、*Plant Cell* 等国际主流期刊发文量快速增长。全国棉花科研人才成长态势良好，20 多人入选国家级科技人才。

一、我国棉花科技最新研究进展

（一）棉花种质资源发掘与育种进展

1. 棉花种质资源创新、筛选、评价与利用

近年来中国农业科学院棉花研究所组织全国相关单位，系统评价鉴定了我国收集保存棉花种质资源的重要性状，发掘了 318 份至少有一个性状优异的种质资源。这些资源全部为陆地棉栽培种，纤维长度 ≥ 33.0 毫米的 83 份，纤维比强度 ≥ 33.0 cN/tex 的 137 份，生育期 ≤ 95 天的 3 份，铃重 ≥ 7.0 克的 42 份，衣分 ≥ 45% 的 72 份。棉花种质资源中期库向全国科研院所、生物育种公司及国外研究单位提供资源 7417 份次，支撑产业技术体系、重点研发计划、国家自然科学基金等国家及省部级项目 123 项。优异种质资源促成了一系列棉花新品种的培育，为棉花产业升级提供了保障。

2. 棉花育种技术和品种选育创新

棉花转基因技术效率得到提升，中国农业科学院棉花研究所报道了一种非基因型依赖性的棉花遗传转化体系[1]，利用基因枪轰击茎尖可以突破遗传转化的基因型限制。华中农业大学发现植物干细胞重编程启动体胚发生相关基因的表达是易再生和不易再生基因型差异的关键机制[2]，通过"连续再生驯化"显著提升了棉花再生、转化能力并实现了商业化应用；建立了Cas12a、Cas12b、CBE、ABE碱基编辑器、dCas9-TV转录激活等系列基因编辑工具，以及棉花基因编辑技术体系，平均编辑效率达到85%以上。[3-6]

品种选育取得新进展，国家级、省级审定的棉花品种数量逐年增加。2020年77个、2021年101个、2022年143个，合计321个，其中国家审定棉花品种从2020年的26个增加到2022年的49个。育种性状改良的重点发生明显变化，早熟性、易机采受到重视，其中长江流域棉区生育期平均缩短了3天以适合麦（油）后直播的需要。抗"两萎病"品种的比例有所提高，抗枯萎病的品种占65%，抗黄萎病的品种占8.6%。三大棉区中，西北内陆品种的衣分和产量改良显著，衣分从40%增加到43.5%，产量增加了9%左右，其他两个棉区品种的产量稳步提升；在纤维品质改良上，西北内陆品种基本都是Ⅰ型、Ⅱ型纤维品质类型，长江流域和黄河流域品种的纤维细度改良需要加强。

3. 重要性状形成的生物学基础深度解析

纤维发育和品质形成的机制研究取得突出进展。利用单细胞测序发现 GhMYB25-like 是胚珠表皮细胞是否分化成纤维的决定性因子，而 GhHOX3 是纤维早期极性生长的决定性因子。在单细胞水平发现核心节律器通过控制棉纤维细胞特异性表达的基因，节律性地调控线粒体能量、核糖体翻译、生长素响应等多个生理过程，从而控制棉纤维细胞的生长。发现不同激素协同调控纤维发育。通过 Cryo-EM 解析了棉花纤维素合酶 GhCesA7 同源三聚体的结构。[7-14]

河北农业大学等单位对产量性状的形成进行了遗传研究。构建588份重组自交系（RIL）鉴定出 TXNDC9 等衣分相关基因，基于1081份陆地棉 SV-GWAS 发掘了铃重的 UGT、衣分 HHT、籽指 SCaMC-1-like 等关联基因。选用315份种质鉴定到 HDG11 铃重和 asnS 衣分等候选基因。通过240份海岛棉 GWAS 鉴定到 HERK1、GbTCP 等衣分关联基因。发现铃重、籽指关键基因 TIP41L、GH3、RBOHD 等影响衣分，GhGA2OX8 影响开花时间、铃期、全生育期、霜前花率，CEP1 影响第一果枝节位高，GhAP1-D3 能够促进棉花早熟，GhGAI 与 GhAP1 互作并通过赤霉素途径调控开花。[3, 15-19]

抗病虫生物学研究取得实质性进展。解析了不饱和脂肪酸、独脚金内酯、乙烯、油菜素内酯及苯丙烷代谢与黄萎病抗性的关系，揭示了叶绿体蛋白 PSB27 及具备 TIR 结构的 NLR 蛋白协同调控抗病与产量的分子网络，克隆了 Bin2、GhGPA、GhNCS、GhSSI2、GauCCD7、GauCBP1、GhMYB36、GbCYP86A1-1、GhWRKY41 等多个调控黄萎病抗性的新基因；发现 miR398b、lncRNA7、lncRNA2 非编码 RNA 通过靶向多个防御基因进而调控棉花黄萎病抗性。鉴定出外源抗真菌蛋白 BbAFP1、GAFP4、CGTase 可显著提高棉花黄萎病抗性。在陆地棉中鉴定到抗枯萎病主效基因 *Fov7*，是我国棉花抗病品种的优异等位变异。对 550 份核心种质进行多年多点抗蚜虫、烟粉虱田间鉴定，筛选出高抗和高感虫材料。发现 WRKY18/40 调控 *MAPK*、*RLK25*、*CYP* 基因的表达，以及有潜在功能的非编码 RNA 在植物响应生物胁迫中起作用。[2, 20-25]

棉花耐高温、抗旱和耐盐遗传研究取得新进展。华中农业大学定位了 3 个与高温条件下花粉活性相关的遗传位点，从中鉴定到 *GhACO2* 和 *GhHRK1* 等 10 个高温育性关键基因，发现 MYB66–MYB4–CKI 的信号网络通过调控糖脂代谢平衡和活性氧信号抑制花粉活性。浙江大学发现 HRP–PIF4–EIN3 的信号级联模块调控生长素和 HSF 蛋白积累，GhHSP24.7 介导线粒体蛋白乙酰化调控气孔开度，从而参与棉花苗期高温响应。南京农业大学从栽培生理角度解析了高温、干旱及其复合胁迫对棉花产量、品质形成的影响。鉴定出新的棉花干旱应答基因 *Gh_A04G0377* 和 *Gh_A04G0378*。发掘出响应盐胁迫的 GASA 超家族成员 *GhGASA1* 和编码精氨酸脱羧酶基因 *GhADC2*。阐明了长链非编码 RNA *GhDAN1* 改变植株耐旱能力的机制，发现棉花中 MAPK 级联与 ABA 信号互作参与干旱调控。[26-30]

4. 科技进步促进棉花种业发展

随着我国种业振兴行动方案全面实施，棉花种子企业不断发展壮大，河间市国欣农村技术服务总会、中棉种业科技股份有限公司、新疆金丰源种业股份有限公司和新疆塔里木河种业股份有限公司入选国家种业阵型企业。培育、筛选和转化了一批成熟性好、抗逆性强、高产、优质、适宜机采的棉花品种，为优化棉花品种布局提供了保障。利用 SSR 分子标记技术建立了棉花品种指纹图谱及种子性状鉴定技术体系，保证了品种真实性、纯度鉴定。棉花种子磁选技术得到广泛应用，显著提升了棉花种子加工质量，降低了破籽率。棉花种子生产基地建设取得成效，建立了百万亩棉花种子繁育基地。棉花种业育、繁、推一体化，产、学、研相结合得到加强，显著提升了我国棉花种业企业创新能力。

（二）棉花生理生态与栽培管理科技进展

1. 棉花种植制度和种植模式优化

近几年，长江、黄河流域两熟制夏直播棉花的比例迅速增加，生产成本显著降低，植棉效益显著提高；新疆南疆果（红枣、杏、核桃）棉间作面积曾有 500 多万亩，但因机械作业不便而逐渐退出，新型"棉花＋粮、油"棉田种植模式逐渐形成。此外，棉田用地养地结合的意识不断增强，内地棉花与豆科作物花生、大豆、绿豆等带状间作、轮作和新疆棉花与粮食、油料作物轮作倒茬等呈迅速发展态势。

2. 棉花轻简栽培技术集成创新

轻简栽培技术集成取得新进展[31]：①精量播种免定苗技术。形成了"单粒穴播、精准浅播、增加穴数、免间定苗"为核心的单粒精播免定苗技术，节省了种子及间苗定苗用工；②密植化控免整枝技术。密植通过改变内源激素含量和分布，抑制了叶枝生长；甲哌鎓化控结合水肥运筹实现封顶，合理密植与化学调控和水肥运筹有机结合，实现了免整枝免打顶；③水肥轻简运筹技术。以控释肥深施、种肥同播和水肥一体化为关键的技术实现水肥轻简运筹；④高效脱叶集中收获技术。以噻苯隆和甲哌鎓为基础优化配方、优选药械、优择喷期的棉花脱叶催熟新技术。

3. 棉花优质高产协同栽培技术集成创新

量质协同栽培技术集成取得新进展：①揭示了棉花量质协同生物学机制。提出了基于优质高产纤维形成的温光水作用机理和养分需求规律的最适温光水调控指标，量化了量质协同提高的棉铃对位叶临界养分指标；②建立了棉花量质协同个体与群体质量指标。内地春播棉主攻温光高能壮个体、麦（油）后棉主攻现蕾–成铃–吐絮"三集中"高光效群体，新疆南疆植棉主攻温光高能壮个体和高光效优群体；③集成创新和应用了棉花优质高产协同栽培技术，促进了纤维产量和品质的协同提高。

4. 棉花抗逆栽培技术研发

抗旱节水盐栽培取得新进展。新疆北疆运用"干播湿出技术"，大幅度节约了用水。将传统干播湿出技术改进后应用于新疆南疆，即行距配置由66+10厘米调整为63+13厘米或76厘米等行距，由传统的一次滴苗水改为3~4次，单次灌水量减小。对传统膜下滴灌技术探索了"三调整"：一是将膜带布局调整为1膜6行3带或1膜3行3带；二是连续高水量（50~60毫米/次）定额滴灌调整为高水量滴灌与低水量滴灌（23~30毫米/次）交替；三是调整灌水终止期，比传统滴灌提前7天左右，节水20%~30%。

5. 智慧棉作示范应用

棉花智慧栽培在传感器监测技术、无人机高光谱、RGB、热红外成像、卫星遥感、水肥一体化自动控制以及无人机植保等方面取得了较大进展。开发和使用了基于物联网的光、温、水、叶片温度、土壤pH、电导率等监测技术，系统研究了作物群体光能利用时空特点和竞争机制及棉田水、热等资源的运动消耗特征的数量化方法和理论；建立了无人机和卫星遥感识别棉花覆盖度、生物量等新技术；水肥一体化自动控制基本实现了控制设备的国产化、远程控制和自动控制，大幅降低了灌溉施肥的人工投入、劳动强度和用水量等。

（三）棉花基因组研究及其应用

1. 基因组研究与重要性状的遗传定位

在棉花基因组方面取得显著进展，厘清了棉花进化和种质资源多样性的遗传基础。阐明了四倍体棉花基因组起源，发现四倍体A亚组的祖先种不一定是草棉（A_1）或亚洲棉（A_2），而有可能是已经灭绝的A_0基因组类型棉花。组装了现代陆地棉和海岛棉品种的高质量基因组，揭示了陆地棉现代品种改良过程中的结构变异，以及海岛棉与陆地棉之间的结构变异。构建了 7 个四倍体棉种的泛基因组、陆地棉和海岛棉的泛基因组以及二倍体棉种的泛基因组，发现不同棉种间广泛存在的基因渐渗现象。揭示了棉花遗传改良路径，找到了棉花育种过程中丢失的优良变异。发现棉花基因组大小演化规律、不同二倍体棉种和四倍体亚基因组的基因组大小演化特征。解析了棉花表观、三维基因组结构特征，发现多倍化后亚基因组表观修饰的趋同演化塑造了同源基因复杂的表达调控，揭示了不同二倍体棉种同源基因的染色质互作网络差异和非编码调控元件的演化特征。高质量基因组组装助推棉花纤维产量和品质、抗病性、耐高温等重要性状位点鉴定，为基因组育种奠定了良好基础。[32–38]

2. 棉花栽培的分子生态基础

棉花栽培技术的研究进入分子水平[27, 39]：①在节水抗旱方面，发现 *GhHSP70-26*、*GhirGDSL26* 等基因通过调控活性氧（ROS）含量变化响应干旱胁迫；*GhHB8-5D* 通过调控次生细胞壁的生物合成以适应环境变化；*GhKNOX4-A* 和 *GhKNOX22-D* 可能通过调控气孔开放和氧化应激参与干旱响应；*GhMAP3K14-GhMKK11-GhMPK31* 通路参与了棉花响应干旱胁迫。②在养分管理方面，减氮配施生物炭下调了棉花根系转录组中谷氨酸脱氢酶基因 2（*GDH2*）及铵离子转运蛋白基因的表达量，上调了谷氨酸脱氢酶基因 3（*GDH3*）的表达量。③在脱叶催熟方面，甲哌鎓可以下调赤霉素生物合成基因 *KAO1*、赤霉素信号转导基因 *RGA2* 等，IAA 合成相关基因 *TAR2* 和 PIN 家族基因 *PIN1* 等的表达，IAA 含量显著降低；噻苯隆可以诱导 *GhACS1* 和 *GhACO1* 的表达以增加叶片乙烯释放量，诱导 *GhEIN3* 和 *GhERF23* 的表达以向叶柄离层部位传递信号，引起离层部位与脱落相关基因的上调表达，促进叶柄离层形成和叶片脱落。

二、棉花科技国内外发展比较

1. 棉花种质资源与育种的国内外比较

我国保存棉花资源 8000 多份，保存量居世界第三位。但我国棉花原始种质资源不足、重复资源较多、人工创新资源较少。美国农业部试验站对资源的评价是年度常规工作，而我国对资源的评价与利用缺乏系统性，评价规模小、手段简单，难以发现突破性资源。我国在早熟、耐密、高产棉花育种方面优势突出，但我国基本以常规育种为主；转基因抗虫棉还停留在第一代，抗除草剂棉花还处于研发阶段；品种同质性高、突破性品种少。美国将生物技术和基因组选择与常规育种结合，促进品种换代更新，而且多数是抗虫与抗除草剂叠加的复合抗性品种。我国与发达国家棉花育种的差距表现在棉花种子企业缺乏强力研发队伍和现代育种技术；具有重大价值的基因源缺乏；育种单位小而全；生物技术与常规技术结合不紧密；品种评价与纺织企业需求脱节。美国的棉花品种发放前需要做纺织试验，我国在这方面还没有建立起相应的制度体系。

2. 棉花栽培管理国内外比较

我国传统的棉花优质高产高效栽培管理、棉田多熟种植等集约化技术居国际领先水平，但智慧棉作的理论研究和技术创新与发达国家存在较大差距。国外基于分子水平的棉花绿色调控研究进展较快，合成了 1- 甲基环丙烯等新型植物生长调节剂，而国内仍主要致力于复配产品研究；发达国家通过成熟的棉花绿色、智慧化栽培方案，实现了精确简化管理，我国植棉精细化管理导致技术复杂化，与轻简高效要求不匹配；国外基于研、教、推、产一体化的大农场生产模式，加强理论研究与技术推广的联系，强化生产一线人才培养，国内虽然在减肥减药、秸秆还田、盐碱地植棉理论与技术研究等方面取得较大进展，但是物化成本投入大、损失多的问题没有根本改变。

3. 棉花基因组研究国内外比较

我国棉花的基因组研究总体居于世界领先水平。近年来，我国对亚洲棉、非洲棉、陆地棉、海岛棉以及野生棉进行了高质量基因组组装，对基因组的演化、驯化、栽培品种的基因组改良进行了系统研究；同期国外研究人员组装了 5 个四倍体棉种和 3 个二倍体棉种的基因组。我国多个棉花研究团队基于基因组剖析了棉花纤维品质、产量、适应性等相关农艺性状的遗传基础，鉴定了一批重要农艺性状相关的位点；同期国外对一些纤维品质主效 QTL 进行了精细定位。在表观基因组学领域，国内研究者构建了不同倍性棉花的开放染色质图谱和三维基因组结构图谱，发现多倍化后开放染色质发生趋同进化并导致陆地棉中基因的新型表达模式产生，揭示了亚基因组协作调控异源四倍体棉花纤维发育的基因组拓扑结构基础；国外研究者通过对 5 个四倍体棉种的表观基因组分析，发现多倍体化通过改变表观遗传修饰水平抑制遗传重组率。

三、棉花科技发展趋势与对策

我国棉花科技创新应以"四个面向"为引领，聚焦棉花主产区的新需求，针对棉田向盐碱干旱瘠薄地转移，高、低温等非生物逆境为害频发重发，遗传品质协调性不够，生产品质一致性差等问题，超前布局棉花科技创新，通过联合攻关，研发形成一批突破性的棉花新品种、新模式、新技术、新产品，为建设棉花强国提供强有力的科技支撑。

1. 棉花科技重大理论创新

棉花育种将进入基因组育种时代，棉花基因组结构、进化、驯化机制仍将是重点关注的理论问题，包括多倍体亚基因组之间的相互作用及驯化选择，多倍体生物学性状关键基因各成员的功能及相互作用，转座子沉默与激活的机制及功能性转座子发掘，不同发育时期全基因组的表观遗传调控与亚基因组的关系等。胚珠表皮细胞命运的决定事关产量和品质形成，棉花高温、黄萎病、虫害等逆境因子的分子受体发掘及机制解析都是非常重要的基础理论问题。如何利用大数据建立棉花生长发育阶段对养分、水等资源的需求和利用模型，做到"按需科学供养"，是值得探索的重要问题。

2. 棉花科技重大技术创新

棉花基因组育种将快速发展，一方面需要基于基因组的重要性状基因模块化育种和多性状同步改良实现突破；另一方面是基于非基因型依赖的遗传转化系统以及基因编辑工具要不断升级。"基因组＋基因编辑"技术组合创新将对升级棉花育种技术和培育新品种有重要价值。加强棉花种质资源的自主创新非常重要，资源创新和育种技术创新、有重大应用价值的新基因发掘是棉花育种创新的焦点。

棉花栽培管理研究一是要重视研究理念、方法和组织方式更加符合高质量绿色发展需求，二是要推动种植区域布局和种植模式的合理化，三是要注重棉花生产资源利用的高效化、绿色化和生产管理的智慧化，四是注重棉花的纤油饲一体化综合利用，五是要力争实现棉花产量品质协同、综合利用高效的"精准设计栽培"。

参考文献

[1] GE X Y, XU J T, YANG Z E, et al. Efficient genotype-independent cotton genetic transformation and genome editing [J]. Journal of Integrative Plant Biology, 2023, 65: 907-917.

[2] ZHANG Y H, ZHANG Y N, GE X Y, et al. Genome-wide association analysis reveals a novel pathway mediated by a dual-TIR domain protein for pathogen resistance in cotton [J]. Genome Biology, 2023, 24: 111.

[3] LI B, LIANG S J, ALARIQI M, et al. The application of temperature sensitivity CRISPR/LbCpf1（LbCas12a）mediated genome editing in allotetraploid cotton（*G. hirsutum*）and creation of nontransgenic, gossypol-free cotton [J]. Plant Biotechnology Journal, 2021, 19: 221-223.

[4] MANGHWAR H, LI B, DING X, et al. CRISPR/Cas systems in genome editing: methodologies and tools for sgRNA design, off-Target evaluation, and strategies to mitigate off-target effects [J]. Advanced Science, 2020, 7: 1902312.

[5] WANG Q Q, ALARIQI M, WANG F Q, et al. The application of a heat-inducible CRISPR/Cas12b（C2c1）genome editing system in tetraploid cotton（*G. hirsutum*）plants [J]. Plant Biotechnology Journal, 2020, 18: 2436-2443.

[6] WANG G Y, XU Z P, WANG F Q, et al. Development of an efficient and precise adenine base editor（ABE）with expanded target range in allotetraploid cotton [J]. BMC Biology, 2022, 20: 45.

[7] CAO J F, ZHAO B, HUANG C C, et al. The miR319-targeted *GhTCP4* promotes the transition from cell elongation to wall thickening in cotton fiber [J]. Molecular Plant, 2020, 13: 1063-1077.

[8] HUANG J F, CHEN F, GUO Y J, et al. *GhMYB7* promotes secondary wall cellulose deposition in cotton fibres by regulating *GhCesA* gene expression through three distinct *cis*-elements [J]. New Phytologist, 2021, 232: 1718-1737.

[9] WANG D H, HU X, YE H Z, et al. Cell-specific clock-controlled gene expression program regulates rhythmic fiber cell growth in cotton [J]. Genome Biology, 2023, 24: 49.

［10］WEN X P, ZHAI Y F, ZHANG L, et al. Molecular studies of cellulose synthase supercomplex from cotton fiber reveal its unique biochemical properties［J］. Science China–Life Sciences, 2022, 65: 1776-1793.

［11］YANG Z R, LIU Z, GE X Y, et al. Brassinosteroids regulate cotton fiber elongation by modulating very–long–chain fatty acid biosynthesis［J］. Plant Cell, 2023, 35: 2114-2131.

［12］ZHANG X N, XUE Y, GUAN Z Y, et al. Structural insights into homotrimeric assembly of cellulose synthase CesA7 from *Gossypium hirsutum*［J］. Plant Biotechnology Journal, 2021, 19: 1579-1587.

［13］ZHU L P, JIANG B, ZHU J J, et al. Auxin promotes fiber elongation by enhancing gibberellic acid biosynthesis in cotton［J］. Plant Biotechnology Journal, 2022, 20: 423-425.

［14］ZHU X Q, XU Z P, WANG G Y, et al. Single–cell resolution analysis reveals the preparation for reprogramming the fate of stem cell niche in cotton lateral meristem［J］. Genome Biology, 2023, 24: 194.

［15］HE S P, SUN G F, GENG X L, et al. The genomic basis of geographic differentiation and fiber improvement in cultivated cotton［J］. Nature Genetics, 2021, 53: 916-924.

［16］LI J Y, YUAN D J, WANG P C, et al. Cotton pan–genome retrieves the lost sequences and genes during domestication and selection［J］. Genome Biology, 2021, 22: 119.

［17］LI Y Q, SI Z F, WANG G P, et al. Genomic insights into the genetic basis of cotton breeding in China［J］. Molecular Plant, 2023, 16: 662-677.

［18］MA Z Y, ZHANG Y, WU L Q, et al. High–quality genome assembly and resequencing of modern cotton cultivars provide resources for crop improvement［J］. Nature Genetics, 2021, 53: 1385-1391.

［19］WANG C X, LIU J J, XIE X Y, et al. *GhAP1-D3* positively regulates flowering time and early maturity with no yield and fiber quality penalties in upland cotton［J］. Journal of Integrative Plant Biology, 2022, 65: 985-1002.

［20］CHEN B, WANG Z C, JIAO M J, et al. Lysine 2–hydroxyisobutyrylation– and succinylation–based pathways act inside chloroplasts to modulate plant photosynthesis and immunity［J］. Advanced Science, 2023: e2301803.

［21］LIU S M, ZHANG X J, XIAO S H, et al. A single–nucleotide mutation in a GLUTAMATE RECEPTOR–LIKE gene confers resistance to Fusarium wilt in *Gossypium hirsutum*［J］. Advanced Science, 2021, 8: 2002723.

［22］MO S J, ZHANG Y, WANG X F, et al. Cotton *GhSSI2* isoforms from the stearoyl acyl carrier protein fatty acid desaturase family regulate Verticillium wilt resistance［J］. Molecular Plant Pathology, 2021, 22: 1041-1056.

［23］SONG Y, ZHAI Y H, LI L X, et al. BIN2 negatively regulates plant defence against *Verticillium dahliae* in *Arabidopsis* and cotton［J］. Plant Biotechnology Journal, 2021, 19: 2097-2112.

［24］YI F F, SONG A S, CHENG K, et al. Strigolactones positively regulate Verticillium wilt resistance in cotton via crosstalk with other hormones［J］. Plant Physiology, 2023, 192: 945-966.

［25］ZHANG Y, CHEN B, SUN Z W, et al. A large–scale genomic association analysis identifies a fragment in Dt11 chromosome conferring cotton Verticillium wilt resistance［J］. Plant Biotechnology Journal, 2021, 19: 2126-2138.

［26］AZEEM F, ZAMMER R, RASHID M A R, et al. Genome–wide analysis of potassium transport genes in *Gossypium raimondii* suggest a role of *GrHAK/KUP/KT8*, *GrAKT2.1* and *GrAKT1.1* in response to abiotic stress［J］. Plant Physiology and Biochemistry, 2021, 170: 110-122.

［27］CHEN L, SUN H, WANG F J, et al. Genome–wide identification of MAPK cascade genes reveals the GhMAP3K14-GhMKK11-GhMPK31 pathway is involved in the drought response in cotton［J］. Plant Molecular Biology, 2020, 103: 211-223.

［28］LI B Q, CHEN L, SUN W N, et al. Phenomics–based GWAS analysis reveals the genetic architecture for drought resistance in cotton［J］. Plant Biotechnology Journal, 2020, 18: 2533-2544.

［29］MA Y Z, MIN L, WANG J D, et al. A combination of genome–wide and transcriptome–wide association studies reveals genetic elements leading to male sterility during high temperature stress in cotton［J］. New Phytologist,

2021, 231: 165-181.
[30] TAO X Y, LI M L, ZHAO T, et al. Neofunctionalization of a polyploidization-activated cotton long intergenic non-coding RNA *DAN1* during drought stress regulation [J]. Plant Physiology, 2021, 186: 2152-2168.
[31] CAO N, WANG J W, PANG J W, et al. Straw retention coupled with mineral phosphorus fertilizer for reducing phosphorus fertilizer input and improving cotton yield in coastal saline soils [J]. Field Crops Research, 2021, 274: 108309.
[32] CHEN Z J, SREEDASYAM A, ANDO A, et al. Genomic diversifications of five *Gossypium* allopolyploid species and their impact on cotton improvement [J]. Nature Genetics, 2020, 52: 525-533.
[33] HAN J L, ARREDONDO D, YU G R, et al. Genome-wide chromatin accessibility analysis unveils open chromatin convergent evolution during polyploidization in cotton [J]. The Proceedings of the National Academy of Sciences of the United States of America, 2022, 119: e2209743119.
[34] HUANG G, WU Z G, PERCY R G, et al. Genome sequence of *Gossypium herbaceum* and genome updates of *Gossypium arboreum* and *Gossypium hirsutum* provide insights into cotton A-genome evolution [J]. Nature Genetics, 2020, 52: 516-524.
[35] JIN S K, HAN Z G, HU Y, et al. Structural variation (SV) -based pan-genome and GWAS reveal the impacts of SVs on the speciation and diversification of allotetraploid cottons [J]. Molecular Plant, 2023, 16: 678-693.
[36] PEI L L, HUANG X H, LIU Z P, et al. Dynamic 3D genome architecture of cotton fiber reveals subgenome-coordinated chromatin topology for 4-staged single-cell differentiation [J]. Genome Biology, 2022, 23: 45.
[37] PENG R H, XU Y C, TIAN S L, et al. Evolutionary divergence of duplicated genomes in newly described allotetraploid cottons [J]. Proceedings of the National Academy of Sciences, 2022, 119: e2208496119.
[38] WANG M J, LI J Y, QI Z Y, et al. Genomic innovation and regulatory rewiring during evolution of the cotton genus *Gossypium* [J]. Nature Genetics, 2022, 54: 1959-1971.
[39] GE C W, WANG L, YANG Y F, et al. Genome-wide association study identifies variants of *GhSAD1* conferring cold tolerance in cotton [J]. Journal of Experimental Botany, 2022, 73: 2222-2237.

撰稿人： 张献龙　毛树春　马峙英　李雪源　董合忠　周治国　张旺锋
　　　　 杜雄明　李亚兵　金双侠　王茂军　张　艳　胡　伟

马铃薯科技发展报告

我国是全球最大的马铃薯生产国,面积和产量分别占世界的27%和24%,单产低于世界平均水平。据国家马铃薯产业技术体系省级专家数据统计,2020—2022年马铃薯种植面积略减,由超过8300万亩减少到7700万亩左右,但总产量未明显降低,由1.23亿吨减至1.16亿吨,技术进步促使单产大幅提升,平均亩产由1.46吨增至1.51吨。马铃薯种植分布区域与脱贫地区高度重合,是巩固拓展脱贫攻坚成果接续推进乡村振兴的重要支撑产业。国内60%以上的马铃薯种植在干旱半干旱的雨养地块上,虽然立地条件有限,但生产方式已由面积扩张的初级阶段进入到提质增效的升级阶段,对机械化和社会化服务的需求显著增强,对绿色生产增效愈加关注。

一、我国马铃薯科技最新研究进展

(一)马铃薯遗传改良科技进展

1. 马铃薯遗传改良基础研究取得标志性成果

国内研究者在马铃薯功能基因组学和重要性状遗传调控机理研究方面取得了新进展。测序组装了多个二倍体基因组,分析了进化相关基因家族及其功能,构建了二倍体马铃薯泛基因组图谱并发现了与块茎发育和类胡萝卜素积累紧密关联的结构变异[1],组装了gap-free的DM8.1基因组并发现块茎储藏蛋白 *patatin* 基因在块茎特异性高表达[2],组装了青薯9号基因组与合作88单体型基因组,揭示了调控薯肉颜色的候选基因[3-4]。利用基因组设计育种培育出了二倍体马铃薯杂交组合"优薯1号"[5]。

马铃薯抗病、耐逆、自交亲和、单倍体诱导、块茎形成与发育、花青素合成等重要性状的基因挖掘与分子机制研究逐渐深入。研究发现了参与调控晚疫病抗性的6个新基因;对热休克蛋白Hsp90家族基因的进化史进行了分析并阐释了在马铃薯中的分布特征,发现 3 个转录因子过表达可分别增强马铃薯耐盐、耐旱和耐寒性[6-7]；鉴定了马铃薯中应对多种胁迫的 *STPP2C* 基因家族并进行了表达分析，构建了马铃薯干旱胁迫的调控网络[8]。克隆了马铃薯二倍体自交亲和基因 *Sli* 和单倍体诱导基因 *StDMP*[9]，建立了茉莉酸（JA）处理下块茎发育的蛋白质表达谱，挖掘了参与调节结薯时间的 3 个新基因，发现 *StABL1* 分别与 *StSP3D* 和 *StSP6A* 相互作用调控地上开花和地下结薯，过表达转录抑制因子 StJAZ1 能抑制块茎的起始和膨大，转录因子 StWRKY13 调控花青素合成关键基因的表达促进花青素积累[10-12]。分别在 10 号和 6 号染色体上定位到薯型 QTL 并开发了分子标记，开发了与熟性连锁的分子标记。获得与直链淀粉合成相关的 *GBSS I* 基因编辑再生株系。

2. 马铃薯种质资源研究逐步深入

对马铃薯种质资源精准评价愈加重视，围绕抗病性、块茎品质、熟性和遗传多样性等方面在不同产区开展，同期鉴定的种质资源群体容量较以往有所增加，为育种亲本选择提供了有价值的参考。鉴定出较多的晚疫病抗性资源[13-14]，疮痂病抗性资源[15]。在宁夏固原和甘肃定西鉴定了 331 份国内外资源和品种，分析了主要品质性状，综合评价了产量表现[16-17]。在山西大同、湖北恩施和浙江杭州等地，针对国内外种质、自育品系、地方种质等资源 300 余份开展遗传多样性评价，对多个主要质量性状和数量性状进行分析，鉴定出不同群体的遗传多样性差异[18-20]。对主栽品种进行表型评价和 SSR 分子鉴定并建立了部分品种的指纹图谱。

3. 马铃薯新品种选育趋向多元化

2020—2022 年，全国共登记马铃薯品种 275 个，企业登记品种占比明显上升。登记品种类型更加丰富、商品性更好，加工品种和早熟品种显著增加、占比分别达 25% 和 28%，具有高干物质、高淀粉、高维生素 C、低还原糖和高蛋白等特性的优质品种数量持续增加，抗晚疫病、轻花叶病毒（PVX）和重花叶病毒（PVY）品种数量逐渐增加，主栽品种更加丰富、更新换代加快。20 世纪 60 年代育成的品种"克新 1 号"和 20 世纪 50 年代国外引进品种"米拉"（Mira）面积大幅度下降；早熟鲜食品种"费乌瑞它"和晚熟鲜食品种"青薯 9 号"成为面积超过 600 万亩、排名前两位的主导品种。

4. 马铃薯种薯质量检测与繁育日渐规范

近年来，国内马铃薯脱毒种薯应用率已达 44% 左右，马铃薯种薯生产主体由科研单位和主产区分散农户转变为种业企业，马铃薯病毒快速脱除、组培快繁以及基质、雾培和水培等多种技术广泛应用于原原种繁殖，种薯质量认证试点示范工作正在实施。马铃薯种薯质量检测技术升级，不同种薯产区尝试探索各具特色的种薯繁育体系[21-22]。

（二）马铃薯栽培科技进展

1. 马铃薯田间表型分析逐步开展

田间作物表型信息是揭示作物生长发育规律及其与环境关系的重要依据。近年来，以无人机为代表的近地遥感高通量表型平台凭借机动灵活、成本低、空间覆盖广和适应复杂环境的优势成为获取田间作物表型信息的重要手段。无人机遥感表型平台已广泛用于获取马铃薯形态结构参数、光谱和纹理特征、生理生化特性等田间作物表型信息。目前在马铃薯田间表型遥感解析研究中，常采用多旋翼无人机搭载数码相机、多光谱仪、热红外成像仪和高光谱仪等传感器获取遥感影像[23]，多为被动遥感，通过图像特征分析、光谱特征分析、冠层温度分析和信息融合等处理[24-25]，结合深度学习、机器学习等人工智能算法，实现了马铃薯生育期、出苗率、株高、叶面积指数、冠层覆盖度、叶绿素含量、水分状态、叶片含氮量、生物量和产量等田间表型信息的快速获取[26-30]，在推动智慧栽培研究和加快育种效率方面发挥了重要的作用。

2. 马铃薯旱作与节水栽培愈加重视

国内围绕马铃薯不同旱作节水方式及相关的配套栽培技术，在甘肃、内蒙古、陕西、宁夏、山西、云南等地开展相关研究，研究领域涵盖控制性根区交替灌溉、调亏灌溉技术、微垄覆盖、全膜双垄覆盖、沟垄集雨覆盖、机井灌溉、喷灌、秸秆覆盖等方向，内容包括不同施肥处理（有机肥施用、黄腐酸施用、缓控释肥料）、不同品种、不同栽培密度等对马铃薯产量、水分利用效率、蓄水规律、淀粉累积、土壤酶活性、根系形态、养分吸收、积累和分配以及土壤肥力等影响，提出未来发展趋势是智能化管理技术的研发。

3. 马铃薯病虫草害防控获得进展

马铃薯病虫草害防控研究集中在生物学、致病机理、抗性机制、群体遗传、生物防治等方面。晚疫病研究一直是国内热点，发现 *StPOPA* 基因、质外体蛋白酶以及非编码 RNA 在植物抗晚疫病中发挥重要功能[31]，TOR 抑制因子协同抑制晚疫病菌生长和发育[32]。致病疫霉 RXLR 效应子 Pi04089 扰乱多种防御相关基因从而抑制寄主植株免疫[33]，发现 NLR 免疫受体 RB 被 IPI-O1 和 IPI-O4 同源但功能不同的效应蛋白靶向[34]。StMPK7、StLTP10 与 SlMYBS2 正调控植物对致病疫霉抗性[35]。温度引起的自然选择是晚疫病原菌适应性改变的主要因素，温度升高加速病菌的遗传变异[36]。芽孢杆菌 ZD01 和 C16 对早疫病有重要拮抗作用，枯草芽孢杆菌挥发性次级代谢产物 6-甲基-2-庚酮可抑制早疫病发生。从马铃薯根际土壤中筛选到对黑痣病菌高效、具有广谱拮抗活性的菌株 ZF129[37]，发现可有效抑制黑胫病和疮痂病发生的芽孢杆菌、内生细菌和拮抗菌等 11 个[38-40]。根际土壤真菌多样性降低和群落结构改变是黄萎病发生的重要原因[41]。

4. 马铃薯绿色种植技术模式集成应用

马铃薯绿色种植技术模式的研究探索与应用实践在甘肃、内蒙古、青海、宁夏、河北、河南、湖北、湖南、四川、广西、云南等多地蓬勃兴起，在轮作体系、土地精耕、减肥控药、有机肥替代、生物肥应用等诸多领域深入开展。化肥农药双减绿色生产技术研究与模式应用广泛开展，采用合理轮作，缓控释马铃薯专用肥、生物菌肥、有机肥替代传统化肥与复合肥、新型肥料（中微量元素肥、腐殖酸水溶肥等）、秸秆补偿等方式科学施肥，减施农药、精准防控等措施综合运用,促进马铃薯生产水平不断提升,实现对耕地资源和生态环境的保护与可持续利用。

5. 马铃薯智能机械化技术与装备初步研发

我国马铃薯耕种收获综合机械化率由 2020 年的 48% 增至 2022 年的 53%,平均机耕率由 77.3% 增至 80%,机播率由 28.6% 增至 33%,机收率由 28.5% 增至 34%。国产马铃薯机具产品的系列化、专业化程度持续升高,大中小型马铃薯机械生产齐头并进,技术装备配套水平与产品结构档次逐步提升。田间管理机械智能化有所突破,水肥一体智能化高效微灌技术得以推广应用,农业机器人可初步满足马铃薯智能化数据采集和生长检测管理需求,规模化农场天空地一体化智慧协同感知技术、作物生长监测及养分/病虫害高效诊断技术、马铃薯生产智慧管控技术和智慧服务平台开发及成果初步研究和应用。

(三)马铃薯产后加工科技进展

1. 马铃薯功能成分与营养研究受关注

马铃薯功能成分与营养研究近年来备受关注。不同产区评价主栽品种的块茎营养品质、加工品质、抗氧化物质及风味特性,发现紫色马铃薯在特定地区种植总氨基酸含量高、风味品质复杂且具有品种特异性;设施栽培马铃薯块茎淀粉、维生素 C 和总酚含量则低于常规栽培;西藏地区露地种植红皮马铃薯的块茎淀粉、花青素、胡萝卜素、氨基酸含量更高,温室种植的矿质元素含量更高[42-43]。有机栽培可提高薯皮厚度和硬度,增加干物质和总酚含量,不影响蒸煮特性但改善了油炸特性[44]。发现 5% 氨基寡糖素水剂处理可提高块茎干物质、淀粉和维生素 C 含量[45-46]。微波处理是紫色马铃薯最佳烹饪方式,蛋白和花色苷含量增加、花色苷提取物还原能力提高[47];微波熟化对块茎营养成分破坏最小,红外烘焙综合评分最高[48]。雪花全粉添加至纸杯蛋糕部分替代小麦粉,蛋白升高、脂肪降低、总膳食纤维增加,全粉添加量达 10% 时,总体感官评价最高[49-50];适量添加马铃薯抗性淀粉可以改善饼干品质,并调节饼干的体外消化率[51]。

2. 马铃薯加工新产品开发呈现多样化

以马铃薯为原料的加工新产品研发与生产得到发展。除传统的淀粉、全粉等原料和淀粉制品之外,休闲食品、主食产品,以及符合我国新型消费模式的鲜切马铃薯产品日渐增多[52]。马铃薯淀粉可应用于多品类食品加工[53],其具有良好的成膜性和生物相容性,可与活性成分结合制备包装材料,变性后可在食品、医药、化工、饲料、纺织、造纸等领域广泛应用[54-57]。马铃薯全粉保留了鲜薯的营养成分,主食化战略实施加快了添加全粉制品的开发步伐,主食全自动生产线研发成功,已生产出具有中国特色的传统主食和地域民族特色食品,以及快餐及功能性马铃薯食品,受到了消费者普遍认可[58-59]。

3. 马铃薯贮藏与加工装备智能化趋势明显

马铃薯内外部品质无损检测技术研究取得进展。研发了基于可见-红外光谱等光电传感技术的马铃薯部分成分无损速测方法和系统，基于RGB图像、深度图像学习的缺陷自动检测与剔除技术，探索依据不同的外部缺陷建立识别模型。商品化尺寸分级技术和设备已产业化应用。马铃薯加工技术和设备向多样化、低成本方向发展。防褐变复合型添加剂延长加工半成品货架期至15天[60]。开发了首条马铃薯生粉加工生产线；智控型连续混合成型一体化设备使区域特色小吃得到工业化生产；智能化控制装备实现了可添加马铃薯浆的方便食加工生产，开启了薯浆、薯泥高占比添加的马铃薯馒头、面条、面包、饼干等食品低成本加工之路。马铃薯贮藏技术不断升级，贮藏设施与装置愈加智能化。设计了贮藏环境调控系统，可对环境参数进行实时检测调控[61-62]。采用聚苯乙烯泡沫（EPS）新型保温材料建造的贮藏设施隔热保温效果好，建造速度快、成本低，且可实现贮藏中防腐剂、抑芽剂等的简便、高效、安全施用[63]。

4. 马铃薯加工副产物资源化利用研究推进

针对马铃薯皮渣和废水开展广泛研究。以皮渣复配鹰嘴豆粉为主要原料，通过挤压膨化技术制备膨化休闲食品，具有良好的食用品质和抗氧化活性[64]；对皮渣进行饲料化利用，可提高畜禽的生产性能、免疫力和养殖的经济效益[65]；以皮渣为原料制备纤维素纳米纤维，可应用于医药领域，提高了附加值[66]；通过生物和热化学转化可以将皮渣转化为生物燃料和生物油、生物炭和生物吸收剂等高价值化学品[67]。通过常压室温等离子体技术诱变选育出优良菌株应用于马铃薯加工废水发酵，进行马铃薯田间灌溉，可提高块茎品质[68]；以马铃薯蛋白为原料，通过酶解得到分子量为5~10 kD的蛋白水解物，可应用于功能食品开发[69]；采用超声波辅助酶、碱结合的方法可以从马铃薯加工废水中提取膳食纤维，具有良好的功能特性[70]。

二、马铃薯科技国内外发展比较

（一）马铃薯遗传改良

近年来国外马铃薯遗传改良研究内容系统，研究领域从遗传基础理论、育种关键技术、重要基因挖掘、特异资源创制覆盖到专用新品种选育。围绕基因组学、块茎发育生物学、抗逆生物学等领域开展基础研究，对不同倍性的多个马铃薯基因组进行了测序与组装，破译了高度复杂的四倍体基因组，证实了具有昼夜节律依赖性的 stCDF 基因与其反义 lncRNA 同时参与块茎发育和干旱反应、强化环境变化适应性的分子证据[71]。针对育种家数据分析、染色体操作、单倍体诱导、基因编辑等育种技术进行深入研究，开发了基于马铃薯根毛的基因组编辑技术体系，提高了编辑效率[72]。对种质资源进行系统研究，分析了大量育种亲本、栽培品种和孤雌生殖诱导者杂种，挖掘了抗晚疫病相关QTL及与薯皮色、生育期、块茎形成等重要性状相关的基因，证明了诱导者在双单倍体产生过程中传递信息的方式。开展基因挖掘的性状有所拓展，定位到块茎表皮成熟度QTL、参与调控开花和盐胁迫相应的生物钟基因，揭示了调控源库平衡的新基因[73]。创制了聚合晚疫病多抗性基因不同倍性的新种质，育成优质、抗虫、加工特性优良的多个新品种[74]。

国内马铃薯遗传改良研究领域相对聚焦，主要集中在基因组学、重要性状遗传调控机理、重要性状基因挖掘等方面。基因组学相关研究处于国际领先水平，分子设计育种取得标志性成果，对种质资源精准评价逐渐重视，但种质资源创新相关研究结果发表较少，对基因组选择、基因编辑等育种技术研究相对不足。新品种选育数量和质量均有增加，加工品种和早熟品种占比增加，但仍然以晚熟品种占主导，商业化育种企业登记品种明显增多，但原始创新的比例较低。

（二）马铃薯栽培科技

近年来国外围绕水肥高效利用机制、土壤-植物互作机制、气候智慧型农业和精准农作技术开展了广泛研究，在水肥精准调控、养分高效利用、干旱/高盐/高温等逆境胁迫分子生理机制、水分/养分盈亏诊断、作物生长-土壤过程耦合机制、气候变化响应和环境影响评价等方面[75]，新技术、新方法应用更加广泛，利用宏基因组学/代谢组学研究土壤-植物-微生物相互作用增多，多源大数据融合趋势更加突出，且更加注重遥感数据与农学机理的融合。目前国外发达国家规模化农场机械化、数字化和智能化栽培技术应用较为广泛[76]，气象信息、土壤水分等环境参数和机械作业轨迹监测应用较为成熟，注重根据田间环境和作物长势空间差异进行变量精准作业，显著节约了人力，有效提高了马铃薯资源利用效率和生产管控效率。

国内主要围绕马铃薯丰产优质与资源高效利用协同调控、逆境胁迫适应的生理机制、绿色低碳生产和智慧农作理论技术开展研究，明确种植密度、种植模式、地膜覆盖、水肥管理等因子对马铃薯生长发育、产量、品质及资源利用效率的影响效应[77]，一年多熟制绿色高效耕作模式、土壤地力提升和作物-土壤-肥料匹配的研究增多，运用宏基因组测序技术解析了马铃薯连作障碍发生的机理，围绕不同生态区主栽品种研发了大量高产优质轻简化技术集成模式，旱作膜下滴灌技术在西北等干旱、半干旱地区应用广泛，稻薯水旱轮作和高效间作套种等周年生产模式在西南混作区和南方冬作区不断创新。水肥药一体化、无人机植保等推广应用迅速，绿色高效智能化栽培技术开始起步，环境信息智能感知、生长管理智慧决策、田间作业智能控制等技术已在国内规模化农场示范。但由于我国马铃薯生产以小农户为主，部分主产区存在地形障碍，机械化尚未普及，且物联网传感器价格较高，限制了小农户应用。

（三）马铃薯产后贮藏与加工

国外马铃薯食品消费量大且加工业发达。近年来马铃薯品质检测分级装备开始应用，分级机融合机器视觉、激光、光谱等技术，可全面检测块茎瑕疵和缺陷、精准剔除；台式品质快检仪已商业化应用。一些物理方法被用于块茎抑芽保鲜领域，如 UV-C 照射处理[78]、高能电子术处理[79]、气调储藏[80]、乙烯等，部分植物精油及次生代谢物也具有良好的抑芽保鲜效果，已广泛应用于生产[81-83]。马铃薯智能化贮藏装备发展快、技术水平高，视觉控制智能存储计算机已在仓储设施中配备，通过控制风扇、百叶窗、加热器和冷却装置来调节温度、相对湿度和二氧化碳水平。研发了用保鲜箱和高效 LED 节能照明灯来减轻贮藏损失。

国内马铃薯消费主要以鲜食为主，近年来马铃薯主食产品日益丰富。马铃薯分级装备以网眼式、辊杆式等机械振动分级机为主，基于智能光电检测的分级应用较少。马铃薯抑芽保鲜应用刚起步，主要集中在实验室药物筛选研发环节。高端仓储装备被历史悠久、实力雄厚的外企牢牢占据，研发处于起步阶段，已开始研发综合控制系统，可实现精细控制仓储的空气条件、远程实时访问、回溯仓储数据。无损检测技术被用于马铃薯贮藏加工，如基于机器视觉的马铃薯褐变检测方法[84]。

三、马铃薯科技发展趋势与对策

近年来我国马铃薯产业科技发展迅速，诸多研究领域接近国际先进水平。马铃薯产业进入注重提质增效的内涵式发展阶段，强基础、补短板、创特色是未来 5~10 年马铃薯研发的重点。

（一）加强马铃薯生物育种基础研究

迫切需要系统收集种质资源并精准评价基因型和表型，开展基因组选择、基因编辑和育种信息数字化技术研发，结合传统育种技术建立综合绿色智能化高效育种技术体系。构建高通量精准鉴定平台，发掘特异种质材料，定向改良和创制多抗、优质和特异新种质；利用多组学协同技术持续挖掘重要性状的主效基因并解析遗传调控机制；加强复杂性状基因组选择技术和基因编辑技术创新，为绿色高产优质突破性品种提供种质资源和育种技术支撑。

（二）加强马铃薯绿色智能化生产的基础与关键技术研究

亟需突破丰产优质与资源高效利用协同调控、旱作节水高效种植、绿色智慧高效栽培等技术，协同提升马铃薯产量、品质、资源利用效率和种植效益。重点研究光温、土壤、水分、养分、微生物等环境及栽培因子对产量、品质形成的协同调控机理，揭示产量形成与光温水肥匹配协调机制、资源高效利用及调控机理、高产高效群体优化调控机制等，研发适合不同生态区的丰产优质高效协同提升的栽培技术体系。围绕信息感知、智慧决策、精准作业和高效服务等创新链条加强数据、知识和智能装备等核心要素的融合应用，构建现代科学水肥药高效管理技术体系、病虫害现代化监测预警体系，实现马铃薯绿色化、精准化和智能化生产。

（三）加强马铃薯绿色优质专用新品种培育、示范与推广，推动品种更新换代

加强马铃薯绿色优质专用新品种培育，面向保障粮食安全、乡村振兴、美好生活和产业高质量发展的重大需求，重点创制抗病耐逆、优良加工和营养品质、早熟等育种材料，培育绿色优质专用马铃薯新品种，重点选育抗晚疫病、抗土传病害、耐旱、高水肥利用效率的绿色优质、早熟、加工专用和高营养新品种。发挥科研单位平台人才优势、企业基地条件和市场感知优势、专业合作社的延伸优势，开展全国范围的新品种示范与推广。加强对市场需求强的苗头新品种的展示和表现突出品种的示范，推广和培育重大突破型品种，增强新品种示范和推广能力，推动主栽品种更新换代。

（四）优化马铃薯种薯繁育和质量控制技术，推动种薯生产标准化，提高脱毒种薯应用率

优化种薯繁育与质量控制技术，实现标准化生产，提高优质种薯应用率。建立低能耗、高繁殖率和节省劳动力的高效种薯繁育技术体系，建立高准确率、高通量、低成本和规范化的种薯质量控制技术体系。加强区域性良繁基地建设，实现标准化种薯生产，增强优质种薯的供应能力。推动第三方检测机构建设，建立种薯质量认证制度，提高脱毒种薯应用率，注重培育科技型种薯龙头企业。

（五）加强马铃薯产后加工与综合利用研究

重点开展马铃薯提质加工技术研究，解决原料品质快速检测、加工过程安全节能、关键设备自主智能等卡脖子技术问题。加强马铃薯块茎品质快速无损检测技术研究，基于光谱技术原理优化块茎常量成分、内部缺陷快速检测技术，基于视觉、嗅觉技术原理优化块茎外部缺陷快速检测技术，研制便携式、在线低成本检测仪器和系统。加强马铃薯加工与营养品质提质关键技术研究，突破薯泥、薯浆制备关键技术，基于薯泥、薯浆开发适合工业化加工的各类食品。加强马铃薯绿色加工关键技术研究，优化绿色褐变控制、灭菌等技术，突破规格切制、标准干燥、冷冻节能、预制风味调理、全程智能调控等技术和装备。加强马铃薯工业化食品再制造关键装备研究，突破马铃薯食品营养复配、高效调质、数控醒发、标准成型等技术，开发智控设备，研究快餐食品中央厨房智控复熟设备。

参考文献

[1] ZHOU Q, TANG D, HUANG W, et al. Haplotype-resolved genome analyses of a heterozygous diploid potato [J]. Nature Genetics, 2020, 52: 1018-1023.

[2] YANG X H, ZHANG L K, GUO X, et al. The gap-free potato genome assembly reveals large tandem gene clusters of agronomical importance in highly repeated genomic regions [J]. Molecular Plant, 2020, 16: 314-317.

[3] WANG F, XIA Z Q, ZOU M L, et al. The autotetraploid potato genome provides insights into highly heterozygous species [J]. Plant Biotechnology Journal, 2022, 20: 1996-2005.

[4] BAO Z, LI C, LI G, et al. Genome architecture and tetrasomic inheritance of autotetraploid potato [J]. Molecular Plant, 2022, 15: 1211-1226.

[5] ZHANG C, YANG Z, TANG D, et al. Genome design of hybrid potato [J]. Cell, 2021, 184: 3873-3883.

[6] ZHU X, HONG X S, LIU X, et al. Calcium-dependent protein kinase 32 gene maintains photosynthesis and tolerance of potato in response to salt stress [J]. Scientia Horticulturae, 2021, 285: 110179.

[7] 贺飞燕, 徐建飞, 简银巧, 等. 过表达肌醇半乳糖苷合成酶基因（*ScGolS1*）提高转基因马铃薯的耐寒性 [C]// 金黎平, 吕文河. 马铃薯产业与种业创新（2022）. 哈尔滨: 黑龙江科学技术出版社, 2022.

[8] 李鹏程. DNA 甲基化参与调控马铃薯响应干旱胁迫的表观遗传学研究 [D]. 兰州: 甘肃农业大学, 2020.

[9] ZHANG J, YIN J, LUO J, et al. Construction of homozygous diploid potato through maternal haploid induction [J]. aBIOTECH, 2022, 3: 163-168.

[10] JING S L, JIANG P, SUN X M, et al. Long-distance control of potato storage organ formation by SELF PRUNING 3D and FLOWERING LOCUS T-like 1 [J]. Plant Communications, 2023, 4: 100547.

[11] BEGUM S, JING S L, LIU Y, et al. Modulation of JA signalling reveals the influence of StJAZ1-like on tuber initiation and tuber bulking in potato [J]. The Plant Journal, 2022, 109: 952-964.

[12] 张会灵, 张菊平, 宋波涛, 等. 马铃薯花青素合成调控基因 *StWRKY13* 及其应用: CN112029778B [P]. 2022-03-22.

[13] 李华青, 王芳, 王舰. 马铃薯种质资源室内接种晚疫病的抗性鉴定 [J]. 分子植物育种, 2020, 18: 2728-2735.

[14] 娄树宝, 李凤云, 田国奎, 等. 马铃薯种质资源晚疫病抗性评价及分子标记辅助筛选 [J]. 作物杂志, 2021 (4): 196-201.

[15] 聂峰杰, 巩檑, 甘晓燕, 等. 马铃薯资源抗疮痂病鉴定及 SSR 遗传多样性分析 [J]. 分子植物育种, 2022, 20: 1609-1618.

[16] 颉瑞霞, 张小川, 吴林科, 等. 马铃薯种质资源主要品质性状分析与评价 [J]. 分子植物育种, 2020, 18: 6828-6836.

[17] 吴琪滢, 李德明, 郭志乾, 等. 西北地区不同马铃薯种质资源产量和营养品质综合分析与评价 [J]. 中国马铃薯, 2021, 35: 489-499.

[18] 吴承金, 陈火云, 宋威武. 国内育成马铃薯品种资源的表型及品质性状综合评价 [J]. 中国瓜菜, 2021, 34 (7): 43-49.

[19] 杨春, 齐海英. 马铃薯种质资源表型性状的遗传多样性分析 [J]. 农学学报, 2020, 10 (1): 13-21.

[20] 沈升法, 项超, 李兵, 等. 浙江省马铃薯种质资源的表型鉴定与多样性分析 [J]. 浙江农业学报, 2022,

34：2319-2328.

［21］ 魏进堂，李旭华，邹金秋．甘肃定西马铃薯及其脱毒种薯产业发展现状、存在问题与思路建议［J］．中国农业资源与区划，2021，42（6）：16-21.

［22］ 普春，赵洁，王晓娇，等．昭通市马铃薯种薯生产质量控制现状分析及改进措施［J］．中国马铃薯，2022，36：277-282.

［23］ SUN C, ZHOU J, MA Y, et al. A review of remote sensing for potato traits characterization in precision agriculture ［J］. Frontiers in Plant Science, 2022, 13: 871859.

［24］ FAN Y, FENG H, YUE J, et al. Comparison of different dimensional spectral indices for estimating nitrogen content of potato plants over multiple growth periods ［J］. Remote Sensing, 2023, 15: 602.

［25］ JASIM A, ZAEEN A, SHARMA L K, et al. Predicting phosphorus and potato yield using active and passive sensors ［J］. Agriculture (Basel), 2020, 10: 564.

［26］ ALKHALED A, TOWNSEND P A A, Wang Y. Remote sensing for monitoring potato nitrogen status ［J］. American Journal of Potato Research, 2023, 100 (1): 1-14.

［27］ ELSAYED S, EL-HENDAWY S, KHADR M, et al. Combining thermal and RGB imaging indices with multivariate and data-driven modeling to estimate the growth, water status, and yield of potato under different drip irrigation regimes ［J］. Remote Sensing, 2021, 13: 1679.

［28］ LI B, XU X, ZHANG L, et al. Above-ground biomass estimation and yield prediction in potato by using UAV-based RGB and hyperspectral imaging ［J］. Isprs Journal of Photogrammetry and Remote Sensing, 2020, 162: 161-172.

［29］ YANG H, HU Y, ZHENG Z, et al. Estimation of potato chlorophyll content from UAV multispectral images with stacking ensemble algorithm ［J］. Agronomy (Basel), 2022, 12: 2318.

［30］ ZHOU J, WANG B, FAN J, et al. A Systematic study of estimating potato N concentrations using UAV-based hyper- and multi-spectral imagery ［J］. Agronomy (Basel), 2022, 12: 2533.

［31］ 杨晓慧，陈立，杨煜，等．乙烯诱导优异抗晚疫病马铃薯基因型 SD20 早期响应基因表达［C］// 金黎平，吕文河．马铃薯产业与美丽乡村（2020）．哈尔滨：黑龙江科学技术出版社，2020：2.

［32］ 张蜀敏．新型致病疫霉抑菌剂的筛选及抑菌机制研究［D］．重庆：重庆大学，2018.

［33］ 周世豪，沈林林，杨爽，等．中国马铃薯四大耕作区的致病疫霉 PI02860 的群体遗传结构分析［C］// 彭友良，王文明，陈学伟．中国植物病理学会 2019 年学术年会论文集．北京：中国农业科学技术出版社，2019：231.

［34］ ZHAO J, SONG J. NLR Immune Receptor RB Is Differentially Targeted by Two Homologous but Functionally Distinct Effector Proteins ［J］. Plant Communications, 2021, 2: 100235.

［35］ ZHANG H, LI F, LI Z, et al. Potato StMPK7 is a downstream component of StMKK1 and promotes resistance to the oomycete pathogen Phytophthora infestans ［J］. Molecular Plant Pathology, 2021, 22 (6): 644-657.

［36］ 沈赫．马铃薯致病疫霉的生殖方式、遗传变异及倍性水平变化研究［D］．北京：中国农业科学院，2018.

［37］ 李磊，赵昱榕，谢学文，等．马铃薯土传病原菌快速检测方法的比较分析及其应用［J］．中国蔬菜，2020（10）：27-34.

［38］ 糜芳，吴紫燕，王承芳，等．1 株解淀粉芽孢杆菌的分离、鉴定及在马铃薯疮痂病防治上的应用［J］．江苏农业科学，2021，49（18）：122-127.

［39］ 王丽玮，万中义，宋亚迪，等．生防链霉菌 PBSH9 对马铃薯疮痂病菌的抑制作用及其代谢物培养条件优化［J］．中国蔬菜，2022（6）：64-71.

［40］ 赵永龙，赵盼，曹晶晶，等．疮痂链霉菌拮抗菌定向筛选及其功能评价［J］．微生物学报，2022，62：2624-2641.

［41］ 赵卫松，郭庆港，苏振贺，等．马铃薯健株与黄萎病株根际土壤真菌群落结构及其对碳源利用特征［J］．中国农业科学，2021，54：296-309.

［42］葛宇飞，陈卓，谢子玉，等．2种栽培方式对5个马铃薯品种营养成分及抗氧化活性的影响［J］．江苏农业科学，2020，48：213-217．

［43］尼玛央宗，拉巴扎西．不同栽培环境对西藏马铃薯品种营养成分的影响［J］．西藏农业科技，2020，42（4）：68-70．

［44］IERNA A, PARISI B, MELILLI M G. Overall quality of "early" potato tubers as affected by organic cultivation［J］. Agronomy, 2022, 12: 296.

［45］KIM J, PARK H S K H Y, CHOI H S, et al. Physicochemical characteristics of three potato cultivars grown in different cultivation periods［J］. Journal of Food Composition and Analysis, 2023, 119: 105215.

［46］杨森，李向阳，王莉，等．不同杀菌剂防治对马铃薯主要营养成分的影响［J］．食品安全质量检测学报，2022，13（6）：1880-1888．

［47］赖灯妮，朱向荣，李涛，等．加热方式对紫色马铃薯营养成分及抗氧化活性的影响［J］．食品科学，2023，44（20）：245-251．

［48］郭鑫，申慧珊，宋燕，等．红外烘焙马铃薯工艺优化及营养品质分析［J］．粮食与油脂，2022，35（8）：52-56．

［49］许丹，赵宇慈，曾凡逵，等．添加马铃薯雪花粉对面团特性和纸杯蛋糕营养品质的影响［J］．现代食品科技，2021，37（3）：154-162．

［50］ZHAO Y, ZHOU X, LEI C, et al. The effect of raw dehydrated potato flour on the rheological properties of dough and nutritional quality of chiffon cakes［J］. International Journal of Food Engineering, 2021, 17: 619-632.

［51］程冰，李梦琴，赵龙珂，等．马铃薯抗性淀粉对韧性饼干品质及消化性能的控制［J］．食品安全质量检测学报，2022，13：3746-3753．

［52］WANG Z, LIU H, ZENG F, et al. Potato processing industry in China: current scenario, future trends and global impact［J］. Potato Research, 2023, 64: 543-562.

［53］王丽，李淑荣，句荣辉，等．马铃薯淀粉的物理化学特性研究进展［J］．粮食与油脂，2022，35（9）：27-34．

［54］李秀秀，王凯，连惠章，等．马铃薯变性淀粉在食品应用中的研究进展［J］．农产品加工，2020，2（2）：92-94．

［55］CUI Y, ZHANG R, CHENG M, et al. Sustained release and antioxidant activity of active potato starch packaging films encapsulating thymol with MCM-41［J］. LWT-Food Science and Technology, 2023, 173: 114342.

［56］GUO Y, CUI Y, CHENG M, et al. Development and properties of active films based on potato starch modified by low-temperature plasma and enriched with cinnamon essential oil coated with nanoparticles［J］. LWT-Food Science and Technology, 2022, 172: 114159.

［57］ASPROMONTE S G, TAVELLA M A, ALBARRACÍN M, et al. Mesoporous bio-materials synthesized with corn and potato starches applied in CO_2 capture［J］. Journal of Environmental Chemical Engineering, 2023, 11: 109542.

［58］张棋．马铃薯全粉在食品应用中的研究进展［J］．农产品加工，2022（1）：68-72．

［59］韩黎明，原霁虹，童丹，等．国内马铃薯主食产品开发研究进展—基于专利分析［J］．中国食物与营养，2017，23（2）：26-30．

［60］CHENG D, WANG G, TANG J, et al. Inhibitory effect of chlorogenic acid on polyphenol oxidase and browning of fresh-cut potatoes［J］. Postharvest Biology and Technology, 2020, 168: 111282.

［61］王相友，李少川，王法明，等．马铃薯贮藏库调控系统设计与试验［J］．农业机械学报，2020，51（3）：363-370．

［62］王相友，王荣铭，李学强，等．马铃薯通风储藏库加湿系统设计与试验［J］．农业机械学报，2021，52（7）：358-366．

[63] 田世龙，程建新，李守强，等. 一种生鲜农产品贮藏设施：CN212876791 U［P］. 2021-04-06.

[64] SINGH L, KAUR S, AGGARWAL P. Techno and bio functional characterization of industrial potato waste for formulation of phytonutrients rich snack product［J］. Food Bioscience，2022，49：101824.

[65] 李玲. 马铃薯副产物的饲料化利用及其对经济效益的影响［J］. 饲料研究，2021（7）：153-156.

[66] LIU X, SUN H, MU T, et al. Preparation of cellulose nanofibers from potato residues by ultrasonication combined with high-pressure homogenization［J］. Food Chemistry，2023，413：135-675.

[67] EBRAHIMIAN F, DENAYER J F M, KARIMI K. Potato peel waste biorefinery for the sustainable production of biofuels, bioplastics, and biosorbents［J］. Bioresource Technology，2022，360：127-609.

[68] 胡羚. 马铃薯淀粉加工汁水生物降解研究与应用［D］. 银川：宁夏大学，2022.

[69] 摆倩文，马石霞，马咸莹，等. 马铃薯蛋白水解物的理化性质研究［J］. 农产品加工，2021（10）：6-8.

[70] 马子晔，何孟欣，孙剑锋，等. 超声波辅助提取马铃薯全粉加工副产物中膳食纤维［J］. 食品科学，2020，41（22）：79-92.

[71] YIN Z, XIE F, MICHALAK K, et al. Reference gene selection for miRNA and mRNA normalization in potato in response to potato virus Y［J］. Molecular and Cellular Probes，2021，55：101691.

[72] RAZZAQ A, MASOOD A. CRISPR/Cas9 system：a breakthrough in genome editing［J］. Molecular Biology，2018，7：1000210.

[73] AMUNDSON K R, BENNY O, MONICA S, et al. Rare instances of haploid inducer DNA in potato dihaploids and ploidy-dependent genome instability［J］. The Plant Cell，2021，33：2049-2163.

[74] SOBROWIAK E, SOBKOWIAK S, BRYLINSKA M, et al. Expression of the Potato Late Blight Resistance Gene Rpi-phu1 and Phytophthora infestans Effectors in the Compatible and Incompatible Interactions in Potato［J］. Phytopathology，2017，107（6）：740-748.

[75] PUSHPALATHA R, MITHRA V S S, SUNITHA S, et al. N Impact of climate change on the yield of tropical root and tuber crops vs. rice and potato in India［J］. Food Security，2021，14：495-509.

[76] MUNNAF M A, HAESAERT G, MOUAZEN A M. Map-based site-specific seeding of seed potato production by fusion of proximal and remote sensing data［J］. Soil & Tillage Research，2021，206：104801.

[77] HOU Q, WANG W, YANG Y, et al. Rhizosphere microbial diversity and community dynamics during potato cultivation［J］. European Journal of Soil Biology，2020，98：103176.

[78] PELAIĆ Z, ČOŠIĆ Z, PEDISIĆ S, et al. Effect of UV-C irradiation, storage and subsequent cooking on chemical constituents of fresh-cut potatoes［J］. Foods，2021，10（8）：1698.

[79] 彭雪，高月霞，张琳煊，等. 高能电子束辐照对马铃薯贮藏品质及芽眼细胞超微结构的影响［J］. 中国农业科学，2022，55（7）：1423-1432.

[80] 田甲春，田世龙，李守强，等. 低O_2高CO_2贮藏环境对马铃薯块茎淀粉-糖代谢的影响［J］. 核农学报，2021，35：1832-1840.

[81] 邹聪，陈凤真，王波，等. 马铃薯抑芽保鲜的研究进展［J］. 黑龙江农业科学，2020（8）：115-120.

[82] 涂勇，刘川东，姚昕. 3种植物精油对马铃薯青薯9号贮藏效果的影响［J］. 现代农业科技，2020（2）：208-209.

[83] MURIGI W W, NYANKANGA R O, SHIBAIRO S I. Effect of storage temperature and postharvest tuber treatment with chemical and biorational inhibitors on suppression of sprouts during potato storage［J］. Journal of Horticultural Research，2021，29：83-94.

[84] 徒鸿杨，黄达明，黄星奕. 基于机器视觉的马铃薯褐变检测方法：CN112734688A［P］. 2021-04-30.

撰稿人：金黎平　徐建飞　刘建刚　罗其友　何　萍　吕黄珍　吕金庆　石　瑛

谷子、高粱、糜子科技发展报告

谷子、高粱、糜子是禾本科杂粮作物，具有抗旱耐瘠、营养丰富、粮饲兼用、种植历史悠久等特点，是我国东北、华北、西北、西南等地区不可或缺的传统粮食作物，且在饲用、酿酒、特色食品加工等方面具有独特优势，在保障区域粮食安全、丰富饮食文化中发挥着重要作用。为提高社会各界对谷子等旱地小粒谷物的认识，第七十五届联合国大会将2023年确定为国际小米年，致力于充分发掘小粒杂粮作物的巨大潜力，为农民增收、生物多样性、粮食安全以及营养健康做出新贡献。

一、我国谷子、高粱、糜子科技最新研究进展

（一）功能基因组学和遗传转化研究进展

谷子功能基因鉴定发掘进展明显，先后完成了披垂叶紧凑株型基因 *DPY1*、早熟性驯化基因 *SiPHYC*、穗发育调控基因 *SiBOR1*、贮藏变色基因 *SiLOX4*、叶鞘色基因 *PPLS1*、抽穗期基因 *SiPRR37*、花序分生基因 *SvFON2* 的克隆；建立了谷子模式植物体系[1]，为 C_4 高光效、养分高效、抗旱、广适性、耐储藏等性状形成和驯化的分子基础研究创造了良好平台；解析了谷子矮秆核心亲本"矮88"的矮化遗传位点、谷瘟病抗性位点以及叶瘟病抗病位点，通过比较代谢组学和转录组学揭示了谷子籽粒类胡萝卜素代谢途径的共表达网络，鉴定了9个谷子抗旱相关调控模块，为"矮88"优异种质基因发掘和新种质创制奠定了基础；利用筛选出的高遗传转化材料构建的转化体系谷子遗传转化效率达23.28%[1]，形成了谷子基因功能验证、基因编辑和转基因等研究的平台。在高粱分子遗传解析方面，构建了具有广泛代表性的高粱泛基因组[2]，泛基因组比发表的参考基因组序列大30%，构建了包含15293465个SNP的高精度遗传图谱；克隆解析了高粱鸟食偏好基因 *Tannin1*、颖壳基因 *GC1*、芒发育基因 *AWN1*、耐碱性基因 *AT1* 等关键调控基因；解

析了高粱野生种、农家种、栽培种基因组序列组成和结构的差异,明确了高粱驯化和改良的基因组印记及 *SbTB1* 和 *SbSh1* 等驯化基因单倍型变化模式,并建立了高粱遗传转化的技术体系[3],为高粱遗传改良效率提升奠定了技术基础。糜子研究精细定位了糜子株高主效 QTL（*PH1.1*）,并开发出可用于矮秆品种分子辅助选择的 InDel 标记;探讨了糜子叶片黄变的分子机制,为糜子株型及持绿性改良提供了技术支撑。

（二）品种资源与新品种选育研究进展

1. 种质资源鉴定评价与创新利用为育种奠定了良好基础

围绕生产和市场需求,筛选和创制出优质、紧凑株型、抗病、抗除草剂、早熟和高生物产量不育系等谷子新材料,特别是发掘传统优质谷子大白谷优异基因,获得了早熟性好、米质等同"晋谷21"的创新材料;利用诱变技术筛选出优质抗拿捕净的"晋谷21号"突变材料和穗发育突变体 simads34,为优质米和轻简化品种选育、谷子花序结构和产量研究等提供了特异遗传资源。通过 CRISPR/cas9 基因编辑技术获得了谷子单倍体诱导系,该系单倍体诱导率 1.75%~3.49%,为谷子单倍体育种技术应用创制了新种质;构建完成的谷子杂种优势利用 SPT 系统,制种纯度由高不育系的 30% 提高到 100%,创新了谷子杂种优势利用的新模式。通过遗传转化获得了高粱抗草铵膦新种质,并利用基因编辑技术创制出具有香味的高粱材料。育成了适宜机械化栽培的矮秆亲本系,抗倒、锤度高的甜高粱亲本系、特早熟亲本系、能源用甜高粱恢复系、光敏性饲草高粱恢复系,以及耐旱耐盐碱优异材料,为高粱株型、品质、抗除草剂、抗逆等育种提供了丰富的资源材料。解析了糜子雄性不育遗传机制,成功转育出糜子不育系 Y5001A,育成的第一个糜子杂交种"冀杂黍1号"在张家口蔚县春播平均亩产 335.3 千克,比对照品种"晋黍8号"增产 10.6%。

2. 育成一批谷子、高粱和糜子新品种支撑了产业高质量发展

2020—2022年,谷子以优质专用、轻简高效为主要育种目标,兼顾个性化和功能性消费需求,共育成新品种143个（其中一级优质米品种43个,二级优质米品种23个）,育成品种品质得到大幅改良,"金苗K1""冀谷39""张杂谷13""豫谷35""中谷9""长农47"等一批优质谷子品种,加速改变了优质谷子农家品种当家的局面,"金苗K1""张杂谷13""冀谷39"年推广在百万亩以上。特殊功能和超高产育种等也取得较大进展,育成了抗除草剂高油酸品种"冀谷48",抗嘧草硫醚除草剂品种"冀谷47""朝谷24";育成的"中谷989"在河南伊川创下 622.39 千克/亩的高产纪录,"中杂谷34"在辽宁大面积示范亩产达 658.7 千克,兼具优质和抗除草剂特性的"冀杂金苗3号"在赤峰市平均亩产 554 千克;"谷子矮秆新种质矮88创制、遗传解析与利用""广适、高产、优质谷子新品种豫谷18选育与应用"分别获得河北、河南科技进步奖一等奖。

2020—2022年,高粱以轻简机械化生产和专用为主要目标,兼顾优质、高产、广适,共育成酿造专用、高淀粉食用、低单宁饲用、青贮型饲草专用、帚用等高产广适新品种

206个，满足了产业多样性需求，支撑了高粱产业持续发展。"吉杂127""龙杂22""辽糯11""辽粘3号""冀酿3号""金糯粱1号""川糯红9号""晋早5577"等适宜不同生态区的酿造高粱品种实现了全程机械化生产，"赤笤102"等帚用新品种和"晋牧4号"等牧草新品种延伸了高粱的产业链；育成的"吉杂165"粗淀粉含量高达79.51%，"吉杂169"单宁含量低至0.03%，青贮型品种"辽甜23"比对照增产15.38%、蛋白质提高6.7%，"川粱红9号"区试平均亩产455.01千克、比对照增产14.6%。新品种具有矮秆、淀粉含量高、高产、宜机收等特性，生产上传统品种正在被新育成品种取代。

糜子以优质、丰产、抗倒伏为主要目标，2020—2022年共育成优质加工专用、丰产广适、中矮秆适宜机械化收获等新品种12个，新品种兼顾了营养品质和食味品质、丰产性与广适性的结合，在特色产业发展、撂荒地整治、抗救灾生产中发挥了重要作用。"晋黍15号"和"冀黍9号"支链淀粉含量100%，"陇糜20号""陇糜21号""赤糜4号"和"赤糜5"淀粉直支比较主推品种提高20%以上，成为加工企业优选的专用品种；"冀黍5号""雁黍13号""陇糜18号"等抗倒伏、适宜机收的新品种，基本解决了高产田糜子的倒伏问题，育成的第一个糜子杂交种也进入实质性生产应用。

（三）抗逆、栽培与水肥管理研究进展

在非生物胁迫及调控方面，1.2毫摩尔/升外源亚精胺能缓解干旱胁迫对生长的抑制作用，降低膜脂过氧化程度，增强甜高粱幼苗的抗旱性。外源多胺和硒能提高盐胁迫下抗氧化酶活性和渗透调节能力，显著增加谷子和糜子生物量、相对含水量和叶片光合色素，提高芽苗期耐盐性。枯草芽孢杆菌能提高高粱幼苗抗氧化酶活性从而提高幼苗耐盐性，适宜浓度的茉莉酸也有同等效应。轮作能提高土壤肥力，增加真菌群落多样性和土壤过氧化氢酶活性，进而提高谷子产量。宽行距种植能够延长上部籽粒灌浆活跃期，提高籽粒重、淀粉和氮磷钾累积量，减少气候灾害的影响。糜子-绿豆间作促进了两种作物根系的生长和分布。适当比例的氮磷钾配施有机肥，能显著缓解因连作而造成的高粱减产。糜子施肥后，根际土壤细菌和真菌的α多样性指数随施肥量增加而增加，不同类型肥料中复合肥对糜子生长发育的促进作用最大。滩涂土壤种植甜高粱既能产出饲草，又能明显降低土壤盐分。甜高粱在镉污染土壤的植物修复中也具有巨大的潜力。

（四）病虫草害研究进展

在病害研究方面，通过转录组测序、生理生化及激素测定等研究了谷子抗白发病机制。韩渊怀团队发现白发病菌通过抑制寄主赤霉素信号通路来影响寄主生长素合成，导致寄主矮化。程溪柳等鉴定了谷瘟菌生理小种与宿主间的互作关系，研究发现不同的谷瘟生理小种的致病性存在差异，同时创建了谷瘟病原真菌的遗传转化体系。李志江等对888份谷子种质资源进行GWAS分析，在谷子第2和第9染色体发现两个抗谷瘟病位点。张红涛等提出了基于 CS-SVM 的谷子叶片病害图像识别技术，通过提取谷子叶片病害颜色、形态、纹理等 19 个特征，可准确识别谷瘟病、白发病、红叶病、锈病 4 种叶片病害，识别率可达 99%。高粱炭疽病对单穗粒重和千粒重影响显著，不同病情级别间的穗粒重及千粒重损失率差异显著，且炭疽病发病指数与穗粒重呈显著负相关。郭成等鉴定筛选出 2 份免疫、3 份高抗丝黑穗病材料，陈满静等鉴定出 2 份高抗叶部炭疽病资源并定位了抗性相关的基因组区段。在虫害研究方面，研究发现释放赤眼蜂有利于控制高粱田 3 种主要鳞翅目害虫种类和数量增长，显著降低高粱受害程度[4]。在草害研究方面，通过对群体进行抗咪唑啉酮除草剂筛选并结合转录组分析，定位到谷子抗咪唑啉酮基因。谷子叶片、茎秆水浸提液对反枝苋、藜、狗尾草 3 种杂草均存在显著化感作用，化感物质衍生物吡喃酮具有显著的杂草抑制效果，有望成为谷田新型除草剂。

（五）机械化研究进展

在播种技术与装备方面，杨志杰团队研发的 2BLFD-4 谷子、高粱多功能播种机，实现了小籽粒作物播种一机多用；研制的谷子清茬施肥播种机和高粱谷子旋耕起垄覆膜播种机，有效提高了播种和出苗质量；改进了谷子清茬施肥播种机，实现了麦茬地的谷子直播。衣淑娟等设计了一种结构简单、制造方便的正负压型孔轮组合式谷子精量排种器，对气力窝眼轮组合式谷子穴播排种器进行优化，提高和改善了谷子播种效果。宫帅等改进了 2MBFC-1/2 多功能膜侧精量播种机，解决了膜上打孔种植中存在的扣苗放苗、地膜回收等难题。

在收获机械关键部件设计与收获技术研究方面，明确了成熟时期与收获方式对籽粒破碎率、含杂率、总损失率等指标的影响规律；研究了高粱收获过程中不同含水量条件下籽粒的碰撞力学特性，建立了冲击破坏力的力学模型；对约翰迪尔牌 4LZ-6A（W100）型全喂入联合收割机和雷沃谷神牌 4LZ-8M6（GM80）型自走式谷物联合收割机的割台进行改进，使总损失率显著降低；集成了谷子、高粱无人驾驶联合收割机实现了无人驾驶联合收割。李红波等研究了谷子茎秆、叶鞘、叶片及其结合部位的拉伸力学性能，分析了力学参数沿茎秆节间的变化规律。

（六）加工利用研究进展

在谷子加工利用研究方面，张晋丽等发现谷子中的脂肪氧化酶在小米储藏褪色过程中发挥着重要作用，推测 *SiLOX* 基因的高表达是造成小米总类胡萝卜素降解较快以及褪色快的主要原因。刘敬科团队发现发芽糙米中有 28 种挥发性成分，γ-氨基丁酸（GABA）在 35℃下发芽的谷子中积累到最大。沈群课题组分析了基于肠道菌群的小米提取物抗肥胖机制，评估了小米正己烷提取物对高脂饮食诱导的小鼠血脂水平和肠道菌群的影响。赵宇晗等开发了猴头菇小米饮料，文明等开发了小米绿豆醋，薛恩玉等开发了小米苦荞凉茶复合发酵饮料，丰富了谷子杂粮作物加工食品类型。

在高粱加工利用方面，高旭等明确了影响高粱籽粒蒸煮特性的籽粒品质为千粒重、种皮厚度、直链淀粉和支链淀粉，厘清了彼此之间的数量关系，并鉴选出了耐蒸煮品种。在饲用方面，青贮饲用高粱能替代全株玉米饲喂肉牛，降低畜牧业饲料成本，提高经济效益[5]。王永珍等发现20%的苜蓿与甜高粱混合制成的青贮饲料可显著提高关中奶山羊产奶量；丁鹏等发现与玉米–豆粕型饲粮相比，利用高粱替代肉鸡饲粮中的玉米将提高其平均日采食量和料重比，且不影响其屠宰性能。

在糜子加工利用研究方面，杨苗探究电子束辐照对粳糯糜子理化特性及抗氧化活性的影响，与未经辐照的糜子相比，电子束辐照处理后的糜子具有较高的酚类物质含量和抗氧化性。冯佰利团队研究了直链淀粉、蛋白质含量对糜子外观及食味品质的影响，直链淀粉、蛋白质含量较高的糜子品种，蒸煮性差、能耗高、蒸煮时间长。李银霞将提取得到的膳食纤维与糜子粉进行复配，制备高膳无麸质蛋糕。

二、谷子、高粱、糜子科技国内外发展比较

（一）遗传改良国内外研究进展比较

2020—2022年全球发表谷子相关文章625篇，我国发文量约占48%（298篇），论文的数量和质量都远远超过美国和印度等其他国家，我国谷子基础研究领先于国际水平，尤其在植物科学和食品加工学相关领域已呈主导优势；全球发表高粱相关论文3796篇，我国发文量约占22%（822篇），其中2022年跃升为全球第一位，全年发文量415篇，超过美国发文量的394篇，在基础研究领域也已形成主导优势。全球发表糜子相关论文128篇，我国发文量约占30%（38篇），论文数量超过印度和美国等其他国家，我国糜子科技创新能力处于全球前列，基础研究领域也已形成主导优势。

和国内相比，国外关于谷子、糜子新品种选育的相关报道很少，更多的研究集中在种质资源的鉴定评价、功能基因挖掘鉴定及育种技术的研究方面。美国构建了初级的青狗尾草泛基因组，形成了青狗尾草的基因组变异和性状控制基因发掘的平台。我国在对1844份青狗尾草、谷子农家品种和育成品种进行深度重测序的基础上，完成谷子资源的群体结构，对110份代表性资源进行了高质量基因组的从头组装，构建了一个完善的谷子图泛基因组，并利用该数据发掘了大量谷子驯化和育种过程中选择的基因组区段和基因。日本学者发现一个控制抽穗期的基因功能丧失/减弱对谷子向东亚北部和亚热带、热带地区的传播起重要作用。国外在高效的谷子遗传转化体系方面也做了很多工作，美国建立了农杆菌介导的狗尾草遗传转化体系，转化效率达到25%。印度分析证实，谷子穗长、单株分蘖数、容重和剑叶长度是谷子高产品种选育的关键性状，穗重、容重和秸秆重量对谷子单株籽粒产量有极显著影响。和国内相似，国外在高粱种质资源鉴定评价、品种选育、功能基

因挖掘等方面有全方位的报道。日本科研人员利用 CRISPR/Cas9 技术，用高粱 RbcS 完全替代水稻 RbcS 获得的杂交型 Rubisco 转基因水稻表现出类似 C_4 植物的高光合催化活性。美国、澳大利亚偏重籽粒饲料高粱和饲草高粱育种和生产，巴西侧重生物质能源甜高粱育种和生产。美国报道了抗抑制乙酰乳酸合成酶（ALS）的磺酰脲类除草剂高粱材料，华中师范大学联合先正达创制出全球第一个高粱田选择性高效除草剂喹草酮。美国内华达大学开展的食品专用、饲用和发酵等多用途糯高粱新品系选育工作，澳大利亚针对中国市场选育酿造专用高粱品种的情况，都值得国内高粱研究人员重视。

（二）绿色高效生产技术国内外研究进展比较

与国内相比，国外对谷子生产技术研究较少，国际上很少有谷子、糜子机械研发方面的报告。国外学者在地中海地区发现三种高粱内生真菌可控制高粱蛀茎夜蛾虫害发生，且 82% 的高粱内生菌能促进植物生长、提高种子发芽率和产量。Manzara 等从 40 个根际土壤样本中分离得到对炭疽病菌丝生长的抑制率高达 76.47% 的曲霉木霉菌 T3，有望成为一种控制高粱炭疽病的潜在生防菌。Chrisbin James 等从地面图像数据收集并基于机器学习方法构建模型，通过对高粱大田的无人机 RGB 图像分析，取代人工计数，辅助进行高粱计数统计及产量估计，为田间监测和高粱估产提供了新的思路。

（三）加工利用国内外研究进展比较

整体而言，谷子、高粱、糜子品质评价、产品开发及营养功能评价是国内外主要的研究领域。从研究方向看，国内文献多以加工品质和产品开发为主，国际文献多以功能挖掘为主。从品种看，小米研究包括在蒸煮食味品质、营养品质，改善血糖、血脂、肠道微生物方面，我国整体处于国际领先水平。高粱研究多为高粱面、白酒、食醋、高粱制酒，国内相关膨化食品系列、早餐产品系列、烘焙产品研究较少；我国在高粱白酒、食醋酿造领域的研究进展领先于国外，但在高粱啤酒领域的研究进展同国外相比还存在较大差距。在饲用领域，我国以畜牧业为应用对象的研究进展虽同国外相比处于并跑状态（研究热点同样主要集中在青贮饲料开发、日粮配比、肠道微生物改善、饲用价值评价、抗营养因子鉴选等）。国外在高粱渔业饲料中的应用研究处于领跑状态，如国外对不同品种鱼类的高粱消化与代谢特性进行了分析，发现高粱可替代鱼类饲料中的玉米，不同品种鱼类中鲤鱼和罗非鱼可消化和代谢以高粱为基础的粉碎饲料，且罗非鱼日粮配方中可添加 25% 高粱，而不影响其生长性能和消化力；我国有关高粱在渔业饲料应用中的研究则较少。有关高粱的功能成分挖掘程度及功能特性评价研究还较为薄弱。糜子由于产量很小，国内外研究均较少。

三、谷子、高粱、糜子科技发展趋势与对策

当前，中央提出"树立大食物观、构建多元化的食物供给体系"、实施新一轮千亿斤粮食产能提升行动。随着科技的进步，农业规模化生产的发展，我国粮食产量已保持多年稳产增产，同时主粮作物增产难度进一步加大。相比主产区、主粮作物，我国还有大量的其他类型土地，以及丰富的杂粮作物类型。谷子、高粱等禾谷类杂粮曾是我国的主粮作物，并且禾谷类杂粮实际产量与潜在产量之间的"产量差"巨大，增产潜力突出，例如谷子目前全国单产 200 千克/亩左右，高产纪录为 843 千克/亩。在我国干旱、半干旱区域以及盐碱地等边际土地中充分挖掘禾谷类杂粮增产潜力，通过品种、土壤、肥料、农机、管理等农机农艺结合，良种良法配套，增加边际土地粮食产量，完全能够为我国千亿斤粮食产能提升行动做出新贡献。

（一）谷子、高粱、糜子耐逆基础研究迎来了新的发展机遇期

谷子、高粱、糜子是传统的抗旱耐逆作物，开展谷子、高粱、糜子耐逆基础研究，不仅可提高其自身耐逆性，还可改良和提高主栽农作物的抗旱耐盐碱能力，对未来应对干旱气候变化，开发利用边际盐碱土地具有重要的现实意义。近年来，谷子、高粱、糜子的参考基因组和泛基因组都已经具备，而且质量得到了极大的提升，值得一提的是谷子、高粱、糜子的遗传转化技术均取得了突破，并且构建了突变体库，为深入开展耐逆基因的发掘，优势单倍型的解析以及分子育种奠定了良好的基础。部分研究已经显示出了前所未有的发展潜力，如高粱耐碱基因的发掘工作发表于顶级学术期刊《科学》，直接揭示了禾谷类作物中存在的保守抗逆机制，是基础研究指导产业应用的典型案例。

（二）适合机械化及籽粒品质性状的遗传解析亟待加强

农机农艺结合，降低生产成本，提高种植效益是谷子、高粱、糜子产业发展的整体需求，提高谷子、高粱、糜子食味、营养及商品加工品质，是提高谷子、高粱、糜子产品竞争力的基本要求。耐密植、稳产、轻简化、矮化抗倒、早熟快速脱水、穗下节间短等适合机械化性状的解析继续加强，另外，围绕小米蒸煮、食味品质提升的基础研究仍然较少，优质专用品种选育和开发需要继续加强。

（三）基于基因组编辑技术加快谷子、高粱新种质创制时机已经成熟

近年来谷子、高粱、糜子学科发展的一大亮点就是转基因技术体系的突破，并且已经通过基因组编辑技术创制出了单倍体诱导系等新种质。基因组编辑技术是快速定向创制目标遗传种质的生物育种技术。因此，通过借鉴主要农作物中已有关于性状基因的解析和

认识，实现谷子优异种质的创新，已经成为加速谷子、高粱、糜子育种进程的优先技术选项。

（四）资源潜力挖掘与丰产增效技术研发与集成是未来发展重点

深入挖掘谷子、高粱增产潜力，集成丰产增效生产技术，为我国千亿斤粮食增产工程做贡献是未来工作重点。研究杂粮水分养分需求规律和产量品质形成的碳氮代谢应答特点，明确不同区域杂粮增产与资源利用潜力挖掘途径，研究杂粮轮作套种、旱薄地地力提升、周年资源高效利用技术，通过品种、栽培、农机深度融合、智能化、物联网等技术进行集成，形成标准化体系，在全国杂粮主产区开展高产创建、产业化示范区建设，从而带动杂粮增产增效。

（五）加工关键技术创新与产业化示范是产业发展关键

杂粮产业链短、产后加工不足依然是产业可持续发展的瓶颈。开展杂粮食品加工及其副产品利用技术研究，研发现代理化改性、营养强化和功能成分富集等技术，克服杂粮适口性差、无面筋、缺乏延展性、难以主食化等难题，开发杂粮主食产品、功能性食品和休闲食品。明确杂粮及其副产品对畜禽产品产量及品质的影响，研发饲草饲料配方产品。开发基于杂粮原料的人造食品，构建细胞种子工厂，以车间生产方式合成奶、肉、油、蛋等，实施颠覆性技术路线，开发色香味俱全健康营养的杂粮人造产品，促进杂粮消费。

（六）谷子、高粱、糜子国家项目实施和创新体系建设建议

一是加大杂粮项目支持力度，尽管"十三五"以来，先后实施了国家重点研发专项、国家基金杂粮专项、国家现代农业产业技术体系，但相对于杂粮产业发展需求项目支持力度依然偏低，和主粮作物差距巨大，建议国家继续加大杂粮学科的支持力度，特别是杂粮分子育种、杂粮资源潜力挖掘、丰产增效技术集成等方面。二是继续加强谷子、高粱和糜子的现代农业产业技术体系建设，形成联合攻关局面，目前的岗位专家和综合试验站的数量远不能满足产业技术研发的需求，需要增加岗位专家的数量和综合试验站的密度，加强品种、栽培技术、植保技术、加工技术等方面的攻关。三是加强青年科技人才培养，目前杂粮学科团队面临新老交替的关键时期，建议加强杂粮青年科技人才培养，强化交叉性学科建设，构建全产业链学科团队，更好地服务新时代对谷子、高粱、糜子产业技术需求。

参考文献

［1］YANG Z R, ZHANG H S, LI X K, et al. A mini foxtail millet with an Arabidopsis-like life cycle as a C_4 model system［J］. Nature Plants, 2020, 6：1167-1178.

［2］TAO Y F, LUO H, XU J B, et al. Extensive variation within the pan-genome of cultivated and wild sorghum［J］. Nature Plants, 2021, 7：766-773.

［3］WANG L H, GAO L, LIU G Q, et al. An efficient sorghum transformation system using embryogenic calli derived from mature seeds［J］. Peer J, 2021, 9：e11849.

［4］张金良, 卢灿, 郭力, 等. 松毛虫赤眼蜂对高粱田主要鳞翅目害虫的田间防治效果［J］. 中国农技推广, 2021, 37（8）：76-84.

［5］李十中. 生物经济发展趋向：构建生物食源产业与生物能源产业体系［J］. 人民论坛·学术前沿, 2022, 246（14）：14-26.

撰稿人：刁现民　李顺国　冯佰利　原向阳　杨天育
　　　　贾冠清　沈　群　卢　峰　赵　宇

大麦、燕麦、荞麦、藜麦科技发展报告

大麦、燕麦、荞麦、藜麦是我国重要的杂粮作物，具有独特的保健功能成分和优点，是膳食纤维、多酚和黄酮类物质等的良好来源，具有促进人体健康的作用。目前已经积累了从良种繁育到高效配套栽培技术集成、从产品研发到加工设备配套、从健康机理评价到消费市场拓展、从知名品牌塑造到产品模式构建等多项产业化发展新技术，为我国杂粮产业发展提供坚实的科技支撑，为我国杂粮产业的快速发展提供新机遇。

一、我国大麦、燕麦、荞麦、藜麦科技最新研究进展

（一）种质资源收集、保护、鉴定和利用成效显著

1. 资源收集和保护

近年来，我国专家收集评价了 623 个燕麦种质；收集大麦/青稞种质资源 1500 多份，我国大麦/青稞种质资源保存总份数接近 2.5 万份，位居世界前列[1]；在三江并流区域收集了荞麦属的 8 个种共 60 份材料[2]，在西藏自治区采集到荞麦属野生植物种质资源 320 份[3]；引进收集，入库贮藏藜麦资源 400 余份。

2. 资源精准鉴定与利用

2022 年开展了 500 份大麦/青稞种质资源精准鉴定，鉴定到籽粒花青素代谢的重要调控基因[4]，发掘出多个耐盐[5]、耐旱[6]优异种质及基因资源以及调控籽粒饲用品质[7]、重金属耐受性[8]和抗病性[9-10]等遗传位点。

2020—2023 年，收集世界各地 1123 份燕麦属种质资源，构建完善的燕麦核心种质资源库，并进行深度重测序，明确了燕麦属作为异源多倍体的多倍化历史[11]。

2019—2023 年，开展了 900 余份苦荞和 500 余份甜荞的农艺、品质和抗旱性状评价，系统评价了苦荞种子中黄酮类化合物构成和变异情况等信息，梳理了各种间的亲缘关

系[12]，构建了苦荞和甜荞核心种质，筛选出产量和品质最高的栽培荞麦品种[13]，以及耐旱苦荞资源[14]。

藜麦在青海省以大粒为主要育种目标，鉴选出大粒型（千粒重≥5.0 g）、少分枝型（宜机收获型）、加工专用型（不同粒色）种质。新疆伊犁州农科院也对200余份藜麦材料进行鉴定，选择出株型、产量、抗逆性好的材料。

（二）基础研究成果丰硕

德国哥廷根大学 Nils Stein 等研究人员于2020年在 Nature 发表了第一版大麦泛基因组构建结果[15]。2021年中国科学家在 Nature Plant 报道了一个在高温条件下决定大麦穗分枝发育的关键调控因子[16]。

我国科学家首次破译了起源于我国的裸燕麦的基因密码，在 Nature Genetics 上发布了六倍体栽培裸燕麦的高质量参考基因组序列，深度重测序明确了栽培燕麦的基因组起源[11]，并进一步对控制燕麦籽粒性状和高蛋白含量的优异基因资源进行挖掘[17]。

四川农业大学对近万个样本建立苦荞响应紫外辐射的协同功能网络，揭示了苦荞紫外适应性进化作用机理[18]；中国农业科学院作物科学研究所通过苦荞核心资源的全基因组重测序，明确了我国西南地区作为全世界苦荞多样性中心和栽培苦荞起源驯化中心的独特地位[19]，并从基因组水平揭示金荞麦和苦荞性状差异的重要原因，开发与芦丁代谢相关的分子标记[20]，构建了苦荞代谢组数据库[21]；对栽培型和野生型荞麦花粉形态剖面开展了高分辨率的孢粉分析，揭示了西南地区约4000年前或许已经出现栽培型荞麦[22]。

通过开展藜麦全基因组重测序，开发新型 InDel 分子标记，并借助转录组测序挖掘了耐盐关键基因及盐相关 lncRNA[23]。

（三）育种技术和新品种选育取得重要进展

1. 育种技术和种质创制

燕麦研究基于 GBS 测序技术、全基因组关联分析等开发了与籽粒相关标记、与矮秆相关 SSR 标记以及与 β-D- 葡聚糖生物合成相关的 SNP 标记，为今后开展分子标记辅助育种奠定了基础。

小孢子培养构建双单倍体群体已普遍用于大麦育种实践，显著缩短了育种周期，提高了育种效率；大麦幼胚高效遗传转化体系的建立，突破了大麦遗传转化技术瓶颈，为精准、高效种质创新与育种提供了技术支撑。

荞麦育种以系统选择育种为主，诱变育种和远缘杂交为辅，也有少量多倍体育种、单倍体育种，金荞麦和甜荞的天然杂交育种及苦荞多倍体杂交育种等其他育种技术综合应用。

藜麦育种通过表型及生理特性结合近年来利用多组学联合的方法，并利用轮回选择、单株选择、辐射诱变等技术和方法开展种质创新与新品种选育。

2. 新品种选育

燕麦获批国家植物新品种保护权2个、审定品种1个、认定品种19个，建设良种繁育基地10余万亩，为生产和加工持续提供新品种。

近5年来，大麦/青稞先后登记认定了"蒙啤麦""甘啤""苏啤"等系列多个啤酒大麦品种，"扬饲麦""盐麦""云饲""川饲麦"等系列饲用大麦品种，"藏青""昆仑""甘青"等系列粮草双高青稞新品种120多个，产量、品质和抗性水平显著提升。

甜荞品种选育进展较大，先后审定了"并甜荞1号""通荞5号""信农1号""冀红荞1号""西农T1351"等机收、观赏、优质新品种6个；苦荞则有"中科3号""梁苦荞1号""川荞6号""凤苦2号""凤苦3号""西农K1106"等8个品种；北京审定"金荞麦1号"，在金荞麦育种上有了新的突破。

青海省通过审定、登记的藜麦品种共计12个。河北省审定了"燕藜1号""燕藜2号""冀藜3号"等适应坝上等藜麦栽培区域的品种。2020年，新疆伊犁州农科所审定了新疆第一个藜麦品种"伊藜1号"。

（四）轻简高效栽培技术推广与应用

1. 栽培技术

燕麦形成了利用黄绿木霉菌剂处理土壤、秸秆还田+生物菌肥+深播燕麦、"覆膜+燕麦"与"苜蓿/披肩草混作"和河套灌区"燕麦+秸秆还田+菌肥"改良中重度盐碱地技术模式；研创燕麦控水与雨养旱作技术与化肥减施增效技术，提出燕麦氮肥后移减氮增效技术模式和缩行带状密植滴灌技术模式。

云南创新研发了核桃林下套种大麦集成技术，利用冬春季节果园闲置土地发展饲料大麦；麦收复种饲草、青稞豌豆混播等和水培大麦草高效生产等技术的研发，有助于解决北方冬春季节缺乏新鲜饲草的难题。

荞麦以"绿色、优质、高效"为目标，围绕"良种、节肥、轻简"，集成了一套"翻耕精播一体化，有机底肥一道清，无药减肥双发力，绿色防控各环节"为核心的苦荞绿色轻简栽培技术。同时内蒙古荞麦大垄双行轻简化全程机械化栽培技术研究与推广项目，实现了荞麦栽培轻简化、全程机械化，大大减少了劳动力投入，推进荞麦产业化发展。陕西省榆林地区通过评估不同施肥量和肥料类型对籽粒淀粉及蛋白质品质的影响，有效减少了肥料用量，实现了提质增效的目标。在陕西省定边县开展了多年的机械化撒播、匀行条播、穴播以及大垄双行条播试验，集成了在不同降水年份的播种施肥一体的机械化轻简栽培技术模式。

藜麦覆膜穴播技术的发明以及相应机械设备的应用，为保全苗健苗提供了极大地保障。减肥增效轻简化高产栽培技术、"一年一熟"及"一年两熟"麦后复播栽培技术，都取得了较好的经济收益。

2. 耕作制度

区域最佳的燕麦带状复合种植模式与配套技术得到初步明确；内蒙古自治区制定地方标准《旱作区燕麦 – 大豆带状间轮作技术规程》和《旱作区燕麦 – 向日葵带状间轮作技术规程》，并提出燕麦与箭筈豌豆混播防控病害、生防药剂防控病害、西兰花绿肥/燕麦 – 油菜间作防控杂草等7项技术。

啤酒大麦以种植大户或大型农场为主体，机械化程度与栽培管理水平高；青稞以小型农户种植居多；全株青贮大麦已形成规模，成为光明乳业集团奶牛饲养青贮饲草的重要原料之一。

荞麦间作高粱种植方式缓解了荞麦倒伏问题，食荚豌豆 – 夏大豆 – 荞麦轮作模式提高了复种指数，烟荞轮作针对缓解连作障碍具有积极作用。另外，荞麦喷施生长调节剂也有效缓解了荞麦倒伏的问题。

甘肃兰州应用短生育期的品种加之覆膜播种技术成功实施了一年双季藜麦种植，伊犁河谷东部冷凉区域采用"一年一熟"单作种植方式，伊犁河谷西部区域积温较高采用"一年一熟"单作或"一年两熟"连作、麦后复播等种植方式。

（五）营养健康与加工利用研究进展迅速

1. 营养功能因子和健康功效

对低升糖指数燕麦麸明确了原料对燕麦乳品质的影响；证明D-手性肌醇可有效缓解胰岛素抵抗、糖尿病和多囊卵巢综合征。对大麦/青稞开展了β-葡聚糖代谢调控、分子理化特征及营养生理效应的研究[24-26]。荞麦花叶总黄酮具有减弱心肌细胞凋亡，改善心律失常症状[27]；荞麦芦丁可减轻高糖诱导的人晶状体上皮细胞损伤[28]。藜麦皂苷在降血糖及美白产品开发方面具有应用前景；藜麦蛋白其多肽组分表现出较好的血管紧张素转换酶抑制活性[29]，具有降血压功能。

2. 加工技术

对于燕麦加工技术，突破了过热蒸汽处理改善面粉特性及面条煮制品质调控技术；筛选出低温高效发酵菌株肠膜明串株菌FO3、木质素降解菌株乳白耙菌LL01、抑制蛋白降解菌株植物乳杆菌JL58等新型菌株，大幅度提高燕麦饲草青贮的发酵品质。

苦荞生脱壳和全粉加工设备已成功开发，并利用膨化技术开发了低升糖指数荞麦挂面。针对荞麦等杂粮面条不易成型、易断条、易糊汤等问题，已有微粉化改变原料粉质特性、热加工对原料预糊化处理、挤压制备淀粉凝胶形成结构致密的面条、低温处理保持面条耐煮道口感等[30]。

藜麦可用于加工全谷物营养面条、馒头、即时方便米等主食产品，并用于鸡肉丸、鱼丸等肉制品加工，在饼干、酸奶、冰激凌、蛋白饮品以及低酒精度饮料等产品方面也有所应用。

3. 产品精深加工

燕麦饲草青贮内生菌剂、燕麦青贮型肉牛日粮配方与饲养技术、燕麦壳纳米纤维素生产技术等得到开发，并建立了燕麦麸皮罗非鱼饲喂技术体系，系统阐明了燕麦饲草生物活性物质组分，首次建立了燕麦饲草品质近红外快速分级模型。

除了啤酒、大麦茶、糌粑等传统食饮品，开发出多种新型大麦大宗食品及特色营养健康食饮品[31-32]。如大麦若叶青汁苗粉，青稞红曲酵醋、红曲茶等精深加工产品，正在进行企业推广；青稞露饮品、速溶粉、营养复合米等技术研发逐步成熟，微胶囊技术、生物发酵酯化脱腥等工艺的开发应用有助于改善青稞烘焙产品的口感及健康功效。

荞麦健康产品是以营养健康导向开发的系列荞麦产品，包括如荞麦茶、荞麦饼、干荞麦芽菜、荞麦醋、荞麦酒、荞麦酸奶、荞麦酱油和荞麦蜜等。近年来，荞麦鲜食面已开始工厂化生产，为荞麦食品的新起点。

藜麦发酵物中的皂苷及多肽可作为美白活性组分应用于口红、洗发水、身体乳等化妆品；藜麦酸奶具备抗氧化、缓解2型糖尿病、降胆固醇等功效，是具有广阔应用前景的功能发酵食品；藜麦肽具有良好的体内血糖调节作用，可应用于特需食品和营养食品。

（六）平台和人才队伍建设稳步推进

1. 平台建设

燕麦荞麦种质资源数据库、燕麦荞麦抗病虫害资源数据库、燕麦荞麦病害数据库、燕麦荞麦主产区土壤状况数据库、燕麦荞麦种植制度数据库、燕麦荞麦加工营养数据库、燕麦荞麦产业全球产业供求和贸易数据库、燕麦荞麦种植收获面积分布数据库等得到进一步完善。

国家大麦改良中心（杭州中心）完成二期建设，另建有乌鲁木齐、兰州等两个国家大麦改良分中心，成为国家大麦遗传改良的重要技术平台。省部共建青稞和牦牛种质资源与遗传改良国家重点实验室自批准建设以来运行平稳、成效显著，成为青稞基础研究、种质资源创制和新品种选育等工作的创新高地。新建或持续运行如浙江省数字旱粮重点实验室等多个省部级重点实验室。

在国家科技部和自然基金委、农业农村部等支持下，立项荞麦政府间科技合作、国际（地区）合作与交流、面上、青年和地区基金等项目10余项。国家作物种质库和国家燕麦荞麦产业技术体系，第三次全国农作物种质资源普查与收集行动项目也为荞麦种质资源的收集保护、科研提升提供了有力的支持。

国内多地自发组建藜麦产业技术创新联盟，代表性的有中国西部藜麦产业技术创新联盟、京津冀藜麦产业技术创新联盟、山西省藜麦产业技术创新战略联盟等。此外，河北沽源藜麦科技小院、内蒙古武川藜麦科技小院等科技平台的建设有力支撑了当地乡村振兴。

2. 人才队伍建设

杂粮研究的蓬勃发展对我国人才培养建设提供了良好条件。在燕麦领域新增长江学者和国家重点研发计划青年科学家各 1 名，神农青年英才 1 名，其他省部级人才 10 名；培养研究生 46 名，为燕麦产业发展提供了人才支撑。

中国农科院作物科学研究所郭刚刚研究员当选国家大麦青稞产业技术体系首席科学家。浙江大学、中国农科院作物科学研究所、扬州大学、华中农业大学、西藏农牧科学院等传统优势单位培养了一批优秀的博士后、博士生或硕士生，为大麦学科发展和团队建设持续注入新鲜血液。

中国农业科学院作物科学研究所荞麦基因资源创新研究组获得农业农村部"青年文明号"，组长周美亮研究员入选全国农业科研杰出人才培养计划，获中国农学会青年科技奖和国际荞麦研究协会"杰出青年科学家金孔雀奖"，当选第 16 届国际荞麦协会主席。同时在原荞麦研究单位的基础上新增河北大学、河南科技大学、西北工业大学、上海交通大学、洛阳师范学院等纷纷成立荞麦研究团队，并获批相关项目资助。

甘肃农科院杨发荣研究员牵头完成的"藜麦种质创新与系列新品种选育及产业化应用"获得 2020 年甘肃省科技进步奖二等奖。成都大学邹亮教授荣获"2021 年度成都建设全面体现新发展理念的城市改革创新先进个人"。

二、大麦、燕麦、荞麦、藜麦科技国内外发展比较

（一）国际上最新研究热点和前沿分析

国际上燕麦联合研究团队完成了六倍体栽培皮燕麦的参考基因组并对其相关基因家族进行分析[33]。对燕麦栽培的研究主要集中在燕麦与不同作物间套作种植模式研究、施肥种类与配比、施用量研究等几个主要方面。如饲用燕麦与紫花苜蓿间作、与箭筈豌豆混作、与油菜混作各种模式。

国际上燕麦加工领域前沿研究进展主要集中在燕麦淀粉和膳食纤维特性及其对燕麦片和面粉糊化特性的影响、燕麦风味物质提取分离鉴定，并系统研究了加工过程（包括油炸、烘焙）中燕麦芳香物质的形成及其前体物质变化等方面。

多国联合完成 20 个代表性大麦品种泛基因组构建以及 300 份野生与栽培大麦的基因组重测序，揭示了大麦个体基因组的差异[16]；通过比较自然群体与现代育成品种群体的基因组特征，揭示了人工选择对资源遗传结构的改变[34]；通过比较不同生境来源野生大麦的基因组结构，揭示了野生大麦耐逆性形成的遗传基础[35]。利用突变体发掘出多个与大麦根系向地性生长的关键调控因子[36-37]；通过定向突变和筛选，鉴定到可在大麦半不育突变体 *des10* 中恢复染色体重组与育性的基因 *HvRECQL4*，为大麦杂交育种体系的创制提供了理论依据与基因资源[38]。

全世界收集的荞麦资源已达到10000份以上，并且在不断开展荞麦品种选育工作，俄罗斯选育的甜荞品种具有明显的早熟特性，且株型紧凑，侧分支较少。日本主要通过系选、杂交、诱变等多种技术手段提高本土的荞麦产量和品质，育种目标多样。加拿大选育的品种以长势整齐，适合机械化管理，产量、品质一致性高以适应出口为主，规模化程度较高。

藜麦已经鉴定出至少193种藜麦的次级代谢产物。它们主要包括酚酸、黄酮类、萜类、类固醇和含氮化合物[39]。藜麦次生代谢产物的结构、生物活性和功能及其生物合成、开发利用是当前开发的重要热点和方向。

（二）国内外研究方向比较和评析

国外学者对大麦、燕麦、荞麦和藜麦种质资源及育种方面研究主要集中于倍性育种、种质资源鉴别、分子辅助育种及生物、非生物胁迫特征的转录组测序等方面；而国内学者从不同地区各自地理情况入手，重点开展了不同地区杂粮的高产优质育种和因地制宜栽培技术的研究。在基因挖掘及功能解析方面我国荞麦、燕麦处于领先地位，大麦、藜麦还有一定差距。我国六倍体栽培燕麦参考基因组构建的完成，开发了与目标性状显著关联的分子标记，初步验证了参考基因组在燕麦分子育种中可能带来突破性进展的潜力[11]；荞麦的多组学联合分析鉴定到多个产量、芦丁合成、抗逆等重要性状的关键基因，我国在等花柱和观赏性系列荞麦选育、肥料对荞麦淀粉和蛋白质理化特性及潜在机制的影响[40-41]、蛋白质组学技术对氮肥诱导甜荞淀粉和氨基酸合成与代谢的分子机制的研究[42-43]等方面均达到了国际化先进水平。我国通过参与国际大麦基因组测序计划解析了青稞的遗传起源；利用代谢组学技术揭示了青稞适应青藏高原特殊紫外线环境的遗传机制[44]，但当前学界使用的基因组学分析方法（如基因组组装算法）均为国外研究团体原创，我国在相关领域还处于跟跑水平；在大麦生长发育调控或重要农艺性状基因发掘与功能解析方面，我国较国际领先研究水平差距较大，主要限制在缺乏合适的遗传研究材料与基因功能验证的技术平台。为此，我国近年来自主建立了大麦突变体库资源与突变体筛选技术平台[45]，进一步完善了大麦基因编辑技术体系[46]，为将来在大麦功能基因发掘与利用方面快速追上或赶超国际同行夯实基础。

三、大麦、燕麦、荞麦、藜麦科技发展趋势与对策

（一）未来5年的重点发展方向

大麦、燕麦、荞麦和藜麦作为重要的多用途杂粮作物，重点发展方向：加大种质资源收集力度，科学评价种质资源；深入挖掘其药用价值，解析其品质形成机理；加速推进育种进程，加大制品研发力度，提升其产品附加值；加快推进机械化、规模化、绿色化生

产，提高生产效率，降低生产成本；根据不同生态区制定相关生产、加工及高品质行业（地方）标准，提升我国杂粮产业整体科技水平、产品质量及国际竞争力。

（二）未来5年的发展策略、重点任务

1. 大麦领域

1）重点加强主要功能基因挖掘和遗传机制解析，扩大单倍体技术、分子标记辅助选择、高通量表型精准鉴定和基因编辑技术的育种运用。

2）强化养分生理研究，创新集成高效、高产、优质栽培技术。

3）完善学科建设，注重基因组学与生物信息学基础研究创新和人才培养。

2. 燕麦领域

1）燕麦新品种选育优质化。加强特色种质资源的收集和评价，在已获得的参考基因组基础上深入挖掘燕麦优异基因资源并解析其相关基因的遗传机制，为推进燕麦进入分子和生物技术育种阶段奠定基础。根据加工特性需求进行种质创新，结合市场需求加大高产、优质、多抗的专用品种选育，专用性主要考虑到粮用、饲用和粮饲兼用，粮用品种主要考虑适合加工燕麦片、燕麦米、燕麦粉、燕麦饮料等优质专用加工特性；饲用品种主要考虑产草量高、品质优良、抗逆性好等专用特性。

2）燕麦种子产业化。以燕麦相配套的成果技术为依据、以良种生产为重点的运作途径，逐步实现种子的专业化生产，实现提质增效。

3）燕麦种植规范化。结合不同品种特性研究适宜的种植区域和配套栽培措施，标准化栽培技术规程，农机农艺双结合，产量品质双提高，并建立标准化的燕麦种植基地和示范推广基地，有效提高燕麦产量、品质和加工性能，实现增产、增收和增效目标。

4）燕麦产品加工标准化。持续攻关创新性强的植物基燕麦产品，提高原料利用率，研发适口性好、针对性强的多样化产品。

3. 荞麦领域

1）种质资源收集和育种利用。加大国内外荞麦野生种、逸生种及栽培种种质资源的收集，建立科学的评价体系，挖掘大量栽培和野生荞麦资源中蕴藏的优异基因资源，结合现代育种技术手段，加速荞麦新品种的培育。

2）品质形成机制研究。针对主荞麦种质品质性状等生长发育生物学特性及其对环境的响应，利用多种分子技术手段，发掘和鉴定优异基因资源及其作用机制，创新优质丰产、提质增效的理论和方法。

3）品种创制。以丰富种质资源为基础，以传统杂交、化学物理诱变和远缘杂交等技术为支撑，利用分子标记充分挖掘优异种质资源，培育优质高产绿色的荞麦新品种并开展示范推广，以促进我国荞麦产业健康可持续发展。

4）行业标准及产业开发。抓好荞麦高产、高效栽培技术示范推广，加强荞麦全程机

械化生产，创制和应用高产高效绿色栽培技术；攻克产业链延伸具有关键作用的产后加工技术，研制高附加值新产品。

4. 藜麦领域

1）组建全国藜麦产业技术创新联盟。组织国内藜麦领域优势力量，形成合力，积极向政府及行业主管部门建言献策，全盘谋划我国藜麦产业健康有序发展。

2）大力举荐人才。积极向各级部门举荐藜麦人才，做好科研队伍的传帮带。

3）加快推进藜麦科技项目设立。积极向科技部、农业农村部、中国科协、省市科技主管部门等提供产业发展建议，积极参与全面乡村振兴有关科技项目，推动藜麦标准项目立项，通过项目实施来提升我国藜麦产业科技水平。

4）深化国际合作。在国际科技合作项目申报、外国专家人才引进、国际交流访问等方面久久为功，持续引进国外优异藜麦种质资源和先进加工技术装备，大力推动国内藜麦加工产品出口销售，服务"一带一路"建设需求。

5）产业化发展。以藜麦种质资源收集引进与鉴定评价、种质创新与品种选育、栽培技术研究集成、新产品研发、示范推广为目标和重点任务，产学研结合提高创新能力。

参考文献

［1］ MASCHER M，SATO K，Chapter 11 STEFFENSON B Genomics Approaches to Mining Barley Germplasm Collections［M］//The Barley Genome. Springer，2018：155-169.

［2］ 李伟，唐宇，张松，等. 三江并流区域野生荞麦资源的考察与收集［J］. 植物遗传资源学报，2023，24：937-943.

［3］ 沈伦豪，任奎，唐宇，等. 西藏野生荞麦种质资源的调查与收集［J］. 植物遗传资源学报，2022，23：768-774.

［4］ XU D，DONDUP D，DOU T，et al. HvGST plays a key role in anthocyanin accumulation in colored barley［J］. Plant Journal，2023，113：47-59.

［5］ ZHU J，ZHOU H，FAN Y，et al. HvNCX, a prime candidate gene for the novel qualitative locus $qS7.1$ associated with salinity tolerance in barley［J］. Theoretical and Applied Genetics，2023，136：1-11.

［6］ QIU CW，MA Y，LIU W，et al. Genome resequencing and transcriptome profiling reveal molecular evidence of tolerance to water deficit in barley［J］. Journal of Advanced Research，2023，49：31-45.

［7］ 田敏，刘新春，潘佳佳，等. 大麦籽粒纤维素、半纤维素含量全基因组关联分析［J］. 作物学报，2023，6：1726-1732.

［8］ DENG P，YAN T，JI W，et al. Population-level transcriptomes reveal gene expression and splicing underlying cadmium accumulation in barley［J］. Plant Journal，2022，112：847-859.

［9］ JIANG C，KAN J，ORDON F，et al. Bymovirus-induced yellow mosaic diseases in barley and wheat：viruses，genetic resistances and functional aspects［J］. Theoretical and Applied Genetics，2020，133：1623-1640.

［10］ 曲洁琼，张毅，杨庆丽，等. 大麦种质抗叶斑病鉴定和全基因组关联分析［J］. 农业生物技术学报，

2022，30：2267-2278.

［11］ PENG Y, YAN H, GUO L, et al. Reference genome assemblies reveal the origin and evolution of allohexaploid oat［J］. Nature Genetics，2022，54：1248-1258.

［12］ 范昱. 中国苦荞种质资源性状评价和荞麦属植物亲缘关系分析［D］. 成都：成都大学，2019.

［13］ 张广峰，陈喜明，韩云丽，等. 31个荞麦品种的经济性状及品质分析［J］. 种子，2020，39（5）：85-87.

［14］ 杨迪. 苦荞种质资源抗旱性评价及相关基因的挖掘和功能分析［D］. 兰州：兰州大学，2021.

［15］ JAYAKODI M, PADMARASU S, HABERER G, et al. The barley pan-genome reveals the hidden legacy of mutation breeding［J］. Nature，2020，588：284-289.

［16］ LI G, KUIJER HNJ, YANG X, et al. MADS1 maintains barley spike morphology at high ambient temperatures［J］. Nature Plants，2021，7：1093-1107.

［17］ YAN H, ZHANG H, ZHOU P, et al. Genome-wide association mapping of QTL underlying groat protein content of a diverse panel of oat accessions［J］. International Journal of Molecular Sciences，2023，24：5581.

［18］ LIU M, SUN W, MA Z, et al. Integrated network analyses identify MYB4R1 neofunctionalization in the UV-B adaptation of Tartary buckwhea［J］. Plant Communications，2022，3：100414.

［19］ ZHANG K, HE M, FAN Y, et al. Resequencing of global Tartary buckwheat accessions reveals multiple domestication events and key loci associated with agronomic traits［J］. Genome Biology，2021，22：23.

［20］ HE M, HE Y, ZHANG K, et al. Comparison of buckwheat genomes reveals the genetic basis of metabolomic divergence and ecotype differentiation［J］. New Phytologist，2022，235：1927-1943.

［21］ ZHAO H, HE Y, ZHANG K, et al. Rewiring of the seed metabolome during Tartary buckwheat domestication［J］. Plant Biotechnology Journal，2023，21：150-164.

［22］ YAO Y F, SONG X Y, XIE G, et al. New insights into the origin of buckwheat cultivation in southwestern China from pollen data［J］. New Phytologist，2023，237：2467-2477.

［23］ SHI P, JIANG R, LI B, et al. Genome-Wide Analysis and Expression Profiles of the VOZ Gene Family in Quinoa（Chenopodium quinoa）［J］. Genes（Basel），2022，13：1695.

［24］ 许乃霞，陈昌宇，徐肖，等. 不同β-葡聚糖含量裸大麦籽粒转录组比较分析［J/OL］. 分子植物育种，2023. http://kns.cnki.net/kcms/detail/46.1068.S.20221215.1712.012.html.

［25］ 李程，邢青斌，孙桂菊，等. 燕麦/大麦β-葡聚糖的益生元效应研究证据［J］. 营养学报，2022，44：404-409.

［26］ 耿腊，黄业昌，李梦迪，等. 大麦籽粒β-葡聚糖含量的全基因组关联分析［J］. 作物学报，2021，47：1205-1214.

［27］ 何伟平，李金程，王高明. 荞麦花叶总黄酮对心律失常大鼠心肌细胞凋亡及Wnt/β-catenin/PPARγ通路的影响［J］. 中国中药杂志，2023，48：220-225.

［28］ 公丕媛，张雪，施小哲. 荞麦花叶芦丁对高糖诱导的人晶状体上皮细胞损伤的影响［J］. 中国老年学杂志，2022，42：681-687.

［29］ GUO H, HAO Y, FAN X, et al. Administration with quinoa protein reduces the blood pressure in spontaneously hypertensive rats and modifies the fecal microbiota［J］. Nutrients，2021，13：2446.

［30］ 曹汝鸽，郭子聪，王丽娟，等. 荞麦面条加工及品质提升的研究进展［J］. 食品研究与开发，2023，44（1）：174-183.

［31］ 马银花，邓超，杨成兰，等. 青稞若叶加工工艺研究［J］. 青海大学学报，2022，40（6）：28-35.

［32］ 刘晶晶，张心茹，袁倩，等. 大麦若叶酸性含乳饮料的配方优化及抗氧化性研究［J］. 食品工业，2022，43（12）：21-25.

［33］ KAMAL N, TSARDAKAS RENHULDT N, BENTZER J, et al. The mosaic oat genome gives insights into a uniquely healthy cereal crop [J]. Nature, 2022, 606: 113-119.

[34] HILL C B, ANGESSA T T, ZHANG X Q, et al. A global barley panel revealing genomic signatures of breeding in modern Australian cultivars [J]. Plant Journal, 2021, 106: 419-434.

[35] CAI S, SHEN Q, HUANG Y, et al. Multi-omics analysis reveals the mechanism underlying the edaphic adaptation in wild barley at evolution slope (Tabigha) [J]. Advanced Science (Weinheim, Baden-Württemberg, Germany), 2021, 8: 202101374.

[36] FUSI R, ROSIGNOLI S, LOU H, et al. Root angle is controlled by EGT1 in cereal crops employing an antigravitropic mechanism [J]. Proceedings of the National Academy of Sciences, 2022: e2201350119.

[37] KIRSCHNER G K, ROSIGNOLI S, GUO L, et al. ENHANCED GRAVITROPISM 2 encodes a STERILE ALPHA MOTIF-containing protein that controls root growth angle in barley and wheat [J/OL]. Proceedings of the National Academy of Sciences, 2021, 118: 2101526118.

[38] ARRIETA M, MACAULAY M, COLAS I, et al. An induced mutation in HvRECQL4 increases the overall recombination and restores fertility in a barley HvMLH3 mutant background [J]. Frontiers in Plant Science 2021, 12: 706560.

[39] ANGELI V, MIGUEL SILVA P, CRISPIM MASSUELA D, et al. Quinoa (*Chenopodium quinoa* Willd.): an overview of the potentials of the "Golden Grain" and socio-economic and environmental aspects of its cultivation and marketization [J]. Foods, 2020, 9: 216.

[40] WAN C, GAO L, WANG J, et al. Effects of nitrogen fertilizer on protein synthesis, accumulation, and physicochemical properties in common buckwheat [J]. The Crop Journal, 2023, 11: 941-950.

[41] GAO L, BAI W, XIA M, et al. Diverse effects of nitrogen fertilizer on the structural, pasting, and thermal properties of common buckwheat starch [J]. International Journal of Biological Macromolecules, 2021, 179: 542-549.

[42] WAN C, GAO L, WANG J, et al. Proteomics characterization nitrogen fertilizer promotes the starch synthesis and metabolism and amino acid biosynthesis in common buckwheat [J]. International Journal of Biological Macromolecules, 2021, 192: 342-349.

[43] WAN C, WANG J, GAO L, et al. Proteomics characterization of the synthesis and accumulation of starch and amino acid driven by high-nitrogen fertilizer in common buckwheat [J]. Food Research International, 2022, 162: 112067.

[44] ZENG X, YUAN H, DONG X, et al. Genome-wide dissection of co-selected UV-B responsive pathways in the UV-B adaptation of Qingke [J]. Molecular Plant, 2020, 13: 112-127.

[45] JIANG C, LEI M, GUO Y, et al. A reference-guided TILLING by amplicon-sequencing platform supports forward and reverse genetics in barley [J]. Plant Communications, 2022, 3: 100317.

[46] TANG H, QIU Y, WANG W, et al. Development of a haploid inducer by editing HvMTL in barley [J/OL]. Journal of Genetics and Genomics, 2023, 50: 366-369.

撰稿人：张宗文　任贵兴　张　京　张国平　杨　平　蒋枞璁
　　　　刘景辉　周美亮　张凯旋　秦培友　杨修仕

麻类作物科技发展报告

近年来,我国麻类作物经受国际贸易摩擦、新冠疫情、劳动力优势逐渐丧失等因素的叠加冲击,种植面积稳定在 600 万亩以上。全球麻类贸易波动比较明显,我国麻类原料依赖进口的格局没有得到有效解决,其中亚麻、黄红麻进口占比均达 90% 以上。较 21 世纪初,2021 年全球黄／红麻进口总量从 29.16 万吨下降至 17.82 万吨,出口总量从 35.87 万吨下降至 17.55 万吨。由于价格上涨,全球黄／红麻进出口金额从 9.09 亿美元增长至 16.86 亿美元,平均年交易额为 18.56 亿美元。亚麻进口数量和金额都有所下降,企业原料供给不足的问题进一步凸显,亟待构建国内国际市场相协调的产业结构。随着我国麻类种植区域向山坡地、盐碱地、污染耕地等区域转移,单位面积产量提升难度加大,但由于作物科技不断提升,机械化水平不断提高,多功能利用技术不断深入,我国麻类作物单产和效益整体呈稳中有升的态势。2020—2022 年,我国麻类作物在保持稳定增产趋势的同时,向绿色化优质化方向转变。麻类作物种质资源与遗传育种、栽培与土肥、农业遥感监控、病虫草害防控、作物收获与产后处理等科技领域不断取得新的进展,为我国麻类产业稳定发展提供了有效支撑。

一、我国麻类作物科技最新研究进展

(一)种质资源与遗传育种

我国麻类作物育种目标从以高纤维品质为重点,向专用、兼用、多用深层次拓展,分子育种技术水平提升。

在苎麻领域,我国率先完成苎麻全基因组三代测序,解析了韧皮纤维产量与品质形成的分子机理,推动麻类作物全面进入功能基因挖掘与应用阶段[1]。构建了"兼顾多功能、分子辅助育种综合改良"的麻类育种路径,研发了纤用、饲用等多功能性状聚合的高效育种技术，建立了叶片蛋白含量、赖氨酸含量、纤维细度、胶质含量和茎秆硬度等表型鉴定方法，结合作物表型鉴定和无性繁殖固定种性技术，破解了单株结籽数以亿计的高杂合、大群体苎麻种质筛选难题，大幅度缩短育种进程[2]。利用泛素化组学、磷酸化蛋白质组、差异蛋白质组学揭示了苎麻韧皮纤维生长的调控机理[3]。发掘了 *BnALDH*、*BnMYB* 等对淹水、重金属胁迫等多种逆境响应的关键基因[4-6]。

在工业大麻领域，我国率先绘制出籽用大麻参考基因组并鉴定脂肪酸和维生素 E 合成途径的关键基因。利用分子标记辅助育种技术，提高了选择的精准性和效率，促进了品种更新换代，育种目标从传统的纤维品质和产量向麻籽品质和大麻素含量等兼用方向转变，其中部分专用品种已突破大麻二酚（CBD）含量 18%。建立了复合 PCR 反应鉴定大麻植物化学型的方法，解决了传统化学检测高随机误差的约束，实现了对大麻植株化学型的早期、快速鉴定，显著加快了育种进程。在全球范围内首次实现了工业大麻稳定的基因编辑[7]。在工业大麻耐盐、抗旱、耐受重金属等相关机制也开展了研究。

在亚麻领域，主要在基因挖掘、耐逆育种、纤维合成、亚麻籽营养等方面开展了研究。完成了基于染色体水平的亚麻基因组装和注释。对野生亚麻染色体进行了核型分析，为亚麻属物种的起源、演化研究和野生种利用提供了依据。利用 GWAS 技术对亚麻 WRKY 基因家族进行了全面的全基因组鉴定。研究发现了亚麻籽木脂素含量的产地与品种差异。开展了 200 份亚麻种质发芽期耐盐性，确定了与耐盐性相关的数量性状 QTL，并发现亚麻萌发期与苗期的耐盐性具有不完全的一致性。通过全基因组关联分析能检测到花和叶片关联的关键候选基因。

在红麻领域，主要在抗性鉴定、基因发掘、抗逆育种等开展了研究。公布了高质量的红麻基因组数据库，通过比较基因组和转录组分析揭示了红麻韧皮部纤维形成的关键基因。对国内外 220 份红麻种质的抗根结线虫程度进行鉴定与评价。探究了红麻茉莉酸合成途径中关键基因（*HcAOC1*）的调控机理；建立了红麻子叶外植体高效再生体系；研究发现红麻细胞质雄性不育的候选基因 *atp6*；*HcTPPJ* 基因参与盐、干旱胁迫响应过程，*HcWRKY71* 基因参与镉胁迫响应，*HcWRKY50* 调控干旱胁迫耐受性，较高的抗氧化活性和增加的胞嘧啶甲基化水平影响参与红麻铬胁迫应答的特定基因的表达。

在黄麻领域，主要在基因组测序和基因关联分析等方面开展研究。率先公布黄麻染色体水平的参考基因组，解析了黄麻起源于驯化过程，挖掘了提高次生纤维细胞壁的生物合成有关的基因和耐盐的关键基因，初步鉴定了光周期诱导成花的关键基因，构建了黄麻应用核心种质的 DNA 分子身份证，筛选了适合黄麻的内参基因，以茎段为外植体构建了黄麻再生体系。利用基因组、转录组、表观修饰组联合分析的手段揭示了黄麻的耐盐适应机制和驯化历史，并通过全基因组关联分析发现黄麻 11 个重要性状的候选位点[8]。公布了黄麻两个栽培种的叶绿体基因组，揭示了赤霉素 GA_3 处理下参与黄麻纤维形成的 WRKY 转录因子，构建了黄麻应用核心种质的 DNA 分子身份证[9]。

在剑麻领域，调查分析了野生剑麻种质资源及其纤维品质、资源表型多样性与抗寒性；分析 EST-SSR 分子标记在剑麻近缘属中的通用性；初步对剑麻 GATA 基因家族进行鉴定与功能分析；筛选与木质素生物合成密切相关的 *PAL* 基因；完成了普通剑麻叶绿体基因组序列测定；建立了剑麻紫色卷叶病相关植原体单管巢式 PCR 检测技术；进行了剑麻紫色卷叶病、剑麻溃疡病调查及其传病因子分析，发现 matK 序列在剑麻种质中的遗传多样性更高；开发了剑麻 SSR 标记并开展种质资源鉴定和指纹图谱构建；从 H·11648 转录组中鉴定出 19 个氮运输基因家族成员；研究了喷施氨基寡糖素、油菜素内酯和脱落酸对剑麻应答低温胁迫的影响。

（二）栽培生理与土肥

进行了苎麻连作与非连作根际微生物的多样性研究，探讨有机肥对群体光合特性和农艺性状的影响，研究了生长调节物质、叶面喷施多效唑对苎麻生长及生理代谢的影响，提出了苎麻栽培抗旱策略。发现富里酸促进苎麻对汞污染农田土壤修复，研究了苎麻和蜈蚣草不同间作密度对农业土壤中铅和砷吸收的影响。研究了苎麻新品种累积镉的季节差异及抗氧化酶系统对镉胁迫的应答机制。首次实现了苎麻水培苗机械化移栽，使移栽工效达到 24 亩/天，比人工移栽效率提高 10 倍以上，成活率高，每亩节约移栽成本 50% 以上。遥感技术、空间信息、大数据、人工智能等信息技术在苎麻生产的在线监测、病虫害诊断、精准作业等方面得到初步应用。

探究了螯合剂增强工业大麻对土壤中铅的转运作用机理；研究了施肥密度、施肥配比分别对"火麻 1 号""汉麻 5 号"农艺性状及产量的影响；评价了不同品种、污泥和改良剂对重金属积累的影响。揭示了原花青素缓解工业大麻镉胁迫的机理；明确了氮肥改善工业大麻修复铅污染土壤能力的特点；分析了碳酸氢钠胁迫下工业大麻基因表达差异。分析了干旱及不同外源物质处理对种子萌发、幼苗生长的影响；获得了适宜扦插的生长时期、基质及营养液；探究了盐碱胁迫下不同营养液配方对种子发芽或幼苗生长的影响；研究了水氮互作对工业大麻生长、光合特性及产量的影响。

比较了亚麻品种对田间 5 种重金属的积累特性，评价了污泥和改良剂对其生长性能和重金属积累的影响；开展了亚麻种质耐盐性评价，确定了室内快速鉴定的两个关键指标，筛选出 3 份高耐盐亚麻种质；建立了亚麻干旱胁迫模型，筛选出 5 份高度抗旱品种，探究了干旱胁迫对亚麻生理生化指标及产量影响；克隆了"陇亚 10 号"中 *LuDMP-1* 基因，发现其启动子区域含有激素响应及逆境胁迫相关作用元件。探究了亚麻 – 水稻轮作对镉污染土壤修复，亚麻连作、轮作对土壤特征的影响，覆膜方式对亚麻水分利用的影响。研究了施氮后移处理在亚麻关键生育时期对其的影响；探究了不同施氮量、隔根模式对亚麻 – 大豆间作优劣势和种间竞争力的影响；在重金属胁迫方面，发现根际促生菌的加入提高了亚麻对重度镉、砷污染农田的修复效果。

通过盆栽控水法研究了不同水分胁迫条件对红麻叶片中叶绿素含量的影响；研究了铅胁迫下红麻种子萌发、幼苗生理响应及 DNA 甲基化的特征；探究了 8 个红麻品种苗期对重金属镉耐性及富集特征；发现红麻亚硝酸还原酶基因 HcNiR 在初级氮的同化过程中有重要调控作用；适宜浓度的水杨酸引发可以显著缓解盐胁迫对红麻生长的影响。

分析了不同品种、不同种质黄麻对重金属吸附的差异与机制，柠檬酸对黄麻吸附铜能力的影响，施磷可提高黄麻的修复潜力；测定了不同品种黄麻铅含量积累特征，分析了不同生育期黄麻对污染土壤中砷的吸收与累积规律的差异；探讨了赤霉素对纤用黄麻幼苗的影响，并对黄麻叶片水解液中总黄酮、黄酮醇类组分、含量及酪氨酸酶活性进行测定；分析了黄麻与水稻、拟南芥和大豆的 HD-ZIP Ⅰ和 LEA14 蛋白序列同源性。

（三）病虫草害防控

首次组装麻园恶性杂草千金子染色体级别参考基因组，为高品质麻类生产提供绿色植保技术奠定重要基础[10]；从中国 5 个苎麻主产区的分离菌中筛选出典型且差异性大的 8 株钟器腐霉菌；苎麻花叶病毒在广东的百香果上首次报道发现；发现 B 型烟粉虱（Bemisia tabaci）能够在烟草上传播苎麻花叶病毒，分析了侵染番茄的苎麻花叶病毒分子特征及其基因序列分析；探究了 4 种诱抗剂水杨酸等在适宜浓度下能显著诱导苎麻对苎麻夜蛾的抗性；测序和注释了大麻害虫麻小食心虫（Grapholita delineana）的完整有丝分裂基因组，证实了此前的形态学和多基因研究；麻阔光用量为 200 毫升 / 亩时，对胡麻田阔叶杂草具有良好的防除效果；对黄麻双生病毒越南黄麻黄脉病毒进行了分子鉴定及其黄麻抗性种质筛选[11]，分离鉴定了 7 个黄麻生产区黄麻炭疽病病原菌样；获得红麻抗根结线虫相关基因 HcNPR1[12]；鉴定了 pcs1 同源基因 Folpcs1 在亚麻枯萎病镰刀菌中调控菌丝的营养生长和分生孢子的产生；分离鉴定了剑麻病原菌新暗色柱节孢（Neoscytalidium dimidiatum），并将病害名称暂定为剑麻新暗色柱节孢黑斑病；对剑麻可可毛色二孢叶斑病菌进行了鉴定并筛选了室内药剂；调查了剑麻感染烟草疫霉菌后几种重要防御酶活性的变化；筛选出对新菠萝灰粉蚧有显著触杀作用的 5 种新烟碱类杀虫剂，并建立了剑麻紫色卷叶病相关植原体单管巢式 PCR 检测体系。

（四）作物收获与产后处理

在农机装备方面，研制出 6BZQ-170 型全自动苎麻高效剥麻机，鲜茎出麻率达到 5.06%、原麻含杂率 1.06%、原麻含胶率 24.6%；研制出 4BM-240 型苎麻剥麻机、4BM-300 型山地苎麻剥麻机、4BM-320 型双刀苎麻剥麻机等多种小型山地苎麻剥麻机，鲜茎出麻率最高达到 5.51%，原麻含杂率降至 1.39%；研发第三代直喂式苎麻剥麻机，干纤维制取功效达到 25 千克 / 小时；改制 4LMZ-160A 型苎麻收割机，工效达到 24 亩 / 天，失败率降至 5% 以下；研发 93QS-5.0 型麻类青饲料专用切碎机纯工作小时生产率达 5066 千克 /

小时；改进了 4MZK-200 型苎麻联合收割机，流畅地实现了苎麻切割、打捆联合作业，打捆工效达 3~4 亩/小时。研制出 2BMF 型自走式麻类作物播种设备，可一次完成开种沟、开肥沟、播种、施肥、覆土等五项作业工序，实现条播式播种和施肥。设计研制出了适用于丘陵山区的工业大麻割晒机，具备转向灵活、爬坡和通过性能强等作业特点，填补了丘陵山区工业大麻收割机械的空白。研制了履带式 4HB-480B 红麻收获机，工效达 3 亩/小时。自走式大麻打捆机 15JGZK-195A，工作效率 100 亩/天。亚麻自走式双行拔麻机 4ZYB-2.4，工作效率 300 亩/天。

在麻纤维提取方面，构建了菌株 DCE-01 与 B7 共培养苎麻脱胶体系[13]；研究了苎麻鲜麻沸水煮练处理以及厌氧生物脱胶系统的工艺性能；研究了有机溶剂、$FeCl_3$、蒽醌助剂对苎麻脱胶的效果，形成了高速水处理—氧化脱胶—高速水处理的苎麻脱胶工艺[14]；初步建立了利用有机溶剂循环脱胶提取大麻纤维素的技术体系；将低共熔溶剂（ChCl/U-DES）预处理与微生物处理相结合，开发了一种环保有效的亚麻粗纱脱胶方法。

在麻纤维加工方面，开发了剑麻、黄麻纤维的非织造产品，黄麻床垫和板材进入市场。黄麻非织造布包装袋取得积极进展，建成了 600 万平方米非织造布生产线。开发出包括水果套袋、地膜、包装袋、保鲜袋、面膜基布等多品类产品。揭示了残留果胶对苎麻纳米纤维素成膜的影响机制，并利用苎麻纤维与其他可生物降解物质成功制备出食品级包装膜；低成本黄麻地膜工艺配方实现成本 300 元/亩以下，亚麻纤维素的溶解及成膜工艺取得新进展；聚己二酸/对苯二甲酸丁二醇酯微孔膜，与工业大麻联合制作水刺非织造布复合膜；以苎麻、蚕丝、棉纤维的纺织下脚料为原料，制备了新型可降解农用非织造地膜。

在多用途利用方面，国内研究麻类副产物在饲料、抗生素、功能食品、造纸、材料等方面的应用。研究发现苎麻叶片干粉绿原酸提取液具有替代抗生素的潜力。功能食品方面，罗布麻功能茶饮料和火麻籽油乳剂取得了进展。研究了工业大麻秸秆栽培珊瑚猴头菌，并对其生长特性、营养成分含量以及食用安全性进行评价。探究了苎麻秸秆替代传统草炭基质可改善复配基质的各项土壤理化性质。验证了大麻素降脂降血糖的效果。研究了菌酶协同处理优化亚麻籽粕风味的工艺；通过脂质组学揭示了亚麻籽油受焙烧影响的脂质剖面变化；探究了大麻籽油脂质体的制备及理化稳定性[15]；对火麻仁蛋白水解抗氧化肽进行了鉴定；通过动物实验研究了火麻仁多肽降血脂功能。

二、麻类作物科技国内外发展比较

（一）现代作物科技研发起步晚、成长快，但基础理论研究仍然薄弱

从现有资料分析，尽管我国麻类作物现代科技研发起步晚，但在国家麻类产业技术体系等国家科技计划的支持下，已成为麻类作物研发大国。我国研发人员和机构数量都占绝对优势，学科的综合实力逐步凸显，种质资源保有量、基因编辑技术、品种产量水平、综

合利用能力均居世界前列。但在亚麻、工业大麻等国外传统优势学科领域，仍存在核心种质缺乏、高效育种技术不足等问题，产量、品质大幅度提升的突破点尚未探索到，基础理论研究仍然薄弱。

（二）麻类作物单产水平居世界前列，但比较效益偏低，打破严重依赖进口格局仍需科技攻关

苎麻是我国特色纤维作物，种植面积和产量均占全球90%以上。目前在巴西、老挝等国仅有小面积分布，我国在资源保护、挖掘鉴定、基础研究、品种选育等方面处于领先水平。依托我国技术输出，近年来老挝、缅甸、越南等区域苎麻种植面积有所增长，单产水平迅速提高。

我国亚麻单产仅次于法国，达到330千克/亩，但与法国472千克/亩的产量水平相比相差甚远。由于我国亚麻生产比较效益偏低，国内亚麻纤维主要依赖于进口，纤维市场的波动重伤了亚麻种植企业对种子繁育的积极性。同时，国内纤用亚麻品种仍然以国外进口为主，纤用亚麻种子国外垄断的现状尚未打破。

我国黄麻单产水平世界领先，分别是世界平均水平的1.44倍、第一黄麻生产国印度的1.34倍和第二黄麻生产国孟加拉国的1.60倍。红麻单产分别是世界平均水平的3.61倍、第一红麻生产国印度的4.52倍和第二红麻生产国俄罗斯的1.42倍。我国剑麻单产为世界平均单产的5.6倍。但由于劳力成本、环境问题等，导致我国黄麻、红麻、剑麻原材料的进口依赖度高。

（三）国际国内育种目标均由注重作物生产本身向注重作物与环境协调转变

早期我国麻类作物育种大多建立在高资源投入型的生产模式之上，耐重肥、水肥需求量大、高产不优质是其典型特点。近年来随着"双碳"目标确立，环境保护意识强化，产量与品质协同要求提升，国内麻类作物育种目标更加注重作物与环境的协调。亚麻分子育种在欧洲等国家有较为前沿的研究，以环保品种和低亚麻酸含量品种培育为主，在生产上高度集约化、规模化和机械化。我国工业大麻主要是纤维大麻和籽用大麻，欧洲等国家主要是雌雄同株兼用型大麻，纤维用于建筑材料等非纺织用途。育种目标的转变，对明确作物产量与品质形成的机理机制提出了更高的要求，这也是近年来组学研究成为热点的重要原因。

（四）在大麻素合成等领域我国与发达国家差距明显

国外对工业大麻的研究主要针对大麻素合成机理，从广度、深度及应用情况来看，我国与发达国家的差距明显。国际上鉴定了控制大麻素通路表达的转录因子以及合成途径关键酶；发现大麻色原烯（CBC）、Δ^9-四氢大麻酚（Δ^9-THC）和CBD等大麻素的大量积

累主要受 *CsCBGAS* 和 *CsCBDAS* 的转录调控；茉莉酸甲酯对大麻素产生具有明显促进作用；抗坏血酸可增加 THC 和 CBD 等次级代谢物；红光与远红光比例对 CBD 积累影响显著；增加光量子密度对大麻花叶产量具有提升效果，但对大麻素含量没有影响。

（五）麻类作物自动化、信息化生产技术研究整体滞后

近年来我国在麻类作物产量遥感预测、养分诊断等领域进行了探索，稳步推进无人机技术和智能农机装备研发，但与大规模应用还有差距。国际上报道，印度开展了"基于遥感的黄麻作物保险"研究和实践，并进行了印度恒河平原黄麻生态固碳方面的研究。比利时 Union 公司生产的自走式亚麻收获机，机具技术水平高，结构复杂。日本研制了红麻茎秆分段收获机，以利用短纤维为主。马来西亚普特拉大学研制的一种悬挂式红麻收割机割台，由液压系统、往复式切割系统和拨秆系统组成，以拖拉机液压系统提供动力。该割台可实现红麻的割铺作业，结构简单，但效率低，麻秆铺放杂乱，不利于后续捡拾作业。

（六）麻类产品的生物学性能与多功能开发成为麻类作物利用的重点

国内外对亚麻籽、大麻籽、大麻叶等的提取物的生物学性能、营养药理等方面进行了较为广泛的研究，麻类作为重金属吸附剂、饲料原料、天然防腐剂、纤维增强复合材料、植物源农药等领域也进行了深入探讨，持续推动麻类作物多功能产品开发利用。目前我国在产业化、商品化领域还处于劣势。

三、麻类作物科技发展趋势与对策

未来 5~10 年，我国需要加大与国际机构合作力度，加大优异资源引进与创制，持续深化现代育种基础理论与技术研究，推进现代生物技术在资源创新、品种选育、绿色生产中的应用，在全程机械化方面加大研发投入，不断探索新功能、新领域的加工利用技术，引领麻类产业发展。在工业大麻等新兴领域，加快构建高效科研与规范生产的监管体系，破解特种作物科学研究与产业发展的法制障碍，确保我国在该领域的领先地位。

（一）提升新一代作物育种技术，创制聚合多个优异性状的麻类作物新品种

在加大优异基因挖掘、本土资源精准鉴定的基础上，利用遗传学、多组学方法，系统开展变异组学研究，解析麻类作物种质资源形成与演化规律，建立高通量分析技术，规模化发掘更高育种利用价值的等位基因，创制核心种质，为品种选育提供资源保障。加快分析已获得的优质、高产、抗逆、养分高效等重要性状关键基因功能，推进麻类作物基因编辑技术研发，创制聚合多性状的麻类作物育种新材料，培育品质特色优异、抗逆性强、养分高效利用、适于干旱盐碱等边际土地安全生产的麻类作物新品种。

（二）加快轻简化绿色生产技术研发，促进边际土地高效利用

针对全球气候变化导致农业灾害频发、麻类作物种植向边际土地转移带来的新挑战，加快开展麻类作物对逆境响应的机制和应对逆境的调控技术研究，从分子、细胞、器官、组织、个体、群体乃至生态区的水平，深入揭示麻类作物抗逆适应和栽培调控机制，建立有效应对多灾气候、脆弱生态区麻类作物生产的技术体系，确保我国麻类生产总量可控。加快推进麻类作物减肥减药、节水固碳绿色生产技术研发，因地制宜创新生产管理模式，解决高产与高效的矛盾。重点在结合山坡地种植与水土保持、盐碱干旱土地利用与生态屏障、重金属污染耕地边修复边利用、宜机化改造与全程机械化生产等，推进麻类作物轻简化高效生产。

（三）持续强化以多功能利用为目标的作物科技创新体系构建

新形势下，麻类作物生产面临来自产业需求转变、环境胁迫加剧、绿色发展要求提高、产业增效压力加大等多重挑战，持续强化多功能利用、全面充分利用是麻类产业持续健康发展的关键保障。一方面要借鉴大宗农产品生产技术进步的成功经验和技术沉淀，另一方面需要针对麻类作物的特性，以全产业链联动为抓手，以品种创新为牵引，以绿色生产为支撑，以精深加工为突破，破解我国麻类作物品质水平不高、产业效率偏低的弊病，在不与粮争地的前提下持续推动科技在麻类作物生态保育和产业发展中发挥关键作用。

参考文献

[1] CHEN K M, MING Y, LUAN M B, et al. The chromosome-level assembly of ramie (*Boehmeria nivea* L.) genome provides insights into molecular regulation of fiber fineness [J]. Journal of Natural Fibers, 2023, 20（1）: 2168819.

[2] 熊和平, 朱爱国, 陈继康, 等. 麻类作物多用途的理论与技术 [M]. 北京: 中国农业科学技术出版社, 2022.

[3] ZENG Z, ZHU S Y, WANG Y Z, et al. Resequencing of 301 ramie accessions identifies genetic loci and breeding selection for fibre yield traits [J]. Plant Biotechnology Journal, 2022, 20（2）: 323-334.

[4] CHEN J K, GAO G, YU C M, et al. Ramie *BnALDH* genes and their potential role involved in adaptation to hydroponic culturing condition [J]. Industrial Crops and Products, 2020, 157: 112928.

[5] ZHU S J, SHI W J, JIE Y C, et al. A MYB transcription factor, BnMYB2, cloned from ramie (*Boehmeria nivea*) is involved in cadmium tolerance and accumulation [J]. PLOS ONE, 2020, 15（5）: e233375.

[6] FENG X K, ABUBAKAR A S, YU C M, et al. Analysis of WRKY resistance gene family in *Boehmeria nivea* (L.) Gaudich: Crosstalk mechanisms of secondary cell wall thickening and cadmium stress [J]. Frontiers in Plant Science, 2022, 13: 812988.

［7］ ZHANG X Y, XU G C, CHENG C H, et al. Establishment of an Agrobacterium-mediated genetic transformation and CRISPR/Cas9 - mediated targeted mutagenesis in Hemp (*Cannabis sativa* L.)［J］. Plant Biotechnology Journal, 2021, 19（10）：1979-1987.

［8］ YANG Z M, TIAN S L, LI X K, et al. Multi-omics provides new insights into the domestication and improvement of dark jute (*Corchorus olitorius*)［J］. Plant Journal, 2022, 112：812-829.

［9］ ZHANG L L, WAN X B, XU Y, et al. *De novo* assembly of transcriptome and genome-wide identification reveal GA3 stress-responsive WRKY transcription factors involved in fiber formation in jute (*Corchorus capsularis*)［J］. BMC Plant Biology, 2020, 20：403.

［10］ WANG L F, SUN X P, PENG Y J, et al. Genomic insights into the origin, adaptive evolution, and herbicide resistance of *Leptochloa chinensis*, a devastating tetraploid weedy grass in rice fields［J］. Molecular Plant, 2022, 15：1045-1058.

［11］ 杨昕，林文忠，陈思远，等. 黄麻双生病毒 *CoYVV* 的分子鉴定和抗性种质筛选［J］. 作物学报，2022，48（3）：624-634.

［12］ 王学武，王会芳，芮凯，等. 红麻抗根结线虫相关基因 *HcNPR1* 的克隆及表达特征分析［J］. 分子植物育种，2020，18（24）：8070-8080.

［13］ 鄙明强. 苎麻脱胶菌株 *Dickeya dadantii* DCE-01 功能基因与关键脱胶酶关联分析［D］. 北京：中国农业科学院，2021.

［14］ 屈永帅. 基于高沸醇溶剂的苎麻脱胶与溶剂重复应用研究［D］. 上海：东华大学，2020.

［15］ SHI Y G, WANG W, ZHU X Q, et al. Preparation and physicochemical stability of hemp seed oil liposomes［J］. Industrial Crops and Products, 2021, 162：113283.

撰稿人：陈继康　朱爱国　孙士涛　熊和平

食用豆科技发展报告

食用豆类是我国主要杂粮作物，在保障粮食安全、优化人们膳食结构、促进农产品出口和农业可持续发展等方面具有重要作用。本报告系统总结了 2020—2023 年我国食用豆在种质资源保护、遗传育种、栽培土肥、病虫害绿色防控、机械化生产、产品加工等领域的研究进展，并与国外同类学科从基因组学研究、优异基因资源挖掘、种质创新与品种改良、生物育种、机械装备、高效栽培、病虫害防控、产业链延伸和高附加值产品开发等方面进行了对比分析，明确了国内的总体研究水平、技术优势及与国外研究的差距。针对本学科发展需求，提出我国食用豆在"基因组学及重要性状基因挖掘、新品种选育、高产高效及绿色安全生产技术、产品加工与食品安全研究"四个方面的发展趋势和方向，对今后本学科发展具有重要参考价值。

一、我国食用豆科技最新研究进展

（一）食用豆种质资源研究

1. 种质资源收集保存取得新进展

截至 2022 年，我国共收集保存食用豆类种质资源 4 万余份，包括绿豆 [*Vigna radiata* (Linn.) Wilczek] 7067 份、小豆 [*Vigna angularis* (Willd.) Ohwi & H. Ohashi] 5780 份、普通菜豆（*Phaseolus vulgaris* L.）5760 份、蚕豆（*Vicia faba* L.）6766 份、豌豆（*Pisum sativum* L.）6508 份及其他豆种 9542 份。

在种质资源表型鉴定方面，先后开展了耐盐碱、抗病虫等单一性状的鉴定评价，筛选出高度耐盐碱绿豆 C04125、小豆 B03502、饭豆 FD237、耐冷蚕豆中蚕 201 等；抗豆象绿豆 C52、抗枯萎病绿豆 ZY419、抗疫霉病绿豆 ZY556、抗锈病小豆 B00582、抗锈病蚕豆 20PX336-2、抗白粉病豌豆 G05107、抗白粉病普通菜豆 ZYD19-01、抗枯萎病普通菜豆 YJ12568、抗晕疫病普通菜豆 F02675 等；适于豆芽加工绿豆中绿 27、富含牡荆素绿豆 ZY192-1 等，高功能成分饭豆 FD341、FD343 等。同时，完成了普通菜豆、绿豆、小豆、饭豆、豌豆等核心种质多年多点主要农艺性状精准鉴定，初步建立了利用光谱等技术手段鉴定绿豆等食用豆类豆象、叶斑病等病虫害抗性和种子活力的表型快速鉴定技术体系，为种质创制及食用豆种业发展奠定了丰厚的物质和技术基础。

2. 基因组学研究取得重大突破

绘制了豌豆高质量精细物理图谱，构建了栽培和野生豌豆泛基因组，解析了豌豆基因组进化特征和群体遗传结构，明确了野生豌豆和埃塞俄比亚豌豆中特有泛基因的不同功能富集[1]。完成了饭豆高质量基因组组装，解析了群体遗传多样性和遗传结构，推测了饭豆的遗传演化过程[2]。组装了绿豆染色体级别的参考基因组，构建了首个泛基因组和全基因组变异图谱[3]。

3. 优异基因资源挖掘取得较快进展

建立完善了食用豆表型、营养品质、抗逆、抗病、抗虫等性状的评价体系，创制出花瓣开张、雄性不育绿豆新种质，为绿豆杂交育种奠定了基础；鉴定出生长习性、籽粒大小等产量性状，耐盐碱和耐干旱等非生物逆境胁迫相关性状，以及与抗豆象、抗枯萎病等主要病虫害抗性相关的遗传位点。例如：定位了小豆种皮颜色 $VaSDC1$[4]；蚕豆生长习性 QTL $VfGH1$ 与 $VfGH2$[5]、春化敏感 $VfSOC1$[6] 和耐盐 $VfHKT1$；绿豆抗豆象 $VrPGIP1$[7]、$VrPGIP2$[8] 和 $VrRSP1$[9]，抗白粉病 $VrMLO12$[10]，抗尾孢叶斑病 $VrTAF5$[11]，耐旱 $VrDREB2A$[12]，耐盐 $VrFRO8$[13]、$qIDC3.1$，耐碱 $VrYSL3$[14]；普通菜豆抗枯萎病 $PvEG261$、抗炭疽病 $Co-1HY$[15]、抗豆象 $Phvul.006G003700$[16] 等；豌豆抗豆象 $PsXI$[17] 等基因或 QTL 位点。同时，利用关联分析开展了豌豆、普通菜豆、绿豆的主要农艺性状的全基因组优异遗传位点的挖掘。

（二）食用豆遗传育种研究进展

1. 育种方法改进加快了品种改良进程

全基因组预测（genomic prediction，GP）已在普通菜豆育种中应用。首个蚕豆液态 SNP 标记芯片的开发，为基因分型提供了可靠工具。建立了豌豆 CRISPR/Cas9 基因编辑载体、基因编辑系统及基因编辑方法，为育种技术的突破奠定了基础[18]。分子标记 DMB-SSR158、VRID5、Ind352 等已应用于绿豆抗豆象育种选择。远缘杂交获得了绿豆×黑吉豆 [Vigna mungo（L.）Hepper] 杂交后代。通过辐射诱变创制一批绿豆和豌豆高产、抗病、耐寒、柱头外露、雄性不育、花瓣开张等突变体[19]，为遗传研究及育种利用提供了物质支撑。

2. 新品种在宜机械化生产、高产、多抗、优质专用等方面有了较大改进

适宜机械化生产、高产、多抗是当前的主要育种目标，品质性状近期也受到育种家的

高度关注。2020—2022年共审（鉴、认定）、登记新品种214个。其中，"中绿23""冀绿19号""并绿16号""青蚕25号"高产宜机收；"苏绿12号"抗黄花叶病毒病已通过缅甸国家品种审定，"冀绿20号"抗晕疫病，"冀绿23号"抗枯萎病，"渝绿10号"抗疫霉病，"中芸10号"抗枯萎病，"龙芸豆11号"抗炭疽病；"冀绿17号""吉绿16""中芸8号"抗豆象；"成胡23号"苗期耐冷、花荚期耐旱、不裂荚，"定豌12号"耐旱、抗白粉病，"青蚕21号"粮菜兼用，"凤豆23号"高蛋白、抗赤斑病和褐斑病，"中绿23"高蛋白，"中绿24"富含牡荆素、异牡荆素，"中绿25"富含叶酸，"云豆2850""中豇8号"高淀粉。

3. 基本实现主产区品种更新换代

目前，我国食用豆品种90%以上为自主育成，其中绿豆、小豆品种实现了100%自给。新品种普及率达70%以上，普遍增产12.0%~38.6%。其中，适宜东北区出口专用及机械化生产品种"吉绿10号""吉绿17""龙芸豆14""龙红豆15"等提升了食用豆出口基地的生产效率和商品品质，"中绿5号"连创赤峰绿豆生产最高产；适宜华北区旱作和间套种的"冀绿23""中绿23""并绿9号"等，促进了一年两熟和与棉花/玉米间套种高效种植的发展；适宜西北区抗旱耐瘠的"青蚕21""青蚕25号"等实现了旱区高产高效；适宜南方区稻茬免耕的鲜食蚕豆品种"云豆早7号""云豆2850""云豌115"等实现了提早上市和效益提升。另外，抗豆象品种"苏绿13""冀绿17"等解决了绿豆象危害问题；豆沙加工专用品种"冀红26"等出沙率提高5%左右；芽苗菜专用品种"中绿27"芽豆比提高12.5%~13.3%。

（三）食用豆栽培技术研究进展

1. 因地制宜多措并举提升食用豆产能

根据食用豆主要产区生态特点和耕作制度，研究集成具有区域特色的高效栽培技术。

西北地区绿豆/普通菜豆（芸豆）/蚕豆地膜覆盖栽培技术：山西大同应用绿豆地膜覆盖抗旱栽培技术，与当地农民种植田相比，增产幅度明显，三年平均产量达121.83千克/亩，平均亩增产13.8千克，增产20.976万千克，增收230.736万元，取得了良好的经济和社会效益。榆林绿豆膜际栽培技术较露地不覆膜栽培和膜上栽培产量分别增加了11.44%和6.24%。

东北地区密植机械化生产技术：芸豆垄作栽培模式下1.07万株/亩的产量达到峰值，为172.77千克/亩，较平作栽培模式下1.47万株/亩的产量增加37.16%。

南方区稻茬免耕直播规模化栽培技术：在安徽省桐城市、三峡库区和重庆地区增产增效明显，千亩示范田冬春季平均亩产蚕豆鲜豆荚2020千克，折合干籽粒350千克，水稻亩产650千克，周年产量超2500千克；按鲜豆荚批发价4~10元/千克计，每亩最低收益超8000元，净利润超5000元，配合夏季作物收益可达万元；每亩平均减施化肥25千克，秸秆还田后再添土壤有机质 2.5 吨，实现了"吨粮田、万元田和藏粮田"的目标。

2. "食用豆 +"多元复合种植模式提质增效显著

多样化轮作和间套作等栽培模式能够提高土壤肥力、增加农田生态系统稳定性，进而实现地力保育、丰产稳产、资源高效利用、环境友好等多目标协同。我国根据不同食用豆产区的耕作制度和品种特点，研究集成了适于在华北、华东、华中等区域应用的绿豆/小豆－玉米、豌豆－烟草间作套种等多种高产高效栽培技术，其增产增效效果明显[20]。

绿豆等食用豆和玉米有明显的间作优势，湖南玉米绿豆 3∶3 模式下较玉米单作增效 18.13%，辽宁玉米－绿豆间作纯利润可达 662.7 元/亩，比单作玉米纯利润增加 10.47%。河北玉米－小豆 3∶3 间作的总产值最高为 1437.0 元/亩，较玉米单作高 11.35%，纯收入为 1312.9 元/亩，较玉米单作高 22.44%。

黔东南山区幼龄果树套种食用豆，控草效果可达 80%，减少除草用工 7～8 个/亩，节约成本约 600 元/亩，产值 2333.3 元/亩。

江苏启东以蚕豆为主的"一年五熟"高效种植模式，亩产值高达 12555 元。安徽萧县"胡萝卜－豌豆－玉米"周年三熟高产高效种植模式，亩产值 7280 元。

（四）食用豆病虫害绿色防控技术研究进展

1. 病害鉴定与绿色防控技术研究成效显著

首次发现了由豇豆疫霉绿豆专化型引起的疫霉菌，完成 3 个专化型的基因组测序及比较分析[21]；发现绿豆枯萎病病原菌为尖镰孢新的专化型，建立了生理小种鉴别寄主，并鉴定出 12 个生理小种[22]。在国际上首次报道了引起绿豆野火病和菜豆叶斑病的病原菌。在国内首次报道了引起绿豆叶斑病、根腐病、菜豆白粉病、叶斑病和蚕豆黑根病等的病原菌[23-25]。研究发现在蚕豆－小麦间作模式下，减少氮使用量能够降低锈病引起的蚕豆产量损失[26]，解析了枯萎病及香草酸促进枯萎病发生的潜在机制[27]，阐明了肉桂酸促进蚕豆枯萎病发生及间作缓解病害的机制[28]。

2. 主要虫害绿色防控技术研究日趋成熟

国家食用豆产业技术体系研究集成了以初花期喷施生物农药 BT、盛花期释放赤眼蜂为核心的豇豆荚螟绿色防控技术，可减少产量损失 33.44 千克/亩。苗期带菌醉马草（*Achnatherum inebrians*）水浸液对豌豆蚜有较好的触杀效果，水浸液制备方法简单，成本低，可为新型植物源农药研发提供理论依据[29]。

（五）食用豆机械化生产技术研究进展

1. 食用豆播种基本实现了机械化

研发出防振减漏精量排种和轻简型播种技术，集成适宜绿豆、豌豆、普通菜豆、小粒蚕豆等的专用精量播种机。自走式蚕豆播种机解决了大粒扁平种子播种困难及南方土壤黏重入土性能差等问题。电动/汽油助力式播种机解决了丘陵山区无机可用的难题。

2. 中耕除草与植保机械研发初见成效

优化改进了中耕除草施肥机，实现了排肥量随机具作业速度自调节，提升了施肥精准度；采用 GPS 测速药液流量精准控制方法优化了喷药技术，实现了药液精量喷施控制系统与喷杆式喷雾机有机结合，提高了喷药精度和药液利用效率。

3. 食用豆专用收获机实现了"从无到有"

在联合收获方面，针对蚕豆等大籽粒豆种机收破碎高、绿豆等小籽粒豆种机收含杂多、损失大等难题，研制了挠动仿形割台、柔性脱粒机构、横置式负压清选和低损风力输送等关键装置，研制出高效广适联合收割机。其中，蚕豆机收破碎率≤1%、含杂率≤3%、损失率≤5%[30]，绿豆收割机籽粒破碎1.45%、含杂率1.58%、损耗率3.70%。相关机械已在江苏、吉林、河北等产区示范应用。

在分段收获方面，改进了专用变速箱、行走控制机构、防堵输送割台、高效脱粒清选装置、物料低损输送系统等，研发出系列化单行/双行自走式、背负式轻简割晒机，具备双层振动筛和多风道筛选等可调速广适通用脱粒机，实现了不同生产模式、不同豆种、不同含水率的割晒和高效脱粒。

（六）食用豆产品加工技术研究进展

1. 营养功能成分发掘取得一定进展

通过品种品质指标数据库与近红外模型的建立，实现了绿豆籽粒淀粉和蛋白质含量的无损快速检测[31]。研究发现蚕豆在发芽第9天时蛋白质和氨基酸含量达到最大值，且自由基清除能力最强；蚕豆苗提取物（BSE）能明显改善帕金森病模型小鼠的症状[32]。研究证实绿豆皮富含膳食纤维和类黄酮化合物，可积极调节肝脂肪变性和肠道微生物群紊乱。对普通菜豆、绿豆、小豆等种子 α- 淀粉酶抑制活性、γ- 氨基丁酸（GABA）富集能力对比分析，筛选出一批高功能活性的优异品种。

2. 传统加工工艺品质提升与高附加值新产品研发初见成效

通过绿豆和小豆豆沙对传统糕点馅料工艺创新，开发出台式原味绿豆糕、低甜绿豆冰糕等新中式糕点。以豌豆蛋白为主要原料的植物肉成为倍受市场青睐的新品。以食用豆为原料的蛋白质提取技术日趋成熟，其中烟台地区豌豆、绿豆等的豆类蛋白加工技术和规模已达到世界第一。

二、食用豆科技国内外发展比较

（一）生物育种整体比较落后，突破性品种选育需进一步加强

在国外，绿豆和普通菜豆病毒病抗性位点 QTL *qMYMVD_60* 和 *phvul007G040400* 基因

已应用于抗性育种。普通菜豆抗炭疽病和角斑病标记 snpPV0070 和 snpP8282v3-817 选择效率达 99.7% 和 99.8%。澳大利亚利用转基因技术，获得了普通菜豆抗豆象基因稳定遗传的豌豆抗豆象品系。巴西利用 RNA 干扰技术，培育出抗金色花叶病毒的转基因普通菜豆。蚕豆和普通菜豆稳定的再生体系已基本建成。

我国在绿豆豆象、枯萎病抗性分子标记辅助选择，普通菜豆全基因组预测等方面也取得了较快进展。但有应用价值的基因定位和应用方面还较欠缺，转基因、基因编辑等底盘技术尚处于研发阶段，重大品种的选育还较弱。

（二）全程机械化在精准、高效和智能化方面还存在较大差距

国外食用豆播种机具多具高速宽幅作业，多豆种通用排种装置，播种关键参数实时检测、作业可视化和执行机构在线反馈调控等智能化功能。植保喷药机具作业更加精准，基于植株冠层密度的精准变量喷药技术，实时调控施药量、按需施药。中耕除草施肥机具实现行间、株间同步除草，杂草除净率和肥料利用率更高。

目前我国在机械化作业方面取得了较快进展，但与国外相比，现有农机具尚不能完全适应丘陵山区和中小规模种植的复杂环境，通用收获及自适应调节技术仍需提升，此外还存在精准度低、通用性差和智能化水平不足等问题[33]。

（三）在有益微生物应用、优质栽培等方面还存在一定差距

国外食用豆栽培研究主要集中在抗盐胁迫、抗旱节水和有益微生物开发利用等方面。在栽培基质中补充硅酸钠、铁锌纳米复合材料和菌根真菌等促进根瘤形成，提高植株株高、光合速率[34]和籽粒产量，施用锌纳米材料或铁+锌纳米复合材料可提高绿豆籽粒蛋白质含量 27.38% 以上[35]。联合接种丛枝菌根真菌（*Funneliformis mosseae*）和慢生根瘤菌（*Bradyrhizobium sp.*）增加绿豆植株根生物量、根瘤数、根瘤重和籽粒产量等[36]。

而我国食用豆高效栽培技术主要集中在种植模式的集成与优化上，包括多样化轮作和间套作等，在盐碱地综合开发、有益微生物利用等方面还存在一定差距。

（四）新生重要病虫害调查、鉴定、抗性资源挖掘及防控技术研发需进一步加强

国外对食用豆病虫抗性、病原菌致病机制、抗病虫基因发掘、绿色防控技术等研究较多。如绿豆抗黄花叶病毒病调控网络建立，靶向蛋白组学鉴定抗病相关肽利用；克隆菜豆抗炭疽病菌高毒力菌株的基因 *Co-x*，推测该基因蛋白可能参与激活植物免疫反应；发现巨大芽孢杆菌（*Bacillus megaterium*）生物合成的纳米硅能防治丝核菌引起的蚕豆猝倒和根腐病，纳米镁（MgONPs）可促进绿豆植株生长、降低镰孢菌根腐病和枯萎病的严重度。

我国在新生病害鉴定、抗性资源筛选、抗病虫基因发掘等方面，取得一些重要进展。但由于食用豆种类较多，研究基础薄弱，有些重要病虫害研究尚未开展，同时防控技术的

研发也处于实验室研发状态，还未在生产上大规模应用。

（五）食用豆加工产业链延伸和高附加值产品开发仍有较大差距

目前，我国食用豆加工以原粮精选、面粉精制等为主，产业链延伸及高附加值精深加工技术研究起步较晚。豌豆蛋白生产规模化水平虽然居于国际领先地位，但上下游优质原料生产和产品加工技术仍主要由欧美公司把控。以食用豆蛋白为主要原料的植物奶、植物蛋白等产品创新多由国外研究者引领[37]。

三、食用豆科技发展趋势与展望

（一）组学技术在食用豆基础研究领域将进一步加强

随着基因组测序技术的发展和人们对食用豆健康营养、食品安全、生态安全、可持续发展认知水平的提升，世界各国先后开展了重要豆种的全基因组测序、不同群体重测序和GWAS分析等，在后续功能基因组学研究，尤其是优异基因发掘利用，功能因子、抗病虫、耐逆等相关基因的功能解析上将发挥更大作用。

（二）适宜机械化生产、高产多抗优质专用是品种培育的目标

随着劳动力成本和农资投入的增加，食用豆机械化生产，特别是机械化收获成为制约其生产规模扩大、种植效益提升的关键因素。因此，培育宜机化品种是今后种质创新和品种改良的方向。随着全球气候变暖、自然灾害频发，病虫害加重，筛选抗性资源、培育抗性品种是控制病虫害发生的根本途径。随着国内外消费和加工市场需求的变化，培育营养保健功能性和加工专用型新品种是今后食用豆选育的发展趋势。

（三）高产高效绿色生产技术是可持续发展的必然方向

随着农业可持续发展的需要，继续优化种植模式，推进食用豆作物多样化种植；研究耐盐碱、干旱等食用豆生产技术，开发利用抗病抗虫和提升地力的有益微生物，从而减少化肥和农药的使用，制定更加精准的食用豆种植方案，促进食用豆栽培更加智能化。

（四）高附加值制品将成为市场新的发展方向

食用豆高蛋白、粮菜兼用、药食同源，是未来功能食品和植物基蛋白食品加工的优质原料，对肥胖和"三高"等慢性代谢性疾病人群具有较好的健康干预作用。在国家粮食安全和大食物观引导下，植物基蛋白资源挖掘及高营养、高功能性、高附加值产品创新将成为食用豆加工业发展导向和新的增长点。

参考文献

[1] YANG T, LIU R, LUO Y, et al. Improved pea reference genome and pan-genome highlight genomic features and evolutionary characteristics [J]. Nature Genetics, 2022, 54: 1553-1563.

[2] GUAN J, ZHANG J, GONG D, et al. Genomic analyses of rice bean landraces reveal adaptation and yield related loci to accelerate breeding [J]. Nature Communications, 2022, 13: 5707.

[3] LIU C Y, WANG Y, PENG J, et al. High-quality genome assembly and pan-genome studies facilitate genetic discovery in mung bean and its improvement [J]. Plant Communications, 2022, 3: 100352.

[4] CHU L, ZHAO P, WANG K, et al. VaSDC1 is involved in modulation of flavonoid metabolic pathways in black and red seed coats in adzuki bean (*Vigna angularis* L.) [J]. Frontiers in Plant Science, 2021, 12: 679892.

[5] 周仙莉, 滕长才, 张红岩, 等. 蚕豆亚有限生长习性遗传规律分析及其基因初步定位 [J]. 分子植物育种, 2021, 8: 2660-2667.

[6] YUAN X X, WANG Q, YAN B, et al. Single-molecule real-time and illumina-based RNA sequencing data identified vernalization-responsive candidate genes in faba bean (*Vicia faba* L.) [J]. Frontiers in Genetics, 2021, 12: 656137.

[7] KAEWWONGWAL A, LIU C Y, SOMTA P, et al. A second *VrPGIP1* allele is associated with bruchid resistance (*Callosobruchus* spp.) in wild mungbean (*Vigna radiata* var. *sublobata*) accession ACC41 [J]. Molecular Genetics and Genomics, 2020, 295 (2): 275-286.

[8] ZHANG Q X, YAN Q, YUAN X X, et al. Two polygalacturonase-inhibiting proteins (VrPGIP) of *Vigna radiata* confer resistance to bruchids (*Callosobruchus* spp.) [J]. Journal of Plant Physiology, 2021, 258/259: 153376.

[9] CHEN T X, HU L L, WANG S H, et al. Construction of high-density genetic map and identification of a bruchid resistance locus in mung bean (*Vigna radiata* L.) [J]. Frontiers in Genetics, 2022, 13: 903267.

[10] YUNDAENG C, SOMTA P, CHEN J B, et al. Candidate gene mapping reveals *VrMLO12* (MLO Clade II) is associated with powdery mildew resistance in mungbean (*Vigna radiata* [L.] Wilczek) [J]. Plant Science, 2020, 298: 110594.

[11] YUNDAENG C, SOMTA P, CHEN J B, et al. Fine mapping of QTL conferring Cercospora leaf spot disease resistance in mungbean revealed TAF5 as candidate gene for the resistance [J]. Theoretical and Applied Genetics, 2020, 134: 701-714.

[12] VUTTH, LETTC, PHAMTL. Growth responses and differential expression of *VrDREB2A* gene at different growth stages of mungbean (*Vigna radiata* L. Wilczek) under drought stress [J]. Physiology and Molecular Biology of Plants, 2021, 27: 2447-2458.

[13] LIU J Y, XUE C C, LIN Y, et al. Genetic analysis and identification of *VrFRO8*, a salt tolerance-related gene in mungbean [J]. Gene, 2022, 836: 146658.

[14] LIN Y, AMKULI K, LAOSATIT K, et al. Fine mapping of QTL conferring resistance to calcareous soil in mungbean reveals *VrYSL3* as candidate gene for the resistance [J]. Plant Science, 2023, 332: 111698.

[15] WU J, WANG L F, FU J J, et al. Resequencing of 683 common bean genotypes identifies yield component trait associations across a north-south cline [J]. Nature Genetics, 2020, 52: 118-125.

[16] LI X M, TANG Y S, WANG L F, et al. QTL mapping and identification of genes associated with the resistance to

Acanthoscelides obtectus in cultivated common bean using a high-density genetic linkage map[J]. BMC Plant Biology, 2022, 22: 260.

[17] YAN J J, CHEN J B, LIN Y, et al. Mapping of quantitative trait locus reveals *PsXI* gene encoding xylanase inhibitor as the candidate gene for bruchid (*Callosobruchus* spp.) resistance in pea (*Pisum sativum* L.)[J]. Frontiers in Plant Science, 2022, 14: 1057577.

[18] LI G, LIU R, XU F, et al. Development of an Agrobacterium-mediated CRISPR/Cas9 system in pea (*Pisum sativum* L.)[J]. The Crop Journal, 2023, 11: 132-139.

[19] 叶卫军, 杨勇, 张丽亚, 等. 绿豆 EMS 诱变突变体库的构建及表型分析[J]. 中国农学通报, 2020, 36 (17): 36-41.

[20] 陈红霖, 田静, 朱振东, 等. 中国食用豆产业和种业发展现状与未来展望[J]. 中国农业科学, 2021, 54: 493-503.

[21] SUN F F, SUN S L, YANG Y, et al. A novel disease of Mung bean, phytophthora stem rot caused by a new forma specialis of phytophthora vignae[J]. Plant Disease, 2021, 105: 2160-2168.

[22] SUN S L, ZHU L, SUN F F, et al. Pathotype diversity of *Fusarium oxysporum* f. sp. *mungcola* causing wilt on mungbean (*Vigna radiata*)[J]. Crop and Pasture Science, 2020, 71: 873-883.

[23] SUN S L, LIU C Y, DUAN C X, et al. Wildfire, a new bacterial disease of mung bean, caused by Pseudomonas syringaepv.tabaci[J]. Journal of Plant Pathology, 2021, 103 (2): 649-653.

[24] DENG D, SUN S L, WU W Q, et al. Identification of causal agent Inciting powdery mildew on Common bean and screening of resistance cultivars[J]. Plants (Basel), 2022, 11 (7): 874.

[25] LONG J C, WU W Q, SUN S L, et al. Berkeleyomyces rouxiae is a causal agent of root rot complex on faba bean (*Vicia faba* L.)[J]. Frontiers in Plant Science, 2022, 13: 989517.

[26] LUO C S, LV J X, GUO Z P, et al. Intercropping of faba bean with wheat under different nitrogen levels reduces faba bean rust and consequent yield loss[J]. Plant Disease, 2022, 106: 2370-2379.

[27] ZHENG Y R, GUO Y T, LV J X, et al. Mitigation of vanillic acid-promoted faba bean Fusarium wilt by faba bean-wheat intercropping[J]. Plant Pathology, 2022, 71: 830-842.

[28] YANG W H, GUO Y T, LI Y, et al. Cinnamic acid toxicity on the structural resistance and photosynthetic physiology of faba bean promoted the occurrence of fusarium wilt of faba bean, which was alleviated through wheat and faba bean intercropping[J]. Frontiers in Plant Science, 2022, 13: 857780.

[29] 马亚玲, 李春杰. 醉马草水浸液对豌豆蚜触杀活性及种群增长的影响[J]. 生态学报, 2021, 41: 1492-1500.

[30] 杨光, 陈巧敏, 夏先飞, 等. 4DL-5A 型蚕豆联合收割机关键部件设计与优化[J]. 农业工程学报, 2021, 37 (23): 10-18.

[31] 黄璐, 王富豪, 郭鲁平, 等. 基于近红外光谱法的绿豆淀粉和蛋白质无损快速检测[J]. 江苏农业科学, 2022, 50 (19): 187-191.

[32] 刘雪城, 金皓洁, 陈彬辉, 等. 蚕豆苗提取物对帕金森病的保护作用[J]. 食品工业科技, 2022, 22: 379-386.

[33] 夏先飞, 杨光, 陈巧敏, 等. 食用豆联合收获减损技术与策略分析[J]. 中国农机化学报, 2022, 43 (12): 13-19.

[34] MURAD M, MUNEER S. Silicon supplementation modulates physiochemical characteristics to balance and ameliorate salinity stress in mung bean[J]. Frontiers in Plant Science, 2022, 13: 810991.

[35] ABBASI M, MALEKI A, MIRZAEI HEYDARI M, et al. Interaction of mycorrhizal coexistence and foliar application of iron and zinc on some quantitative and qualitative characteristics of mung bean under different irrigation regimes[J]. Environmental Stresses in Crop Sciences, 2022, 15: 407-426.

［36］GOUGH EC，OWEN KJ，ZWART RS. et al. Arbuscular mycorrhizal fungi acted synergistically with *Bradyrhizobium* sp. to improve nodulation，nitrogen fixation，plant growth and seed yield of mung bean（*Vigna radiata*）but increased the population density of the root-lesion nematode *Pratylenchus thornei*［J］. Plant Soil，2021，465：431-452.
［37］ANJA H，SAEID K，JING L，et al. Protein nanofibrils from mung bean：the effect of pH on morphology and the ability to form and stabilise foams［J］. Food Hydrocolloids，2023，136：108315.

撰稿人：程须珍　陈　新　袁星星　田　静　朱振东　王丽侠　张耀文　陈巧敏
　　　　周素梅　张蕙杰　杨晓明　王　立　陈红霖　王素华　夏先飞　王媛媛

甘薯科技发展报告

甘薯起源于中南美洲，是世界上重要的粮食、饲料及工业、食品原料作物，广泛种植于120多个国家和地区。我国是世界上最大的甘薯种植和生产国。甘薯超高产广适，在保障人类食物安全中发挥着特殊的作用；甘薯加工产品丰富，是淀粉、食品、发酵等加工业的优质原料；甘薯营养全面，是世界卫生组织、美国公共利益研究所推荐的最佳食品。

我国也是世界上最大的甘薯消费国，在鲜食、食品加工、叶菜和观赏等用途上发展迅速，比较效益优势明显，是乡村振兴的优势作物。近年来，我国在甘薯种质资源、遗传育种以及栽培理论和产业技术等方面取得明显进展，总体居国际领先水平。

一、我国甘薯科技最新研究进展

2020年以来，在甘薯耐逆、抗病、品质等重要性状形成的分子机制与调控网络研究方面取得了较大进展；基因编辑及遗传转化技术取得新突破；育种效率、新品种专用化程度显著提高；健康种薯种苗、轻简化和机械化栽培技术研发也取得了新进展。

（一）甘薯应用基础理论研究最新进展

1. 甘薯优异基因挖掘与分子机制研究取得明显进展

甘薯具有广泛的适应性和节水特性，耐逆基因挖掘和分子机制研究一直是甘薯学科研究的热点。2020年以来进一步解析了甘薯耐逆分子机制，如 *IbPYL8-IbbHLH66-IbbHLH118* 复合体通过调节脱落酸信号转导途径增强甘薯的耐旱性[1]；*IbBBX24-IbTOE3-IbPRX17* 分子模块通过调节活性氧途径调控甘薯盐及干旱的胁迫，*IbBBX24* 基因可以通过调节茉莉酸含量增强甘薯对枯萎病的抗性[2]；*IbPSS1* 通过调节根系中的 Na^+ 稳态和 Na^+ 排除影响甘薯的耐盐性[3]；*IbbHLH79* 提高甘薯耐寒性[4]等，利用正向遗传方法从甘薯中还分离出一对蚁象抗性基因 *SPWR1* 和 *SPWR2*[7]，同时还鉴定了 *IbNAC3*[5]、*miR397*[6] 等一批耐逆基因。不断挖掘与解析了甘薯品质相关基因，*IbMYB340* 与 *IbbHLH2* 促进甘薯花青苷积累[8]；过表达 *IbNAC29* 显著增加甘薯块根中的胡萝卜素、叶黄素等含量[9]；过表达 *IbPAL1* 促进甘薯绿原酸的生物合成[10]；*IbBBX29* 调控甘薯叶片发育与类黄酮合成[11]等。相继公布了甘薯基因组及其相关野生种基因组，也为甘薯学科的基础研究提供更多新的路径。

2. 甘薯基因编辑及遗传转化技术取得新突破

通过 CRISPR/Cas13 靶向 SPCSV-RNase3，提高了甘薯对病毒病的抗性[12]。刘庆昌团队、朱健康团队均成功通过发根农杆菌侵染不同甘薯茎段实现快速、高效转化，并获得可稳定遗传的块根[13-14]。刘庆昌团队据此提出了一种甘薯演化进程的假说，即发根农杆菌感染甘薯祖先种产生了块根膨大的株系，后经人类选择并进行无性繁殖而保存下来[14]。侯兴亮团队应用类似的遗传转化体系，在 *Nature Plants* 以封面故事发表研究论文解析了甘薯抗甘薯蚁象的遗传基础[7]。该方法将推动和加速甘薯学科应用基础研究和遗传改良。

3. 甘薯高密度连锁图谱构建与性状 QTL 精细定位提高育种效率

甘薯为高度杂合的六倍体作物，利用广泛分离的 F_1 代进行遗传作图，构建了高密度 SNP、SSR 遗传图谱，定位了花青素、产量和干物质含量相关 QTL[15-16]，鉴定了 7 个与抗根腐病相关的 QTL[17]。分析了二倍体近缘种根直径相关的 QTL[18]。初步建立核心种质和登记品种指纹图谱[19]，并在 2020 年颁布了行业标准《甘薯品种真实性鉴定 SSR 分子标记法》。张鹏团队在 *Molecular Plant* 上合作发表了一种用于异交作物高密度基因分型、归属和单倍型的方法 OutcrossSeq，该方法高效识别重要农艺基因，为高通量和低成本的异交作物基因分型和基因图谱构建提供了强大的平台[20]。

（二）甘薯遗传改良和良种繁育新进展

1. 甘薯种质资源鉴定与育种方法显著改进

利用代谢组学技术评价了 100 多份甘薯资源的品质性状[21]，结合基因组重测序和全基因组关联分析挖掘影响品质性状的 19 个遗传位点和 3 个品质相关候选基因[22]；利用转录组和代谢组分析探讨甘薯种内杂交不亲和的分子机制[23]、花青素代谢物及基因[24]等；利用代谢组和蛋白组分析发现了甘薯块根低温储藏中起主导作用的代谢物[25]；转录组学主要用于挖掘耐逆[26-27]、花青素[28-30]、类胡萝卜素[29]、绿原酸[31]、淀粉和糖[32]等性状相关基因。

模糊综合评价法应用到 12 个甘薯品种的抗病性综合评价[33]；主成分和系统聚类分析了 62 份甘薯种质的干物率、胡萝卜素含量、可溶性糖含量以及食味等品质性状[34]；用 ^{60}Co γ 射线辐照处理商薯 19 胚性悬浮细胞，获得顶叶色变异、干物率和可溶性糖含量显著提高的株系[35]。cpSSR 分子标记应用于 104 份甘薯栽培品种和地方品种的遗传多样性分析和指纹图谱构建[36]。

2. 甘薯新品种专用化程度明显提高，自育品种覆盖率达 95% 以上

国家甘薯产业技术体系牵头组织育种、栽培、病虫害防控和加工领域多学科专家构建优质专用甘薯品种评价平台，每年完成食用和淀粉专用品种各 20 个以上的鉴定评价，并向全国推荐优良品种，为企业、种植大户提供良种信息，基本满足了市场对优良品种的需求。我国大面积应用的甘薯品种均为自主选育，良种自育品种覆盖率达 95% 以上[37]。据国家甘薯产业技术体系统计分析，淀粉型主栽品种有"商薯 19""济薯 25""徐薯 22"等，食用主栽品种有"普薯 32""烟薯 25""济薯 26""龙薯 9 号""心香""广薯 87"等。另外还有"徐紫薯 8 号"等紫薯品种，"福薯 18""薯绿 1 号"等菜用品种。"普薯 32""徐紫薯 8 号"首次被遴选为 2023 年农业农村部主导品种。

3. 甘薯健康种薯种苗繁育技术有所提高

近年来，我国多数地区烟粉虱由 B 型逐渐被高获毒及持毒久的 Q 型取代，导致甘薯病毒病发展较快、危害较重。国家甘薯产业技术体系专家建立了北方薯区脱毒种薯种苗三位一体模式，逐步取代传统的原原种、原种和良种三级繁育和供种体系。建立了田间甘薯卷叶病毒样品的快速检测方法[38]，开发了种薯质量早期预警技术，明确了微型薯快繁的技术参数等，改进了繁育技术，逐年提高健康种薯种苗利用率。2020 年颁布实施了行业标准《脱毒种薯种苗生产技术规程》，2021 年"甘薯病毒病综合防控技术"被遴选为全国农业主推技术。甘薯健康种苗繁育生产技术和质量的提升，促进了甘薯大型种薯种苗企业的发展，2022 年河北邯郸禾下土种业有限公司入选国家农作物种业阵型企业。

（三）甘薯栽培生理和栽培技术研究新进展

1. 甘薯产量和品质形成理论不断发展

甘薯块根膨大发育机制和调控手段是重大科学问题和研究焦点。块根的形成和膨大需要构造群体协调的源库关系，在薯蔓并长期进行适量灌溉能改善甘薯源库关系、提高产量[39]。幼根次生木质部维管束数目多，中柱占横截面比例高，有利于不定根形成块根、提高单株结薯数[40]；合理使用多效唑可调节甘薯体内激素和木质素的生物合成，提高甘薯结薯数和产量[41]；磷肥通过提高叶片碳积累和碳输送能力有利于改善源库关系，提高块根产量[42]。遮阴降低了叶片糖代谢水平，淀粉代谢受到抑制，可溶性糖含量下降，导致向根部运输的碳同化物减少和块根膨大受阻，增施钾肥有利于促进不定根向块根的分化[43]；高表达 *IbVP1* 可通过调节碳通量显著提高甘薯块根淀粉品质及产量[44]；此外还研究了甘薯块根发育关键蔗糖分解酶变化规律以及淀粉质构特性[45-46]。

2. 甘薯产量和品质调控的环境因子研究不断深入

甘薯产量和品质受到土壤水分、通气状态、施肥、轮作制度等调控，相关调控技术研究较多、效果明显。甘薯发根分枝期土壤相对含水量 70% 能够增加收获期单株结薯数、

单薯重和块根产量，改善块根商品品质[47]。改善土壤通气性可促进甘薯茎基部光合产物向块根的运转，提高块根中碳水化合物含量，显著增加块根产量[48]。氨基酸螯合硒施用能提高甘薯品质[49]。根部施用生物质衍生碳量子点可以显著提高甘薯对盐、低钾和低铁胁迫的耐受性[50]；叶面喷施碳量子点可显著提高甘薯块根铁元素积累[51]。此外，适当逆境可调控紫薯花青素品质[52]。

3. 甘薯轻简化及机械化栽培研究有较大突破

近年来水肥一体化栽培技术应用区域不断扩大，研究发现基施低氮腐殖酸控钾肥和滴灌腐殖酸水溶肥能有效控制前期旺长，有利于薯块膨大和商品率提高，提高产量，增产29.0%[53]。"鲜食型甘薯水肥一体化优质高效生产技术"入选2023年农业农村部主推技术。机械化种植在多环节的机具研发上实现突破。研发甘薯苗床整备机，可一次性完成旋耕、碎土、整平、培土及成型。研发茎尖采收机，甘薯茎尖切割速度达到0.6~0.7 m/s，同时实现不停机自动收集装菜作业[54]。优化甘薯旋耕起垄施肥施药机，实现"弧形施肥、肥药分层"，一次性完成旋耕、起垄、覆膜及铺滴灌带。甘薯移栽机一次性完成旋耕、起垄、开沟、栽苗、覆土镇压及垄体整形，附带甘薯批量自动喂苗系统，结合机械臂式控制，实现甘薯裸苗连续批量供苗及多种方式移栽[55-56]。"甘薯机械化栽插与碎蔓收获技术"入选2021年农业农村部主推技术。

（四）甘薯科研团队

1. 国家甘薯产业技术体系引领和支撑国家甘薯产业发展

国家甘薯产业技术体系是我国甘薯科技创新最重要的学科队伍，国家甘薯产业技术研发中心设在江苏徐淮地区徐州农业科学研究所，属于作物学领域的2个功能研究室分别设在中国农业大学和山东省农业科学院，共有14位岗位科学家，占全体系25位岗位科学家的56%，22位综合试验站站长均从事甘薯良种选育和栽培技术示范。体系围绕甘薯产业需求和市场导向，开展从生产到消费的全产业链关键技术研发，引领和支撑国家甘薯产业发展。

2. 优势团队引领和支撑国家甘薯学科发展

在农业农村部和省、市政府的支持下，江苏徐淮地区徐州农业科学研究所已建立起世界上专业最全、人员最多的甘薯学科队伍，现设品种资源、遗传育种、生理栽培、病虫害防控和产后加工五个团队，建有国家甘薯改良中心、国家甘薯产业技术研发中心、农业农村部甘薯生物学与遗传育种重点实验室、国家甘薯种质资源试管苗库（徐州）等科研平台，专职从事甘薯科研在职在编人员47人，其中专业技术人员45人，博士学位人员占比40.4%。国内从事甘薯应用基础研究实力较强的单位还有中国农业大学、江苏师范大学、西南大学、中国科学院上海生命科学研究院、山东农业大学等；团队人员较多、学科组成较全面的单位有山东、江苏、广东、湖北等省级农业科学院和南充市农科院。

"十三五"期间，甘薯列入国家重点研发计划"主要经济作物优质高产与产业提质增效科技创新"重点专项，江苏徐淮地区徐州农业科学研究所李强研究员主持了"双子叶杂粮高效育种技术与品种创制"项目；山东省农业科学院张立明研究员主持了"杂粮优质高效轻简栽培技术集成与示范"项目。

二、甘薯科技国内外发展比较

从研发机构数量、人员投入以及国际刊物论文检索等综合分析，我国甘薯研究占有绝对优势，理论水平及综合实力处于世界领先水平。

（一）国内外甘薯研发水平比较分析

1. 基础研究国际间合作密切，中国走在前列

中日韩联合解析了甘薯栽培品种徐薯18的完整基因组序列，包含90条染色体和175633个基因。美国公布了栽培品种Beauregard的完整基因组。国外学者利用全基因组关联分析，鉴定出块根膨大相关的标记物和候选基因；转录组比较测序发现3类调控因子（WRKY、NAC、bHLH）可能参与甘薯根的形成，与次生代谢、激素（生长素、赤霉素）、转运等相关的基因也可能促进不定根形成[57]。相比之下，中国的研究体系更为完善、范围更广，并在多个领域走在前列，国际地位越来越重要，2022年在徐州成功举办了第九届国际甘薯学术研讨会。

2. 国内外甘薯种质资源研发基本同步

国际马铃薯中心（International Potato Center，CIP）种质资源保有量仍居首位，我国种质资源保有量和资源管理水平与国际马铃薯中心相比仍有差距。韩国运用生物技术创制块根类胡萝卜素含量较高、耐热性较强的新种质[58]。英国利用形态学、系统发育和基因组学，鉴定得到一个与六倍体甘薯亲缘关系最近的四倍体近缘种 I. aequatoriensis[59]。连锁图谱构建与QTL定位是国际马铃薯中心、日本和美国等关注的重点方向之一，在这方面，我国具有显著的优势。

3. 我国甘薯优质品种选育与发达国家差距进一步缩小

日本、美国重视优质品种选育，特别是日本育成了优质品种红瑶、玛莎莉等；非洲国家侧重于富含β-胡萝卜素、铁、锌、抗旱及抗病毒育种；我国优质品种选育与日本的差距不断缩小。

4. 甘薯栽培研究国内外各有侧重

国际上关于甘薯产量和品质形成机制以及水肥调控技术的文献较少。在块根膨大研究方面，有研究表明纤维形成和木质化的下调，淀粉合成的上调是块根形成的重要标志[60]。有机肥（禽粪）和微量元素可以提高块根产量和品质[61-62]。如前所述，我国在栽培理论和生产实际问题研究上均具较强的优势。

（二）国内外甘薯种植业发展比较

从 2011 年起非洲的种植面积已经超过亚洲成为甘薯第一种植大洲，并连年增加，但其栽培技术落后，单产水平不及中国的 1/3。美国、日本等发达国家甘薯机械化生产技术起步较早，已较为成熟稳定。同时，作业质量监控、智能传感、智能导航、自动辅助驾驶等智能化技术不断应用于甘薯机械上，作业舒适性及作业质量高。日本、美国甘薯种薯种苗培育和供应体系较我国具有明显的优势。

三、我国甘薯科技发展方向与对策

（一）甘薯学科发展方向

1. 甘薯物种起源与演化探究

甘薯是自交不亲和的六倍体作物，有 90 条染色体，遗传背景复杂。究竟是异源、同源还是同源异源植物，迄今尚未定论，严重影响了其遗传理论的研究，制约了品种改良。扩展收集近缘野生种，结合现代分子生物学和遗传学手段，探究其物种起源与演化是甘薯学科的重点方向之一。

2. 甘薯块根形成和膨大机制解析

甘薯块根独特的发育特性和未知的膨大潜力直接影响甚至决定其产量和品质。因此，解析甘薯块根形成和膨大的关键因子及其调控网络，不但可为甘薯增产提质提供理论基础和技术支撑，还可为其他块根类作物增产模式提供借鉴，具有重要的战略意义。

3. 甘薯种质资源的精准鉴定和优异基因挖掘

我国甘薯种质资源保存数量和种类较少，精准鉴定水平偏低，优异基因挖掘严重不足，影响了甘薯品种改良进度。加大甘薯栽培种和野生种的引进、收集和精准鉴定，利用高通量表型组学工具，提高性状测定的精度和准度，加速重要功能基因挖掘和验证，并通过诱变、种间杂交、基因编辑等技术创制新种质，为突破性品种选育奠定基础。

4. 甘薯高效育种技术创新和优质多元化宜机化品种选育

研发甘薯基因编辑、全基因组关联分析等高效育种技术，开发实用性强的 QTL 和分子标记。坚持育种目标多元化，突出薯苗、薯块等性状的宜机化，完善功能成分的选育指标，注重优质保健和特殊功能品种的选育。

5. 甘薯重要性状响应环境的分子机制探索

借助信息化传感技术对物理环境、生物性状进行综合数据监测和整合，研究根际土壤微生态、投入品等与甘薯品质、产量形成的互作机制。研究大量元素高效利用、水分利用、物理控旺、生物病虫草害绿色防控等调控技术应用及机理。研发基于绿色化、机械化、信息化的环境友好型栽培理论和技术体系，突出甘薯生产的轻简化、生态化、智慧化。

（二）提升我国甘薯学科水平的对策

1. 组织编制甘薯等根茎类作物学科发展规划

我国根茎类作物种植面积近 2 亿亩。建议国家通盘考虑根茎类作物宏观发展规划，充分发挥根茎类作物种植广、营养全、产量稳、效益高等特点，在保障国家粮食安全、服务乡村振兴中发挥重要作用，将对根茎类作物学科和产业发展起到事半功倍的效果。

2. 加大甘薯基础和应用基础研究的支持力度

国家甘薯产业技术体系的建立推动了甘薯学科在应用研究领域的长足发展。目前甘薯科学问题和产业问题多、基础研究滞后，缺乏专门的项目资助，将会与稻、玉米、小麦等作物的差距越来越大，甘薯学科的国际领先地位将难以保持。

3. 加强人才培养和学科建设

加强甘薯学科人才队伍培养，注重优势团队的建设；加强不同遗传背景作物之间的学术交流，突出不同作物的特色，相互借鉴，共同提高；加强不同学科之间的交流，注重交叉学科的培育，如通过栽培学、土壤学、微生物学等学科间的融会贯通解决甘薯连作障碍问题。

参考文献

[1] XUE L Y, WEI Z H, ZHAI H, et al. The IbPYL8–IbbHLH66–IbbHLH118 complex mediates the abscisic acid–dependent drought response in sweet potato［J］. New Phytologist, 2022, 236: 2151–2171.

[2] ZHANG H, ZHANG Q, ZHAI H, et al. IbBBX24 promotes the jasmonic acid pathway and enhances fusarium wilt resistance in sweet potato［J］. The Plant Cell, 2020, 32: 1102–1123.

[3] YU Y C, XUAN Y, BIAN X F, et al. Overexpression of phosphatidylserine synthase IbPSS1 affords cellular Na（+）homeostasis and salt tolerance by activating plasma membrane Na（+）/H（+）antiport activity in sweet potato roots［J］. Horticulture Research, 2020, 7: 131.

[4] JIN R, KIM H S, YU T, et al. Identification and function analysis of bHLH genes in response to cold stress in sweetpotato［J］. Plant Physiology and Biochemistry, 2021, 169: 224–235.

[5] MENG X Q, LIU S Y, ZHANG C B, et al. The unique sweet potato NAC transcription factor IbNAC3 modulates combined salt and drought stresses［J］. Plant Physiology, 2023, 191: 747–771.

[6] LI C, LIU X X, ABOUELNASR H, et al. Inhibition of miR397 by STTM technology to increase sweetpotato resistance to SPVD［J］. Journal of Integrative Agriculture, 2022, 21: 2865–2875.

[7] LIU X, WANG Y R, ZHU H B, et al. Natural allelic variation confers high resistance to sweet potato weevils in sweet potato［J］. Nature Plants, 2022, 8: 1233–1244.

[8] NING Z Y, HU K D, ZHOU Z L, et al. IbERF71, with IbMYB340 and IbbHLH2, coregulates anthocyanin accumulation by binding to the IbANS1 promoter in purple–fleshed sweet potato（*Ipomoea batatas* L.）［J］. Plant

Cell Reports, 2021, 40: 157-169.

［9］XING S H, LI R J, ZHAO H Q, et al. The transcription factor IbNAC29 positively regulates the carotenoid accumulation in sweet potato［J］. Horticulture Research, 2023, 10: 189-200.

［10］YU Y, WANG Y J, YU Y, et al. Overexpression of IbPAL1 promotes chlorogenic acid biosynthesis in sweetpotato［J］. The Crop Journal, 2021, 9: 204-215.

［11］GAO X R, ZHANG H, LI X, et al. The B-box transcription factor IbBBX29 regulates leaf development and flavonoid biosynthesis in sweet potato［J］. Plant Physiology, 2023, 191: 496-514.

［12］YU Y C, PAN Z Y, WANG X, et al. Targeting of SPCSV-RNase3 via CRISPR-Cas13 confers resistance against sweet potato virus disease［J］. Molecular Plant Pathology, 2022, 23: 104-117.

［13］ZHANG W, ZUO Z D, ZHU Y X, et al. Fast track to obtain heritable transgenic sweet potato inspired by its evolutionary history as a naturally transgenic plant［J］. Plant Biotechnology Journal, 2023, 21: 671-673.

［14］CAO X S, XIE H T, SONG M L, et al. Cut-dip-budding delivery system enables genetic modifications in plants without tissue culture［J］. The Innovation, 2023, 4（1）: 100345.

［15］YAN H, MA M, ARISHA M H, et al. High-density single nucleotide polymorphisms genetic map construction and quantitative trait locus mapping of color-related traits of purple sweet potato［J］. Frontiers in Plant Science, 2021, 12: 797041.

［16］ZHENG C, JIANG Z, MENG Y, et al. Construction of a high-density SSR genetic linkage map and identification of QTL for storage-root yield and dry-matter content in sweetpotato［J］. The Crop Journal, 2023, 11: 963-967.

［17］MA Z M, GAO W C, LIU L F, et al. Identification of QTL for resistance to root rot in sweetpotato（*Ipomoea batatas*（L.）Lam）with SSR linkage maps［J］. BMC Genomics, 2020, 21: 366.

［18］ZHAO D L, WU S, DAI X B, et al. QTL analysis of root diameter in a wild diploid relative of sweetpotato（*Ipomoea batatas*（L.）Lam.）using a SNP-based genetic linkage map generated by genotyping-by-sequencing［J］. Genetic Resources and Crop Evolution, 2021, 68: 1375-1388.

［19］赵路宽. 115个中国甘薯登记品种遗传多样性分析及指纹图谱构建［D］. 北京: 中国农业科学院, 2020.

［20］CHEN M J, FAN W J, JI F Y, et al. Genome-wide identification of agronomically important genes in outcrossing crops using OutcrossSeq［J］. Molecular Plant, 2021, 14: 556-570.

［21］赵凌霄, 邓逸桐, 衡曦彤, 等. 106份特色甘薯品种资源品质性状评价与分析［J］. 江苏农业学报, 2021, 37: 839-847.

［22］XIAO S Z, DAI X B, ZHAO L X, et al. Resequencing of sweetpotato germplasm resources reveals key loci associated with multiple agronomic traits［J］. Horticulture Research, 2023, 10: 297-308.

［23］YANG Y L, ZHANG X J, ZOU H D, et al. Exploration of molecular mechanism of intraspecific cross-incompatibility in sweetpotato by transcriptome and metabolome analysis［J］. Plant Molecular Biology, 2022, 109: 115-133.

［24］HE L H, LIU X Y, LIU S F, et al. Transcriptomic and targeted metabolomic analysis identifies genes and metabolites involved in anthocyanin accumulation in tuberous roots of sweetpotato（*Ipomoea batatas* L.）［J］. Plant Physiology and Biochemistry, 2020, 156: 323-332.

［25］CUI P, LI Y X, CUI C K, et al. Proteomic and metabolic profile analysis of low-temperature storage responses in *Ipomoea batatas* Lam. tuberous roots［J］. BMC Plant Biology, 2020, 20: 435.

［26］ARISHA M H, ABOELNASR H, AHMAD M Q, et al. Transcriptome sequencing and whole genome expression profiling of hexaploid sweetpotato under salt stress［J］. BMC Genomics, 2020, 21（1）: 197.

［27］TANG W, ARISHA M H, ZHANG Z Y, et al. Comparative transcriptomic and proteomic analysis reveals common molecular factors responsive to heat and drought stresses in sweetpotaoto（*Ipomoea batatas*）［J］. Frontiers in Plant Science, 2023, 13: 1081948.

［28］ LI Q，KOU M，LI C，et al. Comparative transcriptome analysis reveals candidate genes involved in anthocyanin biosynthesis in sweetpotato（*Ipomoea batatas* L.）［J］. Plant Physiology and Biochemistry，2021，158：508–517.

［29］ ZHAO D L，ZHAO L X，LIU Y，et al. Metabolomic and transcriptomic analyses of the flavonoid biosynthetic pathway for the accumulation of anthocyanins and other flavonoids in sweetpotato root skin and leaf vein base［J］. Journal of Agricultural and Food Chemistry，2022，70：2574–2588.

［30］ DONG W，TANG L F，PENG Y L，et al. Comparative transcriptome analysis of purple-fleshed sweet potato and its yellow-fleshed mutant provides insight into the transcription factors involved in anthocyanin biosynthesis in tuberous root［J］. Frontiers in Plant Science，2022，13：924379.

［31］ XU J，ZHU J H，LIN Y H，et al. Comparative transcriptome and weighted correlation network analyses reveal candidate genes involved in chlorogenic acid biosynthesis in sweet potato［J］. Scientific Reports，2022，12（1）：2770.

［32］ LI C，KOU M，ARISHA M H，et al. Transcriptomic and metabolic profiling of high-temperature treated storage roots reveals the mechanism of saccharification in sweetpotato（*Ipomoea batatas*（L.）Lam.）［J］. International Journal of Molecular Sciences，2021，22（13）：6641.

［33］ 刘忠玲，李小艳，王自力，等. 基于组合赋权的甘薯品种抗病性模糊综合评价［J］. 江苏农业科学，2020，48（12）：93–97.

［34］ 沈升法，项超，吴列洪，等. 甘薯块根可溶性糖组分特征及其与食味的关联分析［J］. 中国农业科学，2021，54：34–45.

［35］ 揭琴，陶春来，张恭，等. 利用辐射诱变技术创制甘薯新种质［J］. 农学学报，2021，11（8）：22–26.

［36］ 王崇，王连军，杨新笋，等. 104个甘薯品种的cpSSR指纹图谱构建及遗传多样性分析［J］. 热带作物学报，2021，42：1549–1556.

［37］ 王欣，李强，曹清河，等. 中国甘薯产业和种业发展现状与未来展望［J］. 中国农业科学，2021，54：483–492.

［38］ 许泳清，李华伟，张鸿，等. 甘薯卷叶病毒的RPA检测方法的建立［J］. 福建农业学报，2021，36：923–926.

［39］ 任衍齐，刘苇航，李欢，等. 薯蔓并长期水分调控对甘薯光合生理指标、产量和水分利用效率的影响［J］. 江苏师范大学学报（自然科学版），2022，40（2）：20–26.

［40］ 任国博，王翠娟，柴沙沙，等. 铵态氮素促进甘薯块根形成的解剖特征及其IbEXP1基因的表达［J］. 作物学报，2021，47：305–319.

［41］ SI C C，LI Y J，LIU H J，et al. Impact of paclobutrazol on storage root number and yield of sweet potato（*Ipomoea batatas* L.）［J］. Field Crops Research，2023，300：109011.

［42］ GAO Y，TANG Z，XIA H，et al. Potassium fertilization stimulates sucrose-to-starch conversion and root formation in sweet potato（*Ipomoea batatas*（L.）Lam.）［J］. International Journal of Molecular Sciences，2021，22（9）：4826.

［43］ 王雁楠，陈金金，卞倩倩，等. 转录组与代谢组联合分析揭示遮阴胁迫下甘薯的代谢响应途径［J］. 作物学报，2023，49：1785–1798.

［44］ FAN W J，ZHANG Y D，WU Y L，et al. The H$^+$-pyrophosphatase IbVP1 regulates carbon flux to influence the starch metabolism and yield of sweet potato［J］. Horticulture Research，2021，8：343–354.

［45］ 夏之凯，李玲，徐锡明，等. 甘薯块根膨大过程中质构特性和淀粉直/支比的研究［J］. 中国粮油学报，2022，37（8）：144–150.

［46］ 张文杰，辛曙丽，黄哲瑞，等. 甘薯块根发育过程中关键蔗糖分解酶及其基因家族成员的鉴定［J］. 热带作物学报，2022，43：1535–1544.

［47］ 解黎明，姜仲禹，柳洪鹃，等. 甘薯发根分枝期适宜土壤水分促进块根糖供应和块根形成的研究［J］.

［48］刘永晨，司成成，柳洪鹃，等．改善土壤通气性促进甘薯源库间光合产物运转的原因解析［J］．作物学报，2020，46：462-471.

［49］潘丽萍，邢颖，廖青，等．氨基酸螯合硒对甘薯硒素积累分配及品质的影响［J］．热带农业科学，2021，41（8）：11-15.

［50］LI Y J, TANG Z H, PAN Z Y, et al. Calcium-mobilizing properties of salvia miltiorrhiza-derived carbon dots confer enhanced environmental adaptability in plants［J］. ACS Nano, 2022, 16: 4357-4370.

［51］ZHU Y X, ZHANG Q, LI Y J, et al. Role of soil and foliar-applied carbon dots in plant iron biofortification and cadmium mitigation by triggering opposite iron signaling in roots［J］. Small, 2023, 19: 2301137.

［52］WANG X, DAI W W, LIU C, et al. Evaluation of physiological coping strategies and quality substances in purple sweetpotato under different salinity levels［J］. Genes, 2022, 13: 1350.

［53］来敬伟，孙明海，郭月玲，等．腐植酸复合肥结合水肥一体化在甘薯高产栽培上的应用［J］．农业与技术，2021，41（13）：98-101.

［54］沈公威，王公仆，胡良龙，等．基于ANSYS的菜用甘薯茎尖切割有限元分析与试验［J］．中国农机化学报，2020，41（4）：13-18.

［55］陈进．甘薯裸苗精准喂苗栽植控制系统设计与研究［D］．南宁：广西大学，2021.

［56］刘正铎．机械臂式甘薯移栽机关键技术与移栽机理研究［D］．泰安：山东农业大学，2022.

［57］KIM S J, NIE H L, JUN B K, et al. Functional genomics by integrated analysis of transcriptome of sweet potato (*Ipomoea batatas* (L.) Lam.) during root formation［J］. Genes Genomics, 2020, 42: 581-596.

［58］KIM S E, LEE C J, PARK S U, et al. Overexpression of the golden SNP-carrying orange gene enhances carotenoid accumulation and heat stress tolerance in sweetpotato plants［J］. Antioxidants, 2021, 10（1）: 51.

［59］MUNOZ-RODRIGUEZ P, WELLS T, WOOD J R I, et al. Discovery and characterization of sweetpotato's closest tetraploid relative［J］. New Phytologist, 2022, 234: 1185-1194.

［60］SINGH V, ZEMACH H, SHABTAI S, et al. Proximal and distal parts of sweetpotato adventitious roots display differences in root architecture, lignin, and starch metabolism and their developmental fates［J］. Frontiers in Plant Science, 2021, 11: 609923.

［61］HAZENBOSCH M, SUI S, ISUA B, et al. Using locally available fertilisers to enhance the yields of swidden farmers in Papua New Guinea［J/OL］. Agricultural Systems, 2021, 192: 103089.

［62］AWAD A A M, SWEED A A A, RADY M M, et al. Rebalance the nutritional status and the productivity of high CaCO$_3$-stressed sweet potato plants by foliar nourishment with zinc oxide nanoparticles and ascorbic acid［J］. Agronomy, 2021, 11: 1443.

撰稿人：王　欣　李　强　曹清河　刘庆昌　张立明　张永春　马代夫

糖料作物科技发展报告

糖料作物主要包括甘蔗和甜菜，全球约80%的食糖以甘蔗为原料。2022—2023榨季，全球食糖年产量约1.8亿吨，供需整体处于紧平衡状态。全世界甘蔗种植面积约0.27亿公顷，广泛种植于热带及亚热带地区。全球甜菜种植面积约430万公顷，主要分布在中温带地区。中国是全球第四大产糖国、第二大消费国和第一大进口国，产糖量和消费量约占全球的6%和9%。中国甘蔗种植主要分布在广西、云南等南方省（区），甜菜主要分布在内蒙古、新疆等北方地区，呈"南蔗北菜"分布格局。2020—2022年，中国糖料种植面积每年稳定在145.8万~156.8万公顷，其中甘蔗和甜菜面积分别约为135万公顷和21万公顷，占全国糖料面积的86%和14%；中国食糖年产量1000万吨左右，年均食糖总体消费量在1500多万吨，常年缺口450万~600万吨[1]。食糖是关系国计民生的重要产品，也是全球重要的战略物资，是食品加工行业中不可替代的重要原料。国家"十四五"规划纲要明确将"保障粮、棉、油、糖、肉、蛋、奶等重要农产品供给安全"作为农业生产主要任务。保障我国食糖安全是国家战略需求，必须依靠科技创新推动糖业发展，全面提升保障国家食糖安全供给能力。

一、我国糖料作物科技最新研究进展

（一）甘蔗和甜菜遗传育种发展现状和进展

1. 广适性优异新品种选育取得重大突破

自2020年开始，我国大陆自育的甘蔗新品种"桂柳05136"和"桂糖42号"的种植面积超过"新台糖22号"，占全国甘蔗种植面积的65%，实现了我国甘蔗第五代品种改良更新，甘蔗单产和出糖率都显著提升。近五年国内甘蔗单产达78.6吨/公顷，超过全球平均甘蔗单产73.1吨/公顷，国内甘蔗出糖率提高了绝对值0.66个百分点。我国甜菜单胚种99%以上的种子依赖国外进口，是我国甜菜种业的卡脖子问题。国内已创制出一批丰产、高糖、抗病的甜菜新种质，比如创新选育出优异抗丛根病亲本材料和单胚抗丛根病雄性不育系及其保持系，突破了自育品种由多胚种向单胚种转变的技术瓶颈。内蒙古农牧业科学院选育的 NT39106 内甜等系列优良品种已开始大面积示范推广。

2. 储备一批转基因育种材料和品系

国内甘蔗转基因研究起步较迟，但是福建农林大学、中国热带农业科学院、广东省科学院等单位率先开展了一系列转基因抗性改良研究，储备了一批抗虫、抗病、抗除草剂、钾高效利用转基因甘蔗品系，近20年来共有40多个甘蔗转基因材料获批进行中间试验。中国农业大学、山东大学、内蒙古大学和内蒙古农牧业科学院等经过不断研究，获得了抗冻、耐盐、抗植物病毒、抗旱和抗除草剂的转基因甜菜。截至2023年底，国内转基因甘蔗和甜菜还没批准环境释放。

3. 分子标记辅助选择育种技术及应用

以往甘蔗和甜菜的分子标记研究大多采用 SSR、AFLP 等技术，分析种质资源的亲缘关系，构建品种或者自交系的指纹图谱，并开发一些性状关联标记。近年来利用全基因组关联分析研究甘蔗株型、叶绿素含量、抗病性等性状，已获得一系列相关的候选基因或位点；基于高密度遗传图谱和 BSR-seq 方法获得黑穗病抗性相关的 QTL 和 KASP 标记；通过 100K 甘蔗 SNP 芯片分型和双假测交策略，构建了高密度遗传图谱，并定位了6个叶枯病抗性、叶绿素含量等性状相关 QTL。基于306份全国甜菜主要核心种质材料重测序进行农艺性状全基因组关联分析，建立了甜菜表型与基因型关联数据库。甜菜细胞质和细胞核类型分子快速鉴定技术取得突破，实现了利用多胚恢复系对甜菜单胚细胞质雄性不育系和保持系的快速改良。

（二）甘蔗种质创新与演化规律研究进展

1. 含斑茅等近缘属育种材料和品系创制

斑茅（*Tripidium arundinaceum*）作为甘蔗的近缘属植物，具有植株高大、分蘖性好、抗性和适应性强等优点，对甘蔗的遗传改良有很大的利用潜力[2]。广东省科学院克服了因属间杂交的不育问题，获得含斑茅血缘的"海蔗26号""粤糖15491"品种，有10多个亲本供全国育种单位杂交利用。广西农科院利用本地河八王与甘蔗栽培种远缘杂交和回交，获得一批性状优良的 BC_3 材料。云南省农科院开展滇蔗茅、河八王、五节芒等属间种质资源杂交利用，获得 BC_5 材料。云南农业大学开展蔗茅野生种与甘蔗栽培种或品种的属间远缘杂交利用，获得3个含蔗茅血缘的甘蔗新品系。国内已有一批含斑茅等野生种质血缘的品种和材料获得国家植物新品种权保护和非主要农作物品种登记。我国在甘蔗远缘杂交种质创制及远缘杂种优势利用方面处于世界领先地位。

2. 甘蔗及其近缘属染色体遗传规律研究进展

福建农林大学利用甘蔗热带种单倍型基因组设计了一套基于寡聚核苷酸序列的染色体特异全涂染探针，可用于识别甘蔗属割手密、热带种和大茎野生种中所有的非同源染色体，为今后研究甘蔗属不同材料的染色体组成和结构差异奠定基础。首次提出了悬浮液基因组原位杂交标记、流式分选和测序技术，揭示了斑茅单条染色体的基因组特征，对甘蔗分子改良和外源基因渗入育种具有重要的意义[2]。揭示斑茅染色体在杂交后代的遗传规律，发现斑茅染色体与甘蔗染色体或斑茅染色体之间还会出现染色体易位、染色体加倍的现象[3]。国内甘蔗及其近缘属染色体遗传规律研究处于世界领先地位。

3. 甘蔗基因组及其演化规律研究进展

现代栽培甘蔗是100多年前热带种（高贵种）与割手密野生种人工杂交后产生的，但由于割手密野生种遗传背景的高度复杂，其起源和演化是研究界百余年来悬而未决的重要科学问题，极大地限制了现代甘蔗育种的进程[4]。福建农林大学牵头于2018年首次破译了甘蔗野生种割手密种的基因组；2022年再次测序组装了高质量的割手密Np-X基因组，阐明了割手密种质资源演化，系统解析高贵种和割手密种中的关键农艺性状相关基因的基因组学差异[5]；2023年组装完成了蔗茅端粒到端粒（T2T）完整基因组，阐明了着丝粒的演化、蔗茅与甘蔗的分化、一对古复制染色体对的演化模式及甘蔗属的起源和演化[6]。此外，云南农业大学也开展了蔗茅全基因组测序，重建了"甘蔗属复合体"的系统发育[7]。以上研究成果奠定了我国在甘蔗基因组学基础研究领域的国际领先地位。

（三）甘蔗和甜菜栽培技术研究进展

1. 甘蔗轻简高效栽培技术

我国蔗区在"一控两减三基本"绿色农业方针的指引下，甘蔗轻简栽培技术取得突破，形成两大技术体系，以广西蔗区为主的一次性施肥技术和云南蔗区为主的全膜覆盖抗旱保水技术。甘蔗一次性施肥技术在宿根蔗栽培中得到大面积应用，主要结合缓控释肥的应用，使得破垄、施肥、喷药一次性完成，简化了宿根的田间管理，还有利于延长甘蔗生育期，实现轻简高效目的。全膜覆盖抗旱保水技术和宿根蔗低砍蔸促进地下芽位萌发持续丰产技术，解决了干旱制约甘蔗品种萌发生长的栽培难题，入选2022年农业农村部主推技术。积极推广甘蔗全程机械化，2022年甘蔗的综合机械化率提高到53%，其中机械化耕整地达95%，机械化种植达50%，但是机收率不足5%。

2. 甜菜轻简高效栽培技术

甜菜从整地、施肥、精量播种等环节全部实现机械化作业，甜菜综合机械化率在95%以上。甜菜全程机械化绿色高效栽培技术模式的推广应用，持续推动甜菜产业稳步发展。以土壤改良培肥的综合技术为基础，研发矿物肥料、功能菌剂、生物炭等绿色投入品及养分高效利用技术，实现减少化肥农药投入的同时改良土壤的目的。甜菜营养诊断与配方施肥，推动了甜菜绿色高质量发展。

（四）甘蔗和甜菜有害生物防控研究进展

1. 甘蔗重大病虫害致病机制和防控技术

基于转录组、蛋白质组、代谢组等多组学技术，多维度解析甘蔗响应黑穗病等主要病原侵染的分子机制研究取得新进展，阐明多种条植物分子信号途径参与甘蔗防御响应。甘蔗病害防控采取"预防为主，综合防治"的植保方针，主要以利用抗病品种为主，脱毒健康种苗为辅，关键时期及时采用无人机飞防作业，有效控制病害大面积发生流行、减轻危害损失。利用灯诱、性诱剂对甘蔗二点螟、条螟和黄螟等螟虫的预测测报技术在主产区广泛使用，结合高效低毒化学药剂无人机飞防作业，有效防控甘蔗主要害虫发生。另外，赤眼蜂生物防治、药肥防治等技术也在蔗区推广应用。

2. 甜菜重大病虫害致病机制和防控技术

随着气候变化和种植制度的变革，特别是甜菜重茬和迎茬种植面积的扩大，导致甜菜主要病虫害危害不断加重。明确了甜菜主要病虫害种类、发生动态与分布以及危害机制，研发集成了甜菜主要病虫害绿色综合防控技术。开展了甜菜褐斑病菌病原菌室内分离鉴定和抗药性监测技术；建立了甜菜不同品种抗甜菜丛根病的酶联免疫吸附试验（ELISA）检测和室内抗病性鉴定技术；开展了甜菜立枯病和根腐病生物菌肥防控新技术。建立了甜菜田主要鳞翅目害虫室内种群抗药性检测方法，完善了甜菜夜蛾有效防控技术；建立了甜菜夜蛾、甘蓝夜蛾、黄地老虎等甜菜田主要鳞翅目害虫室内种群。

二、糖料作物科技国内外发展比较

（一）遗传育种学科发展的国内外比较

1. 种质资源的搜集保存与研究利用

国际公认的两大甘蔗种质资源库在美国和印度。美国迈阿密国家甘蔗种质资源圃和佛罗里达运河点试验站共保育了5000余份甘蔗种质材料。印度农业研究委员会甘蔗育种研究所在坎纳诺尔（Kannur）、哥印拜陀（Coimbatore）分别保育了3375份和4579份种质材料[8]。云南农业科学院国家甘蔗种质资源圃（开远市）保存资源数量5567份，其中编目3976份。国内其他单位也保育了1000～3000份不等的甘蔗种质和杂交亲本材料，广东省科学院每年为全国甘蔗育种单位提供了90%的优质杂交花穗。我国在甘蔗种质资源的搜集保存和利用，尤其在含斑茅种质材料创制处于国际领先地位。

世界范围的甜菜种质资源收集工作划分为亚洲板块、东欧和西北欧板块、地中海板块以及北美板块四大板块。黑龙江大学国家甜菜种质资源库保存了全球24个国家的1728份种质资源，种质规模位列全球第三，亚洲第一，每年向各单位提供100余份种质资源。甜菜的一些优良抗逆、抗病基因大都存在于野生种质资源中，国内保存的甜菜种质资源基本上都是普通甜菜种（*B. Vulgaris*），缺少野生种种质资源[9]。内蒙古农牧业科学院近年来引进鉴定评价国外品种及资源材料400多份，鉴定创新出一批不同优良性状的种质资源。

2. 高质量基因组组装与辅助育种

全球已公布的甘蔗基因组有6个，其中福建农林大学牵头完成的AP85-441（$x=8$）、Np-X割手密材料（$x=10$）2个割手密材料基因组组装到染色体水平，并揭示了割手密基因组演化以及自然演化的遗传学基础[5]。另外，巴西圣保罗大学、法国农业研究发展国际合作中心、哥伦比亚甘蔗研究中心、泰国国家组学中心相继于2018—2022年分别组装了甘蔗杂交种SP80-3280、R570、CC01-1940和Khon Kaen 3基因组，大小为328 Mb至5.2 Gb不等，基因组仅以草图形式发表，没有组装到染色体水平，参考价值有限[10-12]。德国最先于2014年完成了甜菜双单倍体基因型KWS2320的基因组组装，之后奥地利完成了叶用甜菜和野生甜菜基因组草图的组装，2019年美国完成了五代自交系基因型EL105的基因组组装。内蒙古农牧业科学院牵头于2022年完成了我国自主选育甜菜自交系S4006（IMA1）的基因组组装，与之前发布的甜菜组装体相比，基因组更大，完整性和连续性显著提高[13]。

3. 适宜机械化收获的品种选育

早在30多年前，美国、澳大利亚等发达国家就针对甘蔗机械化收获的需求，选育适宜全程机械化的品种。我国南方丘陵山地立地条件差，长期依赖人工砍收，生产上的甘蔗品种大多数为中大茎和大茎。国内宜机化品种选育和甘蔗农机农艺融合还未取得突破性进展，应当加快选育宿根性强、分蘖性好、抗逆抗病、易脱叶的适宜机收品种。近年来我国甜菜集约化、机械化生产水平快速提升，加速了甜菜机械化直播与纸筒育苗移栽种植技术的实施与推广，甜菜生产用种基本为单胚丸粒化种子，但是使用品种99%依赖国外进口。国内已选育出N9849等一批单胚抗丛根病雄性不育系，审定登记了"内甜单1"等一系列适宜机械化作业的甜菜单胚雄性不育杂交种，实现从无到有的突破。与国外甜菜品种比差距主要表现在产量偏低、种植整齐度不大理想、抗病性仍需提高。

（二）栽培技术发展的国内外比较

基于我国南方蔗区地理禀赋条件，在甘蔗高产栽培生理、地膜覆盖栽培、测土配方施肥、轮作和间套模式等方面做出有益的探索，有着很好的创新和应用。但是，由于受甘蔗的种植模式分散、不规范，甘蔗倒伏，蔗地坡度大，收割季节下雨，收割机械不成熟、收割质量差等多种因素的制约，国内机械化轻简高效栽培，特别是机收方面进展缓慢。国际上甘蔗机械收获方式分切段式收获和整秆式收获两种。国内正在探索一条适合我国国情的"高效割铺+地头高效除杂"分步式收获模式。甜菜生产已基本实现全程机械化，甜菜膜下滴灌和浅埋滴灌生产全程机械化技术日趋成熟。我国南方蔗区土壤酸化，北方甜菜土壤盐碱化、连作障碍等相关学科理论与改良技术有待创新。

（三）植物保护学科发展的国内外比较

国内在甘蔗品种抗性精准鉴定与评价、病原菌检测与遗传进化、甘蔗抗性基因挖掘及调控网络解析等方面达到了国际先进水平。在甘蔗螟虫、草地贪夜蛾等害虫致灾机制取得可喜进展。明确了我国不同蔗区甘蔗螟虫的种群结构和发生规律，同时利用赤眼蜂等天敌、性诱剂对甘蔗螟虫的防治也取得了较好的防治效果并在不同蔗区应用示范。此外，探明了草地贪夜蛾对氨基甲酸酯类等多种杀虫剂产生了不同程度的抗药性机制。但是，国内甘蔗病虫害防治主要依赖传统的化学农药，对于农药的合理使用和废弃物的处理还存在诸多问题，病虫害监测和防治手段仍然不够精准和高效。利用木霉菌、假单胞菌、芽孢杆菌等生物防治防控技术推广面积有限。在甜菜植保学科方面，我国在病原鉴定等基础生物学方面达到了国际先进水平，但是在甜菜抗病育种方面与国外还存在较大差距。

（四）分子生物学学科发展的国内外比较

我国甘蔗生物育种方面与国外并跑。国内在利用分子标记或全基因组关联分析进行目标性状选择的研究，以及性状关联基因挖掘、基因编辑技术取得明显进展。与美国佛罗里达州立大学联合开发了"100K 甘蔗 SNP 芯片"，用于甘蔗重要育种目标性状关联标记和遗传图谱构建[14]；国内在甘蔗糖分积累、抗逆和抗病虫等相关基因和位点的挖掘，基因调控网络解析和基因编辑技术体系构建等方面也取得了明显的进展。巴西于 2018 年种植了全球第一批抗虫转基因甘蔗，2022—2023 榨季，转基因甘蔗品种种植面积将达 7 万公顷。美国于 2021 年率先发表了甘蔗基因编辑技术体系和抗除草剂编辑植株。甜菜分子生物学方面，国内建立了甜菜高效遗传转化体系，构建了一系列具有自主知识产权的抗虫、抗草甘膦植物高效表达载体，获得了抗草甘膦甜菜遗传转化苗及 T_0 代种子；建立了甜菜 BvCENH3 基因编辑技术体系进行甜菜新种质和单倍体诱导系创制，利用高通量测序结合全基因组关联分析获得了与甜菜抗丛根病性、产量、含糖量等相关的 SNP 或基因。国外育种公司在甜菜分子育种方面处于领先地位，美国等国已利用基因工程技术选育出抗耐除草剂的甜菜品种，并在市场推广应用。我国于 2022 年续批了拜尔作物科学公司沃斯种子欧洲股份公司转 CP4EPSPS 基因耐除草剂甜菜 H7-1 进口用于加工原料安全证书。

三、糖料作物科技发展趋势与对策

（一）种质精准评价与创新利用发展趋势与对策

种质资源是作物育种创新的基础，种质资源精准鉴定和高效发掘优异基因资源是实现种业振兴的支撑保障。要加大含斑茅血缘的亲本、特异割手密材料等优异种质创制，发掘关键基因及其优异等位基因资源，建立甘蔗重要育种性状的精准评价与种质创新体系，为获得高产高糖多抗、强宿根、宜机化的突破性品种提供重要基因资源。要多途径大力度引进收集国外甜菜种质、品种资源，强化甜菜优异种质资源收集及评价与创新，改良创制出产质量优良、抗病性强、配合力高的单胚雄性不育系。

（二）品种遗传改良的发展趋势与对策

高产高糖广适性、宜机化新品种选育是当前糖料作物育种主要目标[1]。加快分子育种理论创新和基因编辑技术等前沿技术开发应用；构建全基因组设计育种技术体系，开发单倍体诱导、加倍和高效自交纯合等育种技术；结合多环境农艺性状鉴定，建立信息技术与生物技术深度融合的精准设计育种技术体系；利用现代生物育种技术创制抗除草剂等新甜菜种质，创新选育出优异单胚雄性不育系，突破甜菜种子醒芽技术和丸粒化加工技术瓶颈。

（三）栽培技术和模式发展趋势与对策

基于中国当前农业资源禀赋和甘蔗生产状况，糖料生产必须向绿色可持续途径转变[1, 15]。开展测土配方施肥，采用最合适的养分配比肥料，改善土壤生物以维持土壤肥力，减少化肥使用以提高土壤肥力；集成全程机械化绿色高效轻简栽培技术，提升种植效益；加快甘蔗脱毒、健康种苗推广应用；探索甘蔗和其他作物的间套新模式；加快突破国内甜菜种子丸粒化包衣瓶颈技术，推动国产甜菜品种适于机械化精量播种和应用；土壤质量演变规律、退化过程与保育机制研究，土壤障碍因子消减及耕地质量提升关键技术研发也是糖料生产上的重要科学问题。

（四）病虫防控理论与技术发展趋势与对策

随着气候变化、生产方式改变，出现糖料作物病虫害频发等问题。选育和推广抗病品种是作物病虫防控中最为经济有效的手段，为此，进一步挖掘抗病虫性状的主效基因及作用机制，推进抗病虫害转基因和基因编辑育种技术；采用传感器、地理信息系统（GIS）、遥感等技术手段，对甘蔗和甜菜病虫害的发生、发展、传播等过程进行实时监测，采用高效、智能植保无人机的"飞防"作业，实现精准施药；研发有益微生物、植物源等生物农药和天然杀虫剂，减少化学农药的使用量和残留量，保护生态环境。

（五）分子生物学研究发展趋势与对策

智能育种将引领作物品种创新技术发展，也是分子育种的研究热点。以高质量的基因组序列和泛基因组为参考，开展重要单倍型、结构变异、表观变异在驯化和重大品种培育过程中的演变路径，重要基因在驯化和重大品种培育中的传递规律；挖掘品质性状、抗逆、抗主要病虫害、产量等相关性状的关键基因或遗传位点，阐明优异等位基因或单倍型的遗传效应和育种利用价值，并开发高效检测技术；采用数量遗传学和整合多组学，多维度解析高产高糖高抗和宜机收等性状重要基因功能和调控网络，为多性状协同改良和重大品种培育提供理论基础；利用转基因及基因编辑技术创制突破性的新种质和新品种。

（致谢：本文部分文字素材由福建农林大学国家甘蔗工程技术研究中心邓祖湖、阙友雄、袁照年、张慧丽、王锦达等专家提供，特此致谢。）

参考文献

［1］张跃彬，邓军，胡朝晖."十三五"我国蔗糖产业现状及"十四五"发展趋势［J］.中国糖料，2022，44（1）：71-76.

［2］YANG S, CÁPAL P, DOLEŽEL J, et al. Sequence analysis of *Erianthus arundinaceus* chromosome 1 isolated by flow sorting after genomic in situ hybridization in suspension［J］. The Crop Journal, 2022, 10: 1746-1754.

［3］YU F, ZHAO X, CHAI J, et al. Chromosome-specific painting unveils chromosomal fusions and distinct allopolyploid species in the *Saccharum* complex［J］. New Phytologist, 2022, 233: 1953-1965.

［4］QI Y, GAO X, ZENG Q, et al. Sugarcane breeding, germplasm development and related molecular research in China［J］. Sugar Tech, 2022, 24: 73-85.

［5］ZHANG Q, QI Y, PAN H, et al. Genomic insights into the recent chromosome reduction of autopolyploid sugarcane *Saccharum spontaneum*［J］. Nature Genetics, 2022, 54: 885-896.

［6］WANG T, WANG B, HUA X, et al. A complete gap-free diploid genome in Saccharum complex and the genomic footprints of evolution in the highly polyploid Saccharum genus［J］. Nature Plants, 2023, 9（4）：554-571.

［7］KUI L, MAJEED A, WANG X, et al. A chromosome-level genome assembly for Erianthus fulvus provides insights into its biofuel potential and facilitates breeding for improvement of sugarcane［J］. Plant Communications, 2023, 4（4）：100562.

［8］CHANDRAN K, NISHA M, GOPI R, et al. Sugarcane genetic resources for challenged agriculture［J］. Sugar Tech, 2023, 25（6）：1285-1302.

［9］倪洪涛，薛琳，罗世龙，等.甜菜主要病害抗性育种研究进展［J］.中国糖料，2020，42（4）：62-67.

［10］SOUZA G M, VAN SLUYS M A, LEMBKE C G, et al. Assembly of the 373k gene space of the polyploid sugarcane genome reveals reservoirs of functional diversity in the world's leading biomass crop［J］. Gigascience, 2019, 8: giz129.

［11］TRUJILLO-MONTENEGRO J H, RODRÍGUEZ CUBILLOS M J, LOAIZA C D, et al. Unraveling the genome of a high yielding Colombian sugarcane hybrid［J］. Frontiers in Plant Science, 2021, 12: 694859.

［12］SHEARMAN J R, POOTAKHAM W, SONTHIROD C, et al. A draft chromosome-scale genome assembly of a commercial sugarcane［J］. Scientific Reports, 2022, 12（1）：20474.

［13］LI X, HE W, FANG J, et al. Genomic and transcriptomic-based analysis of agronomic traits in sugar beet（*Beta vulgaris* L.）pure line IMA1［J］. Frontiers in Plant Science, 2022, 13: 1028885.

［14］YOU Q, YANG X, PENG Z, et al. Development of an axiom sugarcane 100k SNP array for genetic map construction and QTL identification［J］. Theoretical and Applied Genetics, 2019, 132: 2829-2845.

［15］LUO T, LAKSHMANAN P, ZHOU Z, et al. Sustainable sugarcane cropping in China［J］. Frontiers of Agricultural Science and Engineering, 2022, 9: 272-283.

撰稿人：高三基　张跃彬　白　晨　韩成贵　张木清　谢　源

智慧农业科技发展报告

习近平总书记指出,"要把发展农业科技放在更加突出的位置,大力推进农业机械化、智能化,给农业现代化插上科技的翅膀""要坚持农业科技自立自强,加快推进农业关键核心技术攻关"。当前,以传感器、数据科学、人工智能、机器人等新一代农业信息和智能装备为引领的智慧农业已成为未来农业发展的战略方向和国际农业科技竞争的焦点。我国亟需加快推进智慧农业战略前沿、关键核心技术、重大装备科技创新,抢占世界农业科技发展制高点,引领我国走集约化、智能化、绿色化的现代农业发展道路,为建设农业科技强国提供科技引领。

一、我国智慧农业科技最新研究进展

(一)农业传感器实现国内生产

农业传感器用于感知农业环境、动植物生命信息、农产品品质安全等信息,是实现农业产业数字化的制高点,是智慧农业的关键核心技术之一。传感器种类繁多,而我国农业传感器研究起步相对较晚。近年来,国内高校和研究机构开展了农业光学、生命感知、农业环境等传感器的研发工作并取得了重要进展。例如,光照强度、空气温湿度、土壤养分等环境传感器已经从实验室研发走向实际应用;近红外光谱技术对农产品品质无损检测具有里程碑意义;光学传感技术已发展成为植物生长信息感知的主要技术。中科院长春光机所研发的轻小型无人机载偏振高光谱成像仪、长光禹辰研发的行业级机载多光谱相机、大疆创新自主研发的机载激光雷达等均被广泛应用于农业育种及生产对象无损观测,打破了国外技术垄断。

在生命信息、病原微生物检测等方面,我国多个团队在基于电化学、生物化学的微生物传感器研制方面取得较大进展,如北京市农林科学院以铜和有机骨架结合的复合材料作为电化学传感器，开发了用于活体植物体内水杨酸检测的传感器[1]。随着可穿戴理念的发展，浙江大学创新研制了一种仿生自适应缠绕式植物穿戴系统，可检测植物生长过程及不同环境下的收缩与扩张[2]。除此之外，纳米传感器也是生命感知的重要方向，如中国农科院设计了一种基于纳米氧化石墨烯的植物可穿戴设备传感器，能在活体植株上无损测量水分、蒸散量、光和强度等参数。

整体来说，我国高校和科研院所在传感器前沿领域研发能力逐年提升，取得显著效果，但部分成果离规模化产业应用仍有差距。

（二）农业遥感技术广泛应用

我国农业遥感技术研究进展主要体现在以下五个方面：田块识别、作物制图、长势监测、病虫害监测、产量品质预测。

精确的数字化农田边界是支撑作物生产智慧管理与农业保险金融发展的重要基础数据。国内外卫星成像技术的快速发展，给以小农耕作为主的中国等发展中国家农田边界高精度提取或田块识别提供了可靠的遥感影像。尤其是米级、亚米级影像的应用，有效缓解了耕地破碎区域的农田混合像元问题，在不同应用场景下取得了较好的田块边界提取效果[3]。除传统的边缘检测、分水岭分割等农田对象提取方法外，农业知识驱动的机器学习和深度学习等算法开始受到更多关注。应用规模仍以农业园区或农场等尺度为主，针对国家粮食主产区或省、市、县行政区的大规模、低成本田块高效识别方法研究还比较缺乏。

随着遥感云计算平台和中高时空分辨率遥感影像的广泛应用，近年来我国在作物制图领域取得重要进展。在数据源方面，多源光学数据以及光学与雷达数据的融合，补充了作物识别算法易受关键窗口影像缺失影响的短板，提高了作物识别的精度和可靠性；在作物识别算法方面，基于光谱反射率、植被指数、后向散射系数和物候等多维特征，一系列基于机器学习或深度学习的作物识别算法得到广泛应用，不同作物的敏感特征、季内最早的可识别时间窗口也逐渐明晰；此外，基于训练样本自动生成的高精度作物识别算法相继出现，作物制图的时效性、准确性和自动化水平得到显著提升[4]。

无损、快速、准确地监测作物生长指标，为作物生长定量诊断与精确调控提供了重要的技术支撑。近年来围绕作物长势和营养指标的高光谱监测研究较多，尤学者们建立了基于物候和光谱信息、适用于全生育时期的冬小麦地上部生物量估测模型，创建了基于氮分配理论与冠层反射率的作物叶片氮含量普适性建模方法[5]。另外，基于无人机遥感的作物生物量监测技术发展较快，在光谱与纹理等多源信息融合方面有显著进展，但在不同生态点、传感器之间的比较与可迁移性还缺乏深入研究。

近年来卫星影像的时空谱分辨率不断提升，多尺度数据更加丰富，在病虫害光谱监测预测机理与方法方面也取得了重要成果，对于精确施药和绿色智慧农业发展具有重要作用。在病虫害监测方面,创建了适用于多尺度的稻叶瘟敏感光谱指数,实现了对病情指数的高精度估算和小农户田块稻瘟病发生过程的准确动态监测[6];明确了小麦白粉病病情严重度监测的敏感光谱指数,以及最优的冠层光谱观测角度[7]。在病虫害预测方面,把基于多源遥感的作物长势、气象数据和病害通用预测模型结合,克服了传统病害预报模型分辨率和预测精度低的问题,提高了病害预报的机理性和实用性[8]。

快速准确地预测作物产量和品质,对于田间生产管理、粮食生产宏观政策制定和进出口贸易具有重要意义。我国的作物产量品质遥感预测研究,主要集中在县级和农业气象站站点水平,以及针对农场或园区范围的田块水平,相关团队也发布了我国部分粮食主产区作物产量遥感预测产品[9]。预测技术研究主要围绕经验模型法和模型遥感耦合法。前者多基于光学遥感植被指数与作物产量品质的统计关系,缺乏生产力形成的过程机理,时空迁移性较差,尤其在年际和空间上生产力差异较大的地区更为突出;后者通常基于作物模型与遥感数据的同化,机理性和模型可迁移性更强,但也存在估测效率较低、对国外作物模型依存度较大等问题[10]。

(三)农机北斗导航技术实现全替代

2020年7月,我国自主研发的北斗三号全球卫星导航系统(Beidou Navigation Satellite System,BDS)组网完成,标志着北斗卫星导航正式进入全球化服务行列。北斗系统可全天候全天时的提供精密授时、定位以及短报文通信服务,其是继美国的全球定位系统(GPS)、俄罗斯的GLONASS定位系统之后,世界上第三个成熟的卫星导航系统,已成功应用于多个领域[11]。北斗系统提供的三频信号可以更好地消除高阶电离层延迟,另外在亚洲地区特别是国内,得益于高密度的卫星覆盖数量和地基增强系统,使得北斗系统的定位精度更高。目前,北斗卫星导航系统在农机化领域已实现对GPS系统的全替代。主要表现在农机自动驾驶导航、农机管理调度应用、农机作业监管及农情遥感监测等方面,形成了以北斗导航系统为核心,多种技术为辅助的"北斗+"精确农业系统,涵盖了农作物的耕、种、管、收等各个环节,并可通过北斗远程监测终端,实时上传位置、时间等信息至农业信息化管理平台,通过平台可实现农机实时位置监视、历史轨迹回放、作业面积统计、农机管理调度等[12]。

(四)智慧育种技术取得突破

近年来,随着计算机技术和生物技术的快速发展,智慧育种技术在全球范围内得到了广泛应用。在测序设备上,例如华大智造基因测序仪DNBSEQ-T7、MGISeq-2000和DNBSEQ-G99等;在测序技术上,如中国农科院基因组所开发的高效率、低成本重测序文库制备新方法AIO-seq[13]。随着测序技术的更新迭代和测序成本的降低,多项生物泛基因组研究可从更为全面的遗传变异挖掘出发,这些泛基因组数据可以进一步整合形成更为强大的数据集[14]。在全基因组选择技术上，近来研究表明，除整合功能标记，结合基因型与环境互作信息，构建多性状和选择指数模型之外，利用多组学数据和人工智能算法更能适应育种大数据分析和高性能计算，将会大大改善全基因组的预测能力[15]，为智能设计育种及平台构建提供有效工具。国内表型组的发展起步较晚，但也获得了比较突出的成果。科学家探索机器学习、深度学习、人工智能等方法，实现植物器官自动分类及性状高通量解析。发展高通量植物表型平台、开发相关软件和工具、应用物联网技术以及航空图像分析，旨在实现大规模作物表型数据的高效采集、处理和分析，为农业领域的科学研究和育种工作提供先进的技术支持。比如，南京农业大学的多层次作物表型平台包括 Phenospex 田间平台、Leaf-GP 开源软件、CropQuant IoT 平台、CropQuant-Robot 机器人和 AirSurf 航空图像分析平台；华中农业大学和华中科技大学联合研发高通量水稻表型测量平台等。这都助力大数据时代下的基因组和表型组数据利用，推动育种设计科学化、智能化，保障我国粮食安全。

二、智慧农业科技国内外发展比较

（一）农业传感器产品

与国内相比，国外的农业传感器技术和产品发展更为成熟。20世纪90年代初研制了光电耦合式、线阵CMOS、电子鼻、生物传感器等系列传感器，开展作物种子、营养长势、病虫害检测等研究。经过20多年的发展，欧美国家农业传感器已经实现了多应用场景的产业化发展。如美国 Trimble 公司的精准农业传感器、荷兰 Hortimax 公司的作物生长监测传感器等，可检测叶面积、叶绿素含量、氮素含量等。在光学传感器方面，美国 Micasense 公司等，已经研制了包括多光谱传感器、无人机机载热像仪、高光谱成像仪、激光雷达扫描仪等系列光学传感器，并已广泛应用于作物信息感知。

随着作物育种对高通量作物表型信息采集的需求，集成多个、多源传感器实现作物信息的同步采集已成为当前作物表型高通量获取的趋势。相比之下，国内相关技术产品研发起步相对较晚，但近年来发展迅猛，如我国长光禹辰、大疆创新、速腾聚创等企业研制的多光谱相机、高光谱相机、激光雷达等传感器已进行产业应用，但部分传感器在非结构环境下的作物生长信息时空同步高通量获取的检测精度和稳定性仍有进一步提升空间。在生命信息感知方面，美国爱荷华州立大学研发了全固态离子选择性电极阵列，可以实现 NO_3^-、$H_2PO_4^-$、K^+ 等离子的检测[16]。但总体来说，利用电化学传感器进行作物代谢物质的原位、活体检测研究还处于初步阶段。

（二）农业大数据智能

农业大数据智能作为一个新兴领域，在全球范围内取得了显著的进展，但不同国家在农业大数据智能的技术水平和应用领域各有差异[17]。从技术研究层面，我国处于农业大数据资源建设阶段，偏重于解决农情大数据的采集、管理等单项技术的突破，在农情传感器、农情大数据获取平台、农业大数据资源库等方面取得了一定成果，农业卫星遥感数据资源建设获得了长足的发展。欧美发达国家得益其相对成熟的基础技术体系和工业产品，近些年侧重农业大数据智能技术的集成创新，利用机器学习等方法发掘农业大数据价值，并在农业数据共享、智慧农业实时决策和农业机器人领域取得了众多突破。然而从全球来看，农业大数据仍然存在包括数据量不足、质量低、共享难、缺乏必要的数据说明文档等问题，尤其是缺少核心关键数据和质量控制标准，这些问题极大地限制了大数据应用能力[18]。从应用领域层面，我国农业大数据智能处于政策引导阶段，尚未形成成熟的商业运行模式。欧美主要发达国家的农业大数据市场已初具规模，形成了如 Climate、AgroStar、Solinftec 等综合性农业大数据服务公司，覆盖了农业资源管理、生产管理、农产品质量管理、溯源、市场预测等多个应用场景。此外，各国政府对农业大数据智能发展均有一定的政策引导，但相较于欧美发达国家，我国在农业大数据隐私和安全运行上仍处于政策探索阶段[19]。

（三）农业智能决策模型

近年来，以农业模型比较与改进项目（AgMIP）为代表的国际农业模型领域，主要注重通过比较与改进世界上现有的不同作物生长模型和农业经济模型，并耦合未来气候模型与情景模拟方法，量化评估站点、区域、国家及全球等不同尺度农业生产潜力与粮食安全。特别是在水稻、小麦、玉米、大豆等作物上分别组建形成了基于站点和基于栅格尺度的多个国际研究团队，协同开展了基于作物模型的全球尺度气候变化效应研究[20]。在国内，以南京农业大学智慧农业创新团队为代表的相关团队系统揭示了现有作物生长模型对关键生育期极端高温和低温胁迫响应的不足，并基于自主研发的 CropGrow 作物生长模型系统构建了极端气候效应模拟算法[21]，并进一步系统评估了我国稻麦主产区生产力预测与气候变化效应[22]。

与此同时，随着模型应用功能的完善，国际上对作物生长模型预测的不确定性来源进行了比较与分析，通过多模型比较等技术途径初步明确了不同预测场景下品种参数、气候输入及模型结构对模型预测不确定性的贡献[23]，特别注重对品种参数不确定性的量化，而国内也有部分研究开始量化多模型模拟我国小麦区域生产力中的不确定性[24]。此外，为解决作物生长模型品种参数的遗传机理性问题，同时服务于作物智慧育种中表型精确模拟需求，澳大利亚、美国、法国等团队开始构建基于 SNP、QTL 位点信息的作物生长模型，并用于评价不同遗传材料在多环境下的表型评估。而我国在小麦、大豆等作物上取得了一定进展，初步探索了表型与作物生长模型品种参数的关联分析及理想品种设计技术[25]。

（四）农业精确作业装备

从 20 世纪 90 年代开始，美国、英国、日本等开始探索智能拖拉机和拖拉机无人驾驶技术，代表性农机企业主要包括美国约翰迪尔、美国凯斯纽荷兰、日本久保田、德国克拉斯等跨国公司。以大马力拖拉机、智能拖拉机、新能源拖拉机等为代表的农机装备产业已成为欧美国家重要的农业产业，全球 200 马力以上拖拉机整机销售量中，欧美品牌占比达到 90% 以上，同时，智能拖拉机核心技术和零部件，如国际标准总线技术、变速箱、电液系统等，也基本被欧美农机公司垄断。与国外智能农机装备相比，我国农机装备差距明显，起步晚、高端产品少、性能差、对国外技术依存度高。目前，200 马力以上智能拖拉机、收获机械等整机产品 80% 以上依赖进口，国际标准总线、变速箱、农机工况监测与故障诊断、电液控制系统等智能拖拉机核心技术和关键零部件 90% 以上长期依赖进口，50～100 千克有效载荷的无人机被欧、美、日等国家和地区封锁。农机装备关键核心技术零部件、大型智能机械的缺乏和受制于人，无法满足农业装备产业转型升级需求，严重制约着我国农业产业核心竞争力。

三、智慧农业科技发展趋势与对策

（一）发展趋势

1. 先进农业传感器产品创制与信息智能处理

针对我国高端农业传感器产品受制于人、农业大数据核心算法对外依存度高等"卡脖子"问题，重点创制农业生命信息、农业环境信息、农机作业参数信息等传感器产品和农情信息空天地一体化获取系统，研发农业现场高性能计算平台，建立农业大数据挖掘和知识发现算法，实现农业生产全程信息实时感知和智能决策。

2. 重大智能农机装备产品创制

针对当前大马力智能拖拉机和高性能作业机具智能化程度低、专用动力及作业机具缺乏、高端产品被国外垄断等问题，重点创制 320～400 马力以上大型智能拖拉机整机、60 千克及以上大载荷无人植保机等智能动力机械和高效播种收获、肥药精准实施等智能作业机具，实现高端和专用智能农机装备国产化并可替代进口产品。

3. 农业生产工厂与大田智慧农场集成应用

针对当前大田农业存在的机械化、智能化程度低，关键环节作业机械缺乏，管控作业装备被国外产品垄断等突出问题，重点创制粮食作物集约化生产等亟需的成套化、机械化、智能化管控作业技术装备并建立示范验证基地，突破农业无人自主系统复杂工况感知、智能决策、任务与路径规划、多机协同智能管控、自主作业装备等核心技术，集成创制大田智慧农场等新业态，打破大田农业领域智能装备被国外产品垄断的局面，在工厂化农业领域率先实现农业现代化，引领和支撑我国工厂化农业整体产出效能达到国际先进水平。

（二）对策建议

1. 编制智慧农业中长期规划纲要

按照国家乡村振兴战略、《数字乡村发展战略纲要》要求，注重规划衔接，论证和编制"国家智慧农业发展战略纲要"。在产品优势区、国家农业科技园区和国家现代农业产业园的所在县（市），围绕农业生产数字化转型、农产品透明供应链、农业大数据智能服务等方向，推动智慧农业工程建设，显现智慧农业发展成效。

2. 攻关智慧农业关键核心技术

瞄准农业产业升级与高质量发展，重点围绕农业传感器与信息采集系统、高端智能农机装备、农业机器人、农业大数据与计算智能、农业模型与算法等短板技术及薄弱环节、布局并实施关键核心技术攻关项目。建设国家智慧农业创新中心、重点实验室等产业助推平台，切实提升自主研发能力，为行业用户提供更多用得上、用得起、用的好的软硬件产品，并率先在一些现代农业基础较好的城市，创建国家级智慧农业创新发展试验区，开展新技术验证，加速成果转化应用。

3. 加强技术标准建设与数据资源共享

依托联盟、协会等团体和组织，快速建立包括数据标准、产品标准、市场准入标准等的团体标准，并积极推动国家和行业标准的建设。建立国家和行业认可的第三方产品、技术检测平台。针对农业数据散乱杂、孤岛林立等特点，建议政府部门加强农业数据的收集和整合，并在一定范围内开放相关数据，建立共享机制。

4. 培养多学科交叉应用型人才队伍

突出"产业为主、专项服务"的技术推广理念，依托现有农民教育培训体系，开展农村科技特派员、农技员服务能力提升计划。重点围绕农业生产基地数字化标准化改造、智慧农业信息技术操作规程与工艺、农机智能装备操控与管护、应用系统与平台使用及后期维护等方向，开展智慧农业应用型人才专门培训，快速形成人才规模优势，集聚智慧农业建设的内生原动力，为智慧农业工程的应用推广、成效发挥提供智力保障。

5. 构建政产学研金协作平台

构建"政产学研金"协同创新体系，发挥各创新主题职能，实现协同创新过程中技术、资金、人才等资源的良好耦合与对接。其中，政府通过政策支持、财政扶持、监督管理，营造一个良好的创新环境；企业通过充足的资金投入、完善的基础设施为科研成果的市场化、产业化提供生产资源；科研机构和高校作为科技创新和人才培养的重要基地，为企业提供创新知识和创新技术支持，协助企业科技成果转换；金融机构通过资金支持，为产学研协同创新体系的运作起润滑和激活作用，同时也为创新活动分散风险。"政产学研金"协作平台有助于推动智慧农业产业形成可持续的创新能力并助推高速发展。

参考文献

［1］HU Y, ZHAO J, LI H Y, et al. In vivo detection of salicylic acid in sunflower seedlings under salt stress［J］. RSC Advances, 2018, 8: 23404-23410.

［2］ZHANG C, ZHANG C, WU X Y, et al. An integrated and robust plant pulse monitoring system based on biomimetic wearable sensor［J］. npj Flexible Electronics, 2022, 6: 43.

［3］CHENG T, JI X S, YANG G X, et al. DESTIN: a new method for delineating the boundaries of crop fields by fusing spatial and temporal information from WorldView and Planet satellite imagery［J］. Computers and Electronics in Agriculture, 2020, 178: 105787.

［4］YOU N S, DONG J W, LI J, et al. Rapid early-season maize mapping without crop labels［J］. Remote Sensing of Environment, 2023, 290: 113496.

［5］LI D, CHEN J M, YAN Y, et al. Estimating leaf nitrogen content by coupling a nitrogen allocation model with canopy reflectance［J］. Remote Sensing of Environment, 2022, 283: 113314.

［6］TIAN L, WANG Z Y, XUE B W, et al. A disease-specific spectral index tracks *Magnaporthe oryzae* infection in paddy rice from ground to space［J］. Remote Sensing of Environment, 2023, 285: 113384.

［7］HE L, QI S L, DUAN J Z, et al. Monitoring of wheat powdery mildew disease severity using multiangle hyperspectral remote sensing［J］. IEEE Transactions on Geoscience and Remote Sensing, 2021, 59: 979-990.

［8］XIAO Y X, DONG Y Y, HUANG W J, et al. Regional prediction of Fusarium head blight occurrence in wheat with remote sensing based Susceptible-Exposed-Infectious-Removed model［J］. International Journal of Applied Earth Observation and Geoinformation, 2022, 114: 103043.

［9］ZHAO Y, HAN S Y, ZHENG J, et al. ChinaWheatYield30m: a 30 m annual winter wheat yield dataset from 2016 to 2021 in China［J］. Earth System Science Data, 2023, 15: 4047-4063.

［10］HUANG H, HUANG J X, et al. The improved winter wheat yield estimation by assimilating GLASS LAI into a crop growth model with the proposed Bayesian posterior-based ensemble Kalman filter［J］. IEEE Transactions on Geoscience and Remote Sensing, 2023, 61: 4401818.

［11］胡伟, 于春生, 付明刚, 等. 北斗导航在精准农业上的应用研究进展［J］. 科技通报, 2022, 38（11）: 1-4.

［12］李岩, 刘欢, 张雯雯, 等. 北斗卫星导航系统在精准农业中的应用［J］. 测绘与空间地理信息, 2022, 45（5）: 151-153, 155.

［13］ZHAO S, ZHANG C C, MU J, et al. All-in-one sequencing: an improved library preparation method for cost-effective and high-throughput next-generation sequencing［J］. Plant Methods, 2020, 16: 74.

［14］QIN P, LU H W, DU H L, et al. Pan-genome analysis of 33 genetically diverse rice accessions reveals hidden genomic variations［J］. Cell, 2021, 184: 3542-3558.

［15］WANG B B, HOU M, SHI J P, et al. De novo genome assembly and analyses of 12 founder inbred lines provide insights into maize heterosis［J］. Nature Genetics, 2023, 55: 312-323.

［16］CHEN Y C, TANG Z Y, ZHU Y, et al. Miniature multi-ion sensor integrated with artificial neural network［J］. IEEE sensors journal, 2021, 21: 25606-25615.

[17] OSINGA S A, PAUDEL D, MOUZAKITIS, S A, et al. Big data in agriculture: Between opportunity and solution [J]. Agricultural Systems, 2022, 195: 103298.

[18] CHERGUI N, MOHAND T K, Data analytics for crop management: a big data view [J]. Journal of Big Data, 2022, 9: 123.

[19] AMIRI-ZARANDI M, DARA R A, DUNCAN E, et al. Big data privacy in smart farming: a review [J]. Sustainability, 2022, 14: 9120.

[20] JAGERMEYR J MULLER C, RUANE A C, et al. Climate impacts on global agriculture emerge earlier in new generation of climate and crop models [J]. Nature Food, 2021, 2: 873-885.

[21] XIAO L J, ASSENG S, WANG X T, et al. Simulating the effects of low-temperature stress on wheat biomass growth and yield [J]. Agricultural and Forest Meteorology, 2022, 326: 109191.

[22] LIU B, ZHANG D Z, ZHANG H X, et al. Separating the impacts of heat stress events from rising mean temperatures on winter wheat yield of China [J]. Environmental Research Letters, 2021, 16: 124035.

[23] WANG B, FENG P Y, LIU D L, et al. Sources of uncertainty for wheat yield projections under future climate are site-specific [J]. Nature Food, 2020, 1: 720-728.

[24] LIU H, XIONG W, PEQUENO D, et al. Exploring the uncertainty in projected wheat phenology, growth and yield under climate change in China [J]. Agricultural and Forest Meteorology, 2022, 326: 109187.

[25] LI Y B, TAO F L, HAO Y F, et al. Linking genetic markers with an eco-physiological model to pyramid favourable alleles and design wheat ideotypes [J]. Plant, Cell & Environment, 2023, 46: 780-795.

撰稿人：朱　艳　曹　强　李慧慧　程　涛　杨万能　刘　兵　张小虎

ABSTRACTS

Comprehensive Report

Advances in Crop Science

Food security is an important foundation for national security and must be dealt with ardently all the time. Crop science, as a core discipline in agricultural sciences, is closely associated with the benefits of the 1.4 billion Chinese people and is responsible for effective supply of agricultural products, for improving agricultural efficiency, and for increasing farmers' income.

Crop science studies the genetic variation underlying crop growth, development, and important agronomic traits, as well as the relationships among crop growth, yield and quality formation, and the environment. Crop science contributes to cultivating elite varieties, variety improvement, seed standardization, and transforming the genetic knowledge into real world productivity. The final goal of these studies is to achieve high yield, high quality, high efficiency, and ecological safety during crop production, providing reliable technical support to achieve food security and a sustainable modern agriculture.

Crop products satisfy the most basic needs of human life. With the global climate change, the continuous increase in population, and prominent ecological and environmental problems, modern crop production has evolved from a single goal of high yield to a more comprehensive goal of "high yield, high efficiency, high quality, ecology, and safety". This shift aims to build high-quality agriculture: more nutritious, more efficient, more resilient, and more sustainable.

The successful demonstration of farmland cultivation, intelligent agriculture, unmanned agriculture, low-carbon agriculture, and biological breeding has imbued the development of crop science with new connotations, extensions, and missions. At present, China has achieved basic self-sufficiency in grains and absolute food security, and is moving forward to ensuring quality, nutrition, and diversified needs. Since 2020, solid progress has been made in revitalizing the seed industry and in improving the grain quality of rice, wheat, and other staple crops, while high yield is maintained. Hybrid breeding technology contributed Chinese wisdom about the high quality and high yield to global rice production and helped the assurance of global food security. The research, development, and industrialization of domestic transgenic cotton paved the way for independent innovation of transgenic cotton in China. Smart agriculture and unmanned agriculture are poised to liberate rural labor and working efficiency, setting a template for future crop farming and rural revitalization.

In recent years, significant progress has been made in the field of crop science in China with landmark achievements. Basic research and cutting-edge technologies have significantly advanced in seed industry and the innovation capacity has greatly improved. Numerous beneficial germplasm and genes are discovered and utilized in breeding innovation. China is now leading the research and application of crop functional genomics and has identified key genes for the convergent selection in maize and rice and independently developed two Chinese "gene scissors," Cas12i and Cas12j. The efficient haploid induction technology system has reached international leadership levels. A relatively complete system for crop germplasm resource protection, research, and innovative utilization has been established. By 2022, more than 540, 000 accessions of various crop germplasm have been collected and preserved in Gene Banks, including many rare and endangered species, providing strong support for crop breeding and agricultural scientific and technological innovation in China.

Breakthroughs in the "unmanned" operation technology rendered a leap for crop production from mechanization to "unmanned" for "green" rice and wheat. The integrated application of grain harvesting machines and supporting technology systems has led to a major shift in corn production from ear harvesting to grain harvesting. Significant progress in the mechanization of the entire process of rape production overcame technical difficulties in the mechanization of rape production from sowing, transplanting, and field management to harvest. The integrated application of new varieties of water-saving winter wheat varieties and supporting technologies has resolved the technical problems of poor quality and slow yield increase, achieving the unifications of "water saving, fertilizer saving, simplification, and high yield" in wheat production. In addition, extensive applications of Internet of Things (IoT) technology, remote sensing and sensing technology, big data technology, system simulation and decision-making technology, and job robots in agricultural fields provided basic guarantee for the development of intelligent cultivation.

In the future, crop science research should not only aim to increase crop yields and farmers' income, but also strive for multiple benefits in health, nutrition, biodiversity, resource utilization, and environmental sustainability. The international crop science community shares common concerns on how to continuously improve crop yield, minimize environmental risks, enhance resource utilization efficiency, and improve the nutritional quality of products. Key directions in the filed include germplasm resource protection and utilization, biological breeding, crop high-yield and resource-efficient cultivation theory and technology, and environment-friendly crop production theory and technology, as well as the integration of agronomy and agricultural machinery and application of smart agriculture information technology.

This report summarizes and analyzes new insights, viewpoints, technologies, theories, and achievements in crop science in recent years. The cutting-edge theoretical system for crop science will fulfill China's needs for modern agricultural development, national food security, ecological security, and increasing farmers' income. The report also proposes future development trends, research directions, and key tasks in crop science over the next five years and provides an important window for all sectors of society to master the most recent development in crop science. Meanwhile, the report offers a scientific decision-making basis for optimizing the layout of the disciplinary professional system with Chinese characteristics, rationally allocating innovative resources, and achieving an autonomous and controllable agricultural industry chain.

The report extends the previous research framework of crop science with a set of 17 topics. Special topics the three main research fields of crop genetics and breeding, crop cultivation, and crop seeds were organized. The 13 major food crops and cash crops reported here are rice, wheat, maize, oil crops, soybeans, cotton, potatoes, millet, sorghum, glutinous millet, barley, oats, and buckwheat. Other species were quinoa, hemp crops, sugar crops, sweet potatoes, and edible beans. A special topic was dedicated to smart agriculture to reflect the most recent development in agriculture modernization.

Written by Liu Luxiang, Li Xinhai, Wang Wensheng, Dai Qigen, Li Yu, Lu Ming, Gu Xiaofeng, Guo Zifeng, Li Congfeng, Cheng Weihong, Xu Li

Report on Special Topics

Advances in Crop Genetics and Breeding

"Seed is the key to food security". Major tasks of crop genetics and breeding are (1) to identify genes associated with important agronomic and economic traits and (2) to combine favorable alleles as many as possible into single genotypes, continuously providing new enhanced cultivars to agricultural production, and ensuring food security and sustainable development. This report summarizes major achievements took place in the past three years in China, including (1) crop genetic resource collection, conservation, and utilization; (2) genetic dissection and gene discovery of important traits; (3) innovation in breeding methods and technology; and (4) novel germplasm and backbone cultivar development. By comparing with the progress of developed countries and international research institutions, we identified China's leading areas and strengths in crop genetics and breeding, ranked different research subject areas in their importance, and raised areas of concern and improvement. By considering the national-level science and technology development strategy, the requirements for crop sciences, and the trends in related sciences and technologies, we propose overall development guidelines for the coming years in China, i.e., "facing the key requirements, holding the strategical thoughts, fostering the novel productions, and making the leaping progress". Finally, we propose high priority areas, i.e., conversation and utilization of genetic resources, breeding methodology, novel gene mining, and breeding technology innovations. High-yielding crop cultivars with resource-use efficiency, nutrient and health fortified qualities, and specialty uses suitable for machinery cultivation and harvesting are highly recommended, while the top-level design policies, increasing investment, and reformation of the management mechanism and system in crop genetics and breeding are highlighted.

Written by Ma Youzhi, Wang Wensheng, Gu Xiaofeng, Wang Jiankang, Wu Jing, Li Yu, Guo Yong, Zhang Lichao, Ren Yulong, Li Wenxue, Ji Zhiyuan, Wang Baobao, Li Liang, Xie Chuanxiao, Xie Yongdun, Li Huihui, Li Shaoya, Zheng Jun

Advances in Crop Cultivation Research

Up to date, food security in China still faces many serious challenges, such as lower agricultural resources per capita, higher crop production cost, a sharp decrease in labor, and an increase in dependence on imported food. Therefore, it is urgent to further explore cutting-edge technologies for crop production, to search for targeted and feasible solutions, and to seek innovative development directions. In the last three years, breakthrough theories and technologies increased crop high yield potential and allowed coordinated improvement of both high quality and high yield. New production modes were invented and applied, such as the integration of agronomy and machinery, precise and efficient fertilizer and water utilization, green cultivation techniques for crop "double reduction", new crop cultivation systems and straw returning technologies, stress tolerance cultivation physiology, crop information and intelligence cultivation technology, and high quality, and efficient crop cultivation mode and regional integration technology. Relative to the development in other advanced countries, we are facing a few issues that need to be solved, such as insufficient basic research on orphan cereals, technologies to accelerate innovation and integrated demonstration of crop yield and quality, high-throughput phenomics technology and equipment, as well as accurate crop phenotypes and growth regulation models. To strengthen these areas, we propose: (1) The synergistic theory and cultivation regulation techniques of crop high yield and high quality; (2) Key techniques to reduce fertilizers and pesticides, so as to control pollution, carbon fixation, and emission reduction; (3) Intelligence cultivation and technology of crop mechanization; (4) Crop stress resistance; (5) Special crop cultivation techniques; (6) Multiple crop planting patterns and efficient and matching cultivation techniques; (7) The theory and technology between crop cultivation and other disciplines.

Written by Zhang Hongcheng, Dai Qigen, Wei Huanhe, Li Shaokun,
Gao Hui, Shi Yu, Li Congfeng

Advances in Seed Science and Technology

Seeds are basic materials for agricultural production. Un-germinated seeds cause low plant density and hence reduction in crop yield in the field. Traditional agronomy achieves high yield by over-seeding or transplanting to obtain high plant density which ignores breeding selection for seed quality. The current single-seed sowing and direct-seeding technologies requires high-vigor seeds for high plant density. Despite of the availability of many elite varieties in China, not much attention was paid to their seed quality in the past, resulting difficulties in achieving their production potential due to the limited quality of seeds. From 2020 to 2022, great progress has been made in mining seed vigor-related genes, particularly in rice, and the underlying molecular mechanisms were explored. Technological platform for seed testing and developed high-quality seed production, processing, and storage methods were established. This report summarizes the research progress in the identification of seed vigor genes and the development of seed testing, production, processing, and storage methods. The developmental status of the seed industry between China and other developed countries were then compared and future research perspectives were highlighted. Directions to speed up the progress of seed science research and to accelerate the development of the seed industry were proposed.

Written by Wang Jianhua, Zhang Chunqing, Zhang Hongsheng, Hu Jin,
Tang Qiyuan, Gu Riliang, Li Yan, Zhao Guangwu, Wang Zhoufei,
Bao Yongmei, Guan Yajing, Li Li, Du Xuemei

ABSTRACTS

Advances in Rice Science and Technology

The paper overviewed the research progress in rice genetic studies, variety breeding methods, cultivation techniques, farming systems, molecular biology, seed techniques, and seed industry during 2020–2022 in China. In these years, newly bred widely grown indica rice varieties showed high yield and resistance to various biological stresses, while japonica varieties displayed early maturity and resistance to abiotic stresses. A systematic approach to redesign and fast domesticate a tetraploid wild rice was succeeded, achieving a breakthrough "from 0 to 1" and opening up a new direction for crop breeding. An intelligent rice breeding navigation program was developed and may accelerate rice breeding. New digital intelligence technologies were applied, such as unmanned operations for aerial seeding, land preparation, precision planting, fertilization, and intelligent remote-control irrigations. In rice cultivation technology, several modes for green and high-yield cultivation, including aerobic cultivation, deep-side fertilization, dense planting with reduced nitrogen cultivation, double-cropping, and direct-seeding technology were invented, while the goal of reducing the use of pesticides and fertilizers, saving water, drought resistance, and high-quality green crops was achieved. In rice genomics, a rice pangenome with a large population size and fully annotation was established while the rice genome navigation system RiceNavi, helped for QTN polymerization and breeding route optimization. Significant progress has also been made in molecular mechanisms for broad-spectrum disease resistance, temperature response, and salt-alkali resistance, and sharp yield increase. In rice gene editing technology, a new polynucleotide targeted deletion system AFIDs (APOBEC-Cas9 fusion induced deletion systems) has been established that produced many practical new materials, such as the editing of the apomixis gene Fix2 (Fixation of hybrids 2) that increased the seed setting rate from 3.2% to 82%, whereas the knocked out of the *GS3/AT1* gene increased yield by about 22.4% in the field. Rice seed industries were further centralized with novel R&D modes with higher commercial efficiency, with 61.4% of the total 6177 varieties bred in the last few years were generated by seed companies. New molecular breeding technologies for live grain quality testing were presented.

Written by Hu Peisong, Cao Liyong, Chu Guang, Guo Longbiao,
Pang Qianlin, Zhan Xiaodeng, Zhang Xiufu, Wang Kai

Advances in Wheat Science and Technology

With significant progress in breeding technology and planting management, China maintains a wheat planting area of ~350 million mu with an average of total output at ~130 million tons in the past few years. Varieties with elite alleles of genes with important breeding value, such as *Rht8*, *Fhb1* and *Fhb7* laid the foundation for molecular design and breeding. Wheat transformation efficiency has been greatly improved with genotype-dependency being conquered. Machine learning is used to improve phenotyping accuracy and 10 times faster in efficiency. The problem of wheat-ice grass hybridization was resolved, creating 392 new wheat-agropyron germplasm with 10% yield increase, disease resistance, and stress resistance that were widely shared and utilized. Using molecular polymerization breeding technology, a new "double antibody" high-yield wheat variety with higher resistance to fusarium head blight and powdery mildew to Yangmai No. 33 was successfully produced that may solve the worldwide problem and was expected to become a new generation of leading varieties in China. The annual growing area of new varieties such as wheat varieties Jimai 22 and Zhengmai 379 exceeds 10 million mu, so as to ensure food safety in China.

Written by Xiao Yonggui, Xie Yongdun, Zhang Jinpeng, Liu Xiwei, Li Long,
Liu Jindong, Chen Xu, Liu Cheng, Bao Yinguang, Fu Xueli

Advances in Maize Science and Technology

Maize is an important feed crop, an energy crop, and an important industrial raw material in China. In 2022, the planting areas of maize reached 43.1 million hectares, with a total output of 277 million tons, ranking first in terms of area and total output. In the past few years, China's maize germplasm resources have been continuously improved, forming a batch of germplasm with independent intellectual property rights that significantly extended maize genetic basis in China. Great development took place in maize biology with the sequencing of a large-scale of core germplasm and the application of high-throughput omics technology that significantly improved the efficiency of mining and utilizing elite gene resources. Agronomic trait morphogenesis was studied comprehensively giving detailed molecular mechanism of the process. The maize engineering breeding system with whole genome selection, double haploid technology, and molecular marker-assisted selection as the chassis technology promoted the directional improvement of complex traits and breeding efficiency. With high-yield, stress-resistant, and suitable mechanization as breeding goals, a number of elite varieties suited for main maize producing areas were bred and gradually becoming preferred products. By exploiting yield potential, new high-yield record was established in major maize growing regions. Cultivation research on high-density and high-yield theory and key technologies enhanced maize planting density and yield. Key technologies such as green and efficient conservation tillage and abiotic-stress resistance were applied to enhance the comprehensive production capacity. In summary, the progress of maize science in China has raised the level of maize science and technology and promoted the development of the seed industry in maize.

Written by Xu Mingliang, Huang Changling, Li Jiansheng, Liu Chenxu, Li Kun, Song Weibin, Zhang Zuxin, Tang Jihua, Lu Yanli, Lan Hai, Zhang Jianguo, Wang Haiyang, Hu Jianguang, Li Shaokun, Ming Bo

Advances in Oil Crops Science and Technology

Oil crops are important sources of plant oils and proteins among the three major nutrients of human beings. Plant oil is rich in natural functional active substances and is of great significance for ensuring national food safety to meet the people's aspirations for a better life and the Chinese strategy of health. China is a major producer, consumer, and importer of soybean oil crops. In 2022, China's oil production area and overall output grew constantly. The average annual planting area of oil crops (including rapeseed, peanuts, sunflowers, sesame, and sesame) in China is at 197 million acres, with a total production of 36.18 million tons. Compared with that in previous four years, the planting area maintains largely similar, with a total production increase of 5.6%. However, the consumption of oil and vegetable oil started to decline, with a total domestic oil consumption of 153 million tons in 2022, and a total domestic consumption of vegetable oil at 34.25 million tons, a decrease of 2.83 million tons or 8.3%, compared to 2021. Accordingly, the per capita consumption of edible oil is 26.6 kilograms, a decrease of 3.5 kilograms, or 11.6%, compared to 2021, indicating a change in oil consumption for general consumers. Meanwhile, the import volume of oil and fats also decreased. In 2022, China imported 96.1 million tons of oil, 5.94 million tons less than the previous year, a decrease of 5.8%; Imported edible oil reached 8.01 million tons, a decrease of 4.12 million tons or 33.9% compared to the previous year. The decrease in total consumption, the increase in domestic production capacity, and the decrease in total imports have driven China's self-sufficiency rate of edible vegetable oil to increase from 29.0% in 2021 to 35.9%, an increase of 6.9 percentage points, reaching a new high in nearly one decade. Despite this, China is still facing the insufficient production capacity of oil and vegetable oil, unreasonable excessive consumption, and insufficient utilization of land resources. To improve China's oil production capacity, the following steps should be adopted. At one hand, genetic mechanism of important traits should be dissected to seize the commanding heights of molecular breeding technology; On the other hand, cultivation of specialized breakthrough varieties of oil crops should be pursued for planting in double cropping rice areas and saline-alkali lands, as well as a series of integrated advantageous varieties and green and efficient

ABSTRACTS

production models across the country.

Written by Huang Fenghong, Wang Xinfa, Lei Yong, Wang Linhai, Cai Guangqin, Liu Lijiang, Ma Ni, Qin Lu, Li Wenlin, Zhang Liangxiao, Dun Xiaoling, Luo Huaiyong, Yan Liying, Chen Yuning, Li Xianrong, Xia Jing

Advances in Soybean Science and Technology

This report summarized the latest progress in soybean research in China from 2019 to 2022 and proposed future trends and strategies for the next five years. Over the past four years, we observed significant advancements in soybean germplasm resources evaluation, genetic breeding, cultivation techniques, and molecular biology, such as precision germplasm identification and evaluation, new elite germplasm, the "Soybean Core" series of SNP chips, a series of excellent gene editing materials, the further optimized whole-genome selection model, industry-scale pilot transgenic breeding, molecular-assisted breeding, and series of new elite soybean varieties as well as a simplified high-yielding cultivation technology. Meanwhile, soybean genomics advanced significantly with graph-based pan-genomics and three-dimensional pan-genomics, leading to several databases such as SoyFGBv2.0. Understanding of the biological nitrogen fixation regulatory mechanism, the genetic network of light-dependent flowering, stress tolerance, yield, and quality traits were deepened. However, compared to those of developed countries, original innovation needs to be constantly strengthened and the application of genetically modified soybean products should be advocated. The traditional production methods need to be upgraded. Finally, four future key research objectives and tasks were proposed: new variety development and industrialization, production technology for green, high-yield, and high-efficiency varieties, efficient evaluation and utilization of germplasm resources, and strengthening of basic research in soybean.

Written by Qiu Lijuan, Guan Rongxia, Tian Zhixi, Wang Xiaobo, Chen Qingshan, Zhang Wei, Wu Cunxiang, Yan Zhe

Advances in Cotton Science and Technology

This report highlights the remarkable progress in cotton science and technology that may serve as a guide for future research and production in China. As one of the biggest cotton producers and consumers, significant advancements were made since 2020. The genome sequence was upgraded with reference genomes from several species being released that greatly facilitated studies on evolution and GWAS analysis important for genomics breeding. Rapid progress has been observed in the theory of high-yield and high-quality cotton production. Innovations in the planting system reduced input and increased production efficiency. Furthermore, 114 cotton varieties were certified by the Ministry of Agriculture and Rural Affairs. Traditional breeding was assisted by biological breeding technology such as genome editing, significantly reducing breeding cycles. Precision agriculture techniques, such as AI applications in sowing, water and fertilizer management, have been implemented. Despite the existence of some weakness and limitations, Chinese cotton researchers are committed to address them in the future. In the next five years, China should resume its central position in global cotton science and technology.

Written by Zhang Xianlong, Mao Shuchun, Ma Zhiying, Li Xueyuan, Dong Hezhong, Zhou Zhiguo, Zhang Wangfeng, Du Xiongming, Li Yabing, Jin Shuangxia, Wang Maojun, Zhang Yan, Hu Wei

Advances in Potato Science and Technology

China is the largest potato producer in the world. The major potato-growing areas, however, mostly located in marginal regions with fewer agriculture resources. Therefore, potato also

ABSTRACTS

carries the responsibility to improve the benefits of peoples of resource poor in China. This review reports progresses in China's potato research and development in the past few years when more attentions were paid to quality and efficiency improvement. With research and development rapidly approaching international level, important progresses were made in genetic improvement, cultivation techniques, and postpartum processing, as well as in functional genomics and genetic regulation mechanism of important traits, such as disease resistance, tuber formation and development in China. New technologies such as precision evaluation of potato germplasm resources and field phenotypic analysis were emerging, allowing production of more diversified potato varieties produced, while more attentions were paid to dry farming and water-saving cultivation, as well as diseases and pests prevention and control. Integrated approach has been applied in production, such as green planting technologies, intelligent mechanization technology and equipment, as well as diversified new potato processing products, intelligent storage and processing, and resource utilization of processing by-products. We advocate that in the next 5 to 10 years, potato research in China should focus on strengthening the basic research in intelligent design and breeding, key technologies for green intelligent production, special new varieties to promote variety renewal, seed potato breeding and quality control technology, standardization of seed potato production, and the application rate of virus-free seed potato, as well as postpartum processing and comprehensive utilization.

Written by Jin Liping, Xu Jianfei, Liu Jiangang, Luo Qiyou, He Ping, Lv Huangzhen, Lv Jinqing, Shi Ying

Advances in Millets and Sorghum Science and Technology

Foxtail millet (*Setaria italica*), broomcorn millet (*Panicum miliaceum*), and sorghum (*Sorghum bicolor*) are three major C_4 cereal crops in arid and semi-arid areas in northern China. In the past three years, genetic transformation systems have been successfully established for foxtail millet and sorghum, allowing functional characterization of several important genes in the two species.

These resources rendered foxtail millet as a model plant. Molecular genetics and mechanism were studied for the dwarfing phenotype in the core foxtail millet germplasm "Ai88". Moreover, a number of newly bred varieties were produced for the three crops and should contribute to the high-quality development of the cereal industry. This report reviews the progress of foxtail millet, sorghum, and broomcorn millet research in China in the recent years and prospects future research directions.

Written by Diao Xianmin, Li Shunguo, Feng Baili, Yuan Xiangyang,
Yang Tianyu, Jia Guanqing, Shen Qun, Lu Feng, Zhao Yu

Advances in Barley, Oats, Buckwheat and Quinoa Science and Technology

Barley, oats, buckwheat, and quinoa are important coarse grain crops in China, possessing health-beneficial ingredients that are lacked in staple crops such as wheat and rice. They are excellent sources of dietary fiber, polyphenols, and flavonoids that are needed for human health. Currently, many new technologies were available for these crops toward industrialization, such as improved breeding, efficient cultivation techniques, and product development. Development also took place in processing equipment support, health mechanism evaluation, consumer market expansion, well-known brand shaping, and product model construction. These progresses provide to a robust technological backbone, bolstering the growth of Chinese coarse grain industry and paving the way for unprecedented opportunities for rapid development.

Written by Zhang Zongwen, Ren Guixing, Zhang Jing, Zhang Guoping, Yang Ping,
Jiang Congcong, Liu Jinghui, Zhou Meiliang, Zhang Kaixuan,
Qin Peiyou, Yang Xiushi

ABSTRACTS

Advances in Bast and Leaf Fiber Crops Science and Technology

Bast and leaf fiber crops are important economic crops in China providing unique raw materials for textile, medicine, forage and other industries. Ramie, industrial hemp, flax, kenaf, jute and sisal are major types of bast and leaf fiber crops in China. As one of the largest producers and processors of bast fiber, China grows more than 300, 000 hm^2 of the crops. The market demand of bast fibers and other products continues to expand due to the fast development of industrial applications in recent years. In this report, the latest research progresses in major bast and leaf fiber crops in the past three years were summarized, including germplasm and breeding, cultivation physiology and fertilization, plant protection, harvesting and postharvest treatment. Overall, China was at the global forefront in terms of germplasm holdings, gene editing technology, yield, and comprehensive utilization. Considering the increasing global market demand, a comparison of bast fiber research and development in China and abroad was performed. In this regard, China faces several challenges, such as core germplasm collections, theoretical breakthroughs in high-efficient breeding technologies, differentiation strategies in variety breeding, environmental-friendly varieties and cultivation systems, and automation and digital production. We proposed that in the next five to ten years, China should strengthen its international cooperation to introduce more germplasm resources and modern breeding techniques. Special attention should be paid to pyramiding multifunctional traits, including special characteristics, high stress resistance, high resource efficiency, and high yield. Simplified green production technologies for marginal land use are needed to solve the contradictions between high yield and high efficiency. A highly efficient regulatory system should be established for industrial hemp scientific research and production to ensure the leading position of this old but emerging crop.

Written by Chen Jikang, Zhu Aiguo, Sun Shitao, Xiong Heping

Advances in Food Legumes Science and Technology

Food legumes are important crops to provide plant proteins in China and important for enriching people's diets, as exporting agricultural products and agricultural sustainable development, especially for peoples in remote regions. This report systematically summarized the current status and dynamic progress in germplasm resources, genetics and breeding, cultivation, soil fertilizer and production techniques, green control of pests, weeds, and diseases, machines and mechanized production, and product processing in China in the past few years. We compared the same subjects with those abroad in the aspects of genomics research, mining of elite genetic resources, germplasm innovation and variety improvement, biological breeding methods, mechanization production process, utilization of saline-alkali land and high-efficiency cultivation, research and development of important diseases, pest and weed control technology, and development of high-value-added products. We also clarified the overall research level, technical advantages, and discipline gaps in the world. Moreover, we proposed trends and development directions in food legume research such as genomics and gene mining of important traits, new variety breeding, high-yield, high-efficiency, green safety production technology, product processing, and food safety, which will have significant reference to the development of food legumes in the future.

Written by Cheng Xuzhen, Chen Xin, Yuan Xingxing, Tian Jing, Zhu Zhendong, Wang Lixia, Zhang Yaowen, Chen Qiaomin, Zhou Sumei, Zhang Huijie, Yang Xiaoming, Wang Li, Chen Honglin, Wang Suhua, Xia Xianfei, Wang Yuanyuan

Advances in Sweetpotato Science and Technology

This review reports the research progress in genetic breeding, cultivation, and seedling propagation of sweetpotato in the past three years which we have observed significant advances. In the basic research, genes and regulatory mechanisms for abiotic and biotic stresses, disease resistance, and high quality were studied in addition to the success of gene editing and transformation technologies, while high-density genetic mapping and fine QTLs facilitated breeding efficiency. Improved methods were used to identify sweetpotato germplasm and special varieties. By now, more than 95% of the varieties used for production were cultivated in China. Advances were also observed in sweetpotato research and industry when compared between China and other countries, with propagation technologies improved for healthier storage roots and seedlings to meet the production demand. An integrated cultivation models was adopted considering water, fertilizer, and pesticide utilization. Moreover, a number of institutes and universities such as China Agriculture University were leading and supporting sweetpotato industry development in China. We propose future sweetpotato research emphasis and development strategies in China including species origin and evolution, storage root formation and expansion mechanism, accurate identification of germplasm resources and gene exploration, establishment of breeding platforms based on modern biotechnology, the molecular mechanism and regulation mechanism of interaction among quality, yield, and root shape of sweetpotato under different environments, as well as enhancing original innovation and strengthening training for young scientists in sweetpotato.

Written by Wang Xin, Li Qiang, Cao Qinghe, Liu Qingchang, Zhang Liming,
Zhang Yongchun, Ma Daifu

Advances in Sugar Crops Science and Technology

The two major sugar crops sugarcane and sugar beet account for 86% and 14% respectively for the total sugar crop planting area in China. China produced ~ 10 million tons of sugar annually, but 15 million tons are consumed, a big gap between the production and demand. This review summarized the research progresses of science and technology in China, the difference in sugar crop industry between China and other countries. We also proposed trends and strategies of science and technology in sugar crops, including germplasm innovation and utilization, modern biological breeding and variety breeding, techniques of fast and efficient cultivation, green prevention and control of major diseases and pests, functional gene mining, and transgenesis and gene editing. We raised the emerging problems in China's sugar industry and provided resolving methods to explore new paths for technological innovation, promoting the sustainable development of the sugar industry in China.

Written by Gao Sanji, Zhang Yuebin, Bai Chen, Han Chengui,
Zhang Muqing, Xie Yuan

Advances in Smart Agriculture Science and Technology

Smart agriculture is an advanced stage in the development of agricultural information technology, from digitalization to networking to intelligence. Smart agriculture takes information and knowledge as the core elements and integrating modern information technology such as the internet, the internet of things (IoT), big data, cloud computing, artificial intelligence, and intelligent equipment to realize agricultural information perception, quantitative decision-making, intelligent control, precise input, and personalized service. In this report, the development status and characteristics of domestic smart agriculture and the gap between China and the world were systematically analyzed, and the development objectives, key tasks, and policy suggestions for smart agriculture in the future of China were put forward. Data showed that agriculturally developed countries, such as the US, Germany, UK, and Japan lead the international forefront in the fields of intelligent agricultural science and technology. To catch up with the advanced countries and to achieve development demand, we propose the strategic objectives to breakthrough core technologies, so as to realize the three major changes — "machine replacing manpower", "computer replacing human brain", and "independent technology replacing imports" in China. Efforts should be made to improve the agricultural production level of intelligence and management networks, to accelerate the popularization of information services, to reduce application costs, to provide farmers with personalized and precise information services that are affordable and well-used, to greatly improve agricultural production efficiency, and to guide the development of modern agriculture. For the next five years, tasks of developing agricultural sensors, large-load agricultural UAV (unmanned aerial vehicle) protection systems, smart tractors, agricultural robots, and the smart agricultural industry should be at priority. Also important are policies to strengthen government support, to formulate relevant subsidy policies, to enhance technical standards, and to open data sharing for the future development of smart agriculture in China.

Written by Zhu Yan, Cao Qiang, Li Huihui, Cheng Tao,
Yang Wanneng, Liu Bing, Zhang Xiaohu

索 引

B
表型组学　13，27，30，65，75，127，204

D
单倍体　4，7，50，52~53，100，102~103，106，108，134，148~149，152，161，166，170，176，213~215

单倍体育种技术　4，50，102~103，106，161

等位基因　5~6，8，4~49，51，55，81，84，89，101，106，108，127，186，214~215

滴灌　11~12，22~23，42，61~62，68，108，118，129，142，153，171，202，213

顶层设计　36，55

F
泛基因组　5~7，19，23，25，48~49，80，84，95，113，120，130，143，148，160，164，166，170，174，190，215，219

非生物逆境　24，33，35~36，43，51，66，144，190

分子设计育种　8，19，35，51，89，153

复杂性状遗传调控　55

G
GWAS　6，14，77，126，140，146~147，162，181，195，240

功能基因组　4，48，81，89，113，128，148，160，195

固碳减排　12，26，34，62，65，89

国家作物种质库　4，15，38，48，173

J
基因编辑　4，6~9，14，18，24~29，32，35，38，48，50~53，55，72，75，81，87~90，96，101~102，106，108，115，120，123，128~129，133~134，140，145，149，152~154，160~161，175~176，181，184，186，190，194，199~200，204，214~216

计算机仿真模拟　51

间套作　11~12，22，62，174，192，194

结构变异　5~6，19，48，80，130，135，142~143，148，215

精准农业　13，27，133，220，224

精准鉴定　5，14~15，23~24，27，33，35，48，53~54，65，87，94，113，119，123，

索 引

127，134~135，154，169，176，186，190，204，214

K

抗逆性　24，49，73，114~115，123，131，141，170，176，186

宽幅精播　11，59~60

L

粮食安全　3~4，11，14，16~17，19，31，35，37~38，42~43，47，54~55，59，92，97，104，108，124，155，160，189，195，205，220~221

Q

QTL　7，14，43，79，85，94，101，126，144，149，152，161，178，181，190，193，196，200，203，204，206，210，216，221，245

全基因组选择　7，8，14，24~25，28，32，35，50，54~55，87，89，100，103，106，108，119~120，123，12~129，134，220

S

SNP　6，40，92，94，119，121，127~128，160，170，190，200，206，208，210，214，216，221，239

生物逆境　24，28

水肥一体化　60~61，68，105，118，129，142，202，208

W

无融合生殖　7，18，50，53，75，81，88，90

Z

杂种优势利用　4，7，25，50，53，87，101，113，120，161，210

指纹图谱　95，141，149，182，200~201，206~207，210，

智慧农业　3~4，14，22，27，30，34，36，38，69，217~218，220~224

智慧育种　30，94，96，219，221

智能设计育种　8，32，35，43，51，55，81，89，135，220

种质资源精准鉴定　5，24，33，48，53，87，94，113，119，127，135，169，214

种质资源收集和保护　27

转基因技术　8，24，28，32，51，53，102，120，140，166，194

资源高效利用　13~14，23，28~29，32~33，36，49，55，60，64，66，104，135，153~154，167，192

作物产量和品质　35，49，73，219

作物遗传育种　4，13~14，16，18，23，27，32，47~48，53，113

作物种质资源　4~5，23，27，32~33，35，38，43，47~48，53~54，98，112~114，119，123，127，173，180，186